Vom Universum zu den Elementarteilchen

Ulrich Ellwanger

Vom Universum zu den Elementarteilchen

Eine erste Einführung in die Kosmologie und die fundamentalen Wechselwirkungen

3. Auflage

Ulrich Ellwanger
Laboratoire de Physique Théorique
Université de Paris-Sud
Paris, Frankreich

ISBN 978-3-662-46645-2   ISBN 978-3-662-46646-9 (eBook)
DOI 10.1007/978-3-662-46646-9

Die Deutsche Nationalbibliothek verzeichnet diese Publikation in der Deutschen Nationalbibliografie; detaillierte bibliografische Daten sind im Internet über http://dnb.d-nb.de abrufbar.

Springer Spektrum

Planung: Margit Maly

Gedruckt auf säurefreiem und chlorfrei gebleichtem Papier.

Springer-Verlag GmbH Berlin Heidelberg ist Teil der Fachverlagsgruppe Springer Science+Business Media
(www.springer.com)

Danken möchte ich mehreren Lesern und meinem Doktorvater Prof. D. Gromes für zahlreiche Verbesserungsvorschläge, sowie meiner Frau Gabi für ihre Geduld und Unterstützung.

Vorwort

Es ist eine bemerkenswerte Tatsache, dass die Grundgesetze der Natur einfach sind. Die Komplexität der Vorgänge in unserer Umgebung ist darauf zurückzuführen, dass die Materie – Gase, Flüssigkeiten und Körper – aus einer immensen Zahl von Bausteinen (Atomen und Molekülen) besteht.

Nur in Ausnahmefällen spiegeln die Vorgänge in unserer Umgebung die Einfachheit der Naturgesetze wieder. Das relativ einfache Gesetz der Schwerkraft erlaubt die Beschreibung der Bewegungen der Planeten, oder den Fall eines schweren Körpers unter dem Einfluss der Schwerkraft – aber nur, falls Reibungskräfte vernachlässigt werden können. Bereits die Beschreibung der Flugbahn eines Blattes Papier, wo Reibungs- und andere Kräfte wichtig sind, wird extrem kompliziert.

Zudem scheinen die Naturgesetze umso einfacher zu werden, je tiefer man in die Welt der elementaren Bausteine – von den Atomen zu den Elementarteilchen – eindringt. So lassen sich die zahlreichen elektrischen und magnetischen Phänomene auf eine einfache Theorie des Elektromagnetismus zurückführen.

Die Einfachheit einer derartigen Theorie erschließt sich jedoch nur, wenn man mathematische Formulierungen verwendet, deren sich die Natur anscheinend bedient. Auch diese Tatsache ist in sich bemerkenswert. Sie macht es jedoch notwendig, ein gewisses mathematisches Rüstzeug zu erwerben, um die Naturgesetze zu verstehen.

Dieses Verständnis hat in den letzten Jahrzehnten enorme Fortschritte gemacht. Wir verstehen die meisten Vorgänge in der Elementarteilchenphysik und in der Kosmologie, und können sie mit einfachen Formeln – unter der Verwendung entsprechender mathematischer Konzepte – beschreiben.

Das Ziel dieses Textes ist es, den gegenwärtigen Stand unserer Kenntnisse der Naturgesetze von der Kosmologie bis zu den Elementarteilchen darzustellen. Es wird jedoch auch auf die zahlreichen noch offenen Fragen hingewiesen, die interessanterweise oft Phänomene der Kosmologie mit Phänomenen der Elementarteilchenphysik verknüpfen.

Der gegenwärtige Stand unserer Kenntnisse der Naturgesetze umfasst vier Grundkräfte, die Schwerkraft, den Elektromagnetismus, die starke und die schwache Wechselwirkung, sowie einen „Bausatz" von bisher bekannten Elementarteilchen. Mögliche Antworten auf offene Fragen sind Theorien, die bisher durch experimentelle Ergebnisse weder bestätigt noch widerlegt werden konnten; unter anderen Theorien der Vereinheitlichung von drei der vier Grundkräfte (bis auf die Schwerkraft), die Supersymmetrie, und die Stringtheorie. Auch diese Theorien werden in diesem Text kurz beschrieben. Die Elementarteilchenphysiker und Kosmologen hoffen, in den nächsten Jahren durch weitere experimentelle Ergebnisse zu erfahren, ob und welche der zur Zeit noch spekulativen Theorien tatsächlich die Natur beschreiben.

An mathematischem Rüstzeug setzen wir in diesem Text die Kenntnisse eines Studenten der Naturwissenschaften zu Beginn des Studiums voraus: Vektorrechnung, Ableitungen, einfache Differentialgleichungen und Integrale. Es ist außerdem notwendig, mehrere Konzepte einzuführen, die in der Kosmologie und der Elementarteilchenphysik eine wichtige Rolle spielen: die spezielle und die allgemeine Relativitätstheorie, sowie die klassische und die Quantenfeldtheorie. Selbstverständlich können nicht alle Einzelheiten dieser Konzepte beschrieben werden, was wesentlich komplizertere mathematische Methoden sowie eine ganze Buchreihe notwendig machen würde. Es werden jedoch die wesentlichen Aspekte dieser Konzepte dargelegt, und viele Phänomene können mit Hilfe von Rechnungen verstanden werden, die mit dem obigen mathematischen Rüstzeug durchführbar sind. Insofern geht dieser Text aber über eine rein populärwissenschaftliche Darstellung hinaus.

Der Text beginnt mit einem Überblick, angefangen von der größtmöglichen Struktur – dem Universum – über Atome, ihren Kernen bis zu den Elementarteilchen, den Quarks und Leptonen. Anschließend werden die entsprechenden Konzepte und physikalischen Phänomene detailliert besprochen. Am Ende werden die oben genannten zur Zeit noch spekulativen Theorien kurz skizziert.

In dieser dritten Ausgabe wird aus aktuellem Anlass der Suche nach dem Higgs-Boson und seiner Entdeckung ein gesondertes Unterkapitel gewidmet. Darin werden die Produktions- und Zerfallsprozesse des Higgs-Bosons am Teilchenbeschleuniger LHC am CERN genauer beschrieben. Insbesondere werden anhand von Originaldaten die gemessenen Größen erklärt, deren Analyse die Entdeckung des Higgs-Bosons ermöglichten. Dies ergänzt die früheren Auflagen, die auch als Grundlage einführender Vorlesungen dienten.

Der Text sollte es einem naturwissenschaftlich interessiertem Leser ermöglichen, die Faszination nachzuvollziehen, die mit dem Eindringen in die Grundgesetze der Natur – und möglicherweise in die alle Grundkräfte vereinheitlichende Theorie – einhergeht.

Orsay, Februar 2015   Ulrich Ellwanger

Inhaltsverzeichnis

Überblick 1

1.1 Das Universum

Das größtmögliche physikalische Objekt ist das Universum. Da sein Ausmaß und seine Dynamik unseren alltäglichen Erfahrungsschatz und damit unsere Vorstellungskraft bei weitem übersteigen, ist es für uns nur durch Zahlen und Formeln erfassbar. Hohe Zehnerpotenzen – und die Fähigkeit, damit korrekt zu rechnen – sind in der Kosmologie unumgänglich.

Der sichtbare Teil des Universums besteht aus einigen hundert Milliarden Galaxien. Eine Galaxie besteht normalerweise aus 10^9 bis 10^{12} Sternen ähnlich unserer Sonne. Unsere Milchstraße gehört zu den größeren Galaxien und enthält ca. $3 \cdot 10^{11}$ Sterne.

Die Galaxien sind im Universum näherungsweise gleichmäßig verteilt; es gibt jedoch Voids genannte dünn besiedelte Gebiete, die durch filamentartige dichter besiedelte Regionen getrennt sind.

Die Entfernungen innerhalb und zwischen Galaxien werden in *Lichtjahren* (Ly) angegeben: Die Lichtgeschwindigkeit beträgt

$$c = 299.792.458 \, \frac{\mathrm{m}}{\mathrm{s}} \simeq 3 \cdot 10^8 \, \frac{\mathrm{m}}{\mathrm{s}} \,, \tag{1.1}$$

dementsprechend ist ein Lichtjahr (1 Jahr hat etwa $3{,}1536 \cdot 10^7$ s)

$$1 \, \mathrm{Ly} \simeq 0{,}9461 \cdot 10^{16} \, \mathrm{m} \simeq 10^{13} \, \mathrm{km} \,. \tag{1.2}$$

(Man verwendet auch 1 parsec = 1 pc $\simeq 3{,}262$ Ly, 1 kpc $\simeq 3{,}262 \cdot 10^3$ Ly und 1 Mpc $\simeq 3{,}262 \cdot 10^6$ Ly.)

Die typische Ausdehnung einer Galaxie beträgt 5 bis 50 kpc oder 1,5 bis 15 $\cdot 10^4$ Ly; der Durchmesser unserer Milchstraße beträgt etwa 10^5 Ly. Die Abstände zwischen den Galaxien sind von der Größenordnung 10^6 Ly; die nächsten Galaxie Andromeda ist etwa $2{,}9 \cdot 10^6$ Ly entfernt.

Die größte bisher beobachtete Entfernung (einer Supernova, eine lichtstarke Explosion eines Sternes) beträgt etwa 10^{10} Ly.

© Springer-Verlag Berlin Heidelberg 2015
U. Ellwanger, *Vom Universum zu den Elementarteilchen*, DOI 10.1007/978-3-662-46646-9_1

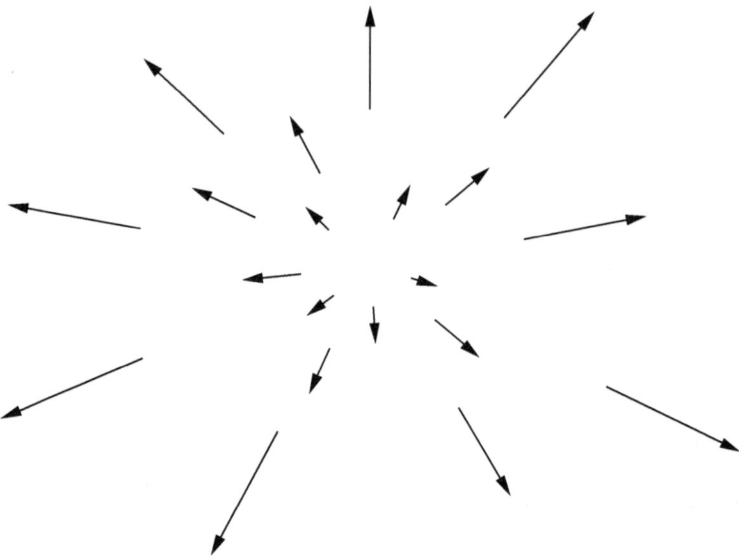

Abb. 1.1 Schematisches Bild des expandierenden Universums

Auffällig ist, dass sich die Galaxien mit einer Geschwindigkeit v von uns entfernen, die proportional zu ihrer Entfernung d anwächst:

$$v \simeq H_0 \, d \, , \tag{1.3}$$

wobei H_0 als *Hubblekonstante* bezeichnet wird. Dieses Verhalten ist in Abb. 1.1 schematisch dargestellt, wo wir uns im Mittelpunkt befinden, und die Pfeile die Geschwindigkeitsvektoren der beobachteten Galaxien darstellen.

Die Geschwindigkeiten v von Galaxien werden traditionell in km/s angegeben, und Entfernungen d – aus historischen Gründen – in Mpc. Für die Hubblekonstante findet man

$$H_0 \simeq 70 \, \frac{\text{km}}{\text{s}} \cdot \frac{1}{\text{Mpc}} \, . \tag{1.4}$$

Die Formel (1.3) ist jedoch nur auf genügend weit entfernte Galaxien (mit entsprechend großen Geschwindigkeiten) anwendbar, wo „lokale" Schwankungen der Geschwindigkeiten von bis zu $\sim 600\,$km/s vernachlässigbar sind.

In der Praxis werden oft die Entfernungen von Galaxien (oder Supernovae) unter der Annahme der Gültigkeit der Formel (1.3) aus ihren Radialgeschwindigkeiten relativ zur Erde hergeleitet. Diese Radialgeschwindigkeiten werden mit Hilfe des Dopplereffektes bestimmt: Die Wellenlänge des Lichtes eines Objektes, das sich von uns entfernt, erscheint größer als die Wellenlänge des von einem ruhenden Objekt ausgestrahlten Lichtes. Diese Zunahme der Wellenlänge ist messbar und erlaubt es, die Radialgeschwindigkeit des Objektes bezüglich zur Erde zu bestimmen.

Praktisch alle anderen Methoden der Entfernungsbestimmung (im Wesentlichen durch die auf der Erde gemessenen Lichtstärken von Galaxien von bekannter Leuchtkraft) stimmen mit (1.3) überein und erlauben die Bestimmung der Hubblekonstanten. Das wichtigste Ergebnis ist in allen Fällen, dass das Universum sich ausdehnt.

Wie sieht die Geschichte des Universums aus? Wenn man zurückschaut, war das Universum vor $\sim 10^{10}$ Jahren *komprimiert* und *heiß*. Zu dieser Zeit hatten sich weder Galaxien noch Sterne gebildet, und das Universum war ein explodierendes dichtes und heißes Gas. Dieser Vorgang wird der *Big Bang* oder *Urknall* genannt. Die Sterne und Galaxien entstanden erst im Laufe der anschließenden Ausdehnung, Verdünnung und Abkühlung.

Das genaue Studium der Expansionsrate des Universums in Abhängigkeit von der Zeit, den verschiedenen Formen von Materie, der Temperatur, der Krümmung des Raumes und der Raum-Zeit usw. ist das Forschungsobjekt der Kosmologie. Der verwendete Formalismus ist die allgemeine Relativitätstheorie, aus der auch die Schwerkraft hergeleitet werden kann (siehe Kap. 3).

1.2 Der Aufbau der Materie

Machen wir einen Sprung von kosmologischen zu atomaren Dimensionen. Die Größenordnungen der dazwischenliegenden Objekte, die wir hier nicht behandeln werden, sind wie folgt:

Planetensysteme:	der Abstand Erde-Sonne beträgt $\sim 1{,}5 \cdot 10^{11}$ m
Sterne:	der Radius der Sonne beträgt $\sim 7 \cdot 10^{8}$ m
Planeten:	der Radius der Erde beträgt $\sim 6{,}4 \cdot 10^{6}$ m
Felsen, Menschen … :	~ 1 m
Sandkörner:	$\sim 10^{-3}$ m
Viren:	$\sim 10^{-7}$ m
Einfache Moleküle:	$\sim 10^{-9}$ m
Atome:	$\sim 10^{-10}$ m

Im Alltag beobachtbare Kräfte sind

a) die Schwer- oder Gravitationskraft,
b) Kräfte zwischen Körpern, die Kraft des Windes, des Wassers, Verbrennungsmotoren, Reibungskräfte …

Sämtliche unter b) genannten Kräfte lassen sich auf Kräfte zwischen Atomen und Molekülen zurückführen, und sind letztendlich elektrischer Natur.

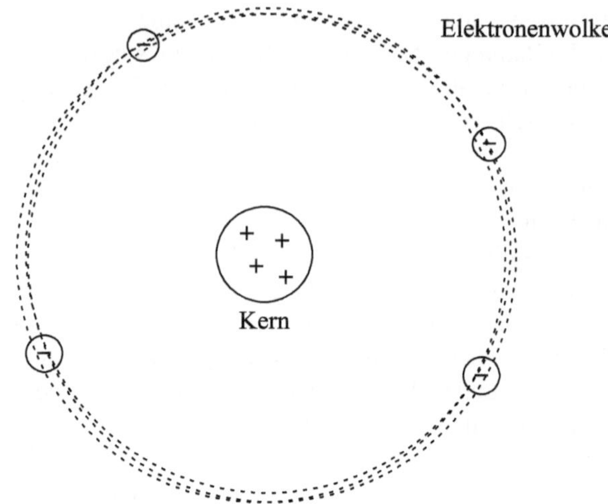

Abb. 1.2 Schema eines Atoms (das Größenverhältnis von Kern zur Elektronenwolke ist *nicht* maßstabsgerecht)

1.2.1 Der Aufbau der Atome

Ein Atom besteht aus einer Wolke von *Elektronen*; Elektronen sind elektrisch negativ geladene Teilchen. Der Durchmesser dieser Wolke beträgt $\sim 10^{-10}$ m, was dem Durchmesser des Atoms entspricht. Im Mittelpunkt befindet sich ein positiv geladener *Kern*, dessen Durchmesser einige 10^{-15} m beträgt (siehe Abb. 1.2). Man definiert 1 Ångström, $1\text{Å} = 10^{-10}$ m (in etwa die Größe eines Atoms), und 1 Fermi, $1\,\text{fm} = 10^{-15}$ m (in etwa die Größe eines Kerns).

Die (negative) Ladung q_e eines Elektrons wird mit $q_\text{e} = -e$ bezeichnet; der Wert der Elementarladung e beträgt $e \simeq 1{,}60 \cdot 10^{-19}$ C (C steht für Coulomb). Die elektrische Ladung des Kernes ist immer positiv und ein Vielfaches von e:

$$q_\text{Kern} = +Z\text{e}, \; Z = \text{ganze Zahl}\,. \tag{1.5}$$

Die Zahl der Elektronen eines Atomes ist gleich Z (abgesehen von ionisierten Atomen, denen eines oder mehrere Elektronen entrissen wurden). Demnach ist ein intaktes Atom neutral:

$$q_\text{Atom} = q_\text{Kern} + Z\,q_\text{e} = Z\,\text{e} + Z\,(-\text{e}) = 0\,. \tag{1.6}$$

Die Elektronen sind durch die elektrische Kraft an den Kern gebunden, da sich Objekte entgegengesetzter Ladungen anziehen. Die durch die Ladung des Kerns bestimmte Zahl der Elektronen legt die chemischen Eigenschaften des Elementes fest. Demzufolge definiert die Ladung des Kerns das Element:

Wasserstoff: $q_\text{Kern} = 1\,\text{e}$
Helium: $q_\text{Kern} = 2\,\text{e}$

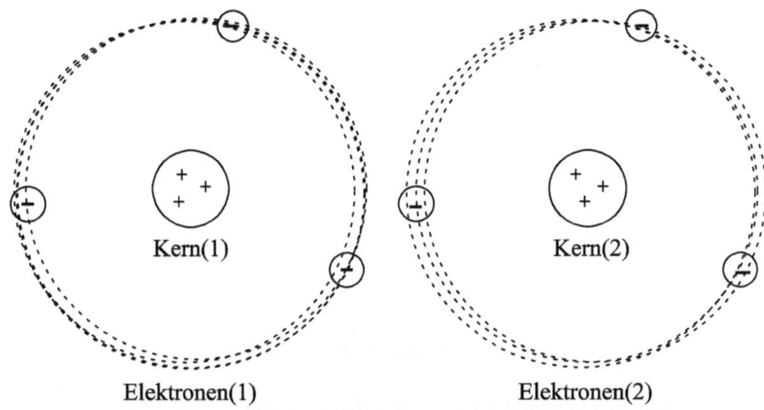

Abb. 1.3   Schema zweier sich nähernden Atome

Lithium: $q_{\text{Kern}} = 3\,e$

                $\ldots$

Uran: $q_{\text{Kern}} = 92\,e$

Plutonium: $q_{\text{Kern}} = 94\,e$

                $\ldots$

Ein genaues Verständnis der Struktur der Elektronenwolke und der daraus folgenden chemischen Eigenschaften der Atome ist nur im Rahmen der Quantenmechanik möglich.

Wenn sich zwei Atome nahekommen (siehe Abb. 1.3), wirken abstoßende Kräfte zwischen den Elektronen des Atoms (1) und den Elektronen des Atoms (2) sowie zwischen dem Kern des Atoms (1) und dem Kern des Atoms (2), aber anziehende Kräfte zwischen den Elektronen des Atoms (1) und dem Kern des Atoms (2) sowie zwischen den Elektronen des Atoms (2) und dem Kern des Atoms (1).

Diese Kräfte heben sich bei großen Abständen (verglichen mit den Durchmessern der Atome) gegenseitig auf. Bei kleineren Abständen von einigen 10^{-10} m ist die Balance zwischen den Kräften nicht mehr exakt, und in Abhängigkeit von der Form der Elektronenwolken sind folgende Fälle möglich:

a) Die Abstoßung zwischen den Elektronen dominiert, was zu einem kleinstmöglichen Abstand führt. Dies ist der Grund, weshalb ein Körper einen anderen nicht durchdringen kann, und weshalb z. B. eine Hand eine Wand spürt.
b) Die Anziehung zwischen den Elektronen(1) – Kern(2) und Elektronen(2) – Kern(1) dominiert. In diesem Fall bleiben die Atome verbunden, teilen sich ihre Elektronenwolken und bilden ein Molekül (siehe Abb. 1.4).

Die Kräfte zwischen Atomen (oder Molekülen) werden Van der Waals-Kräfte genannt. Sie sind kompliziert, können aber aus den (elektrischen) Kräften zwischen Elektronen und Kernen abgeleitet werden.

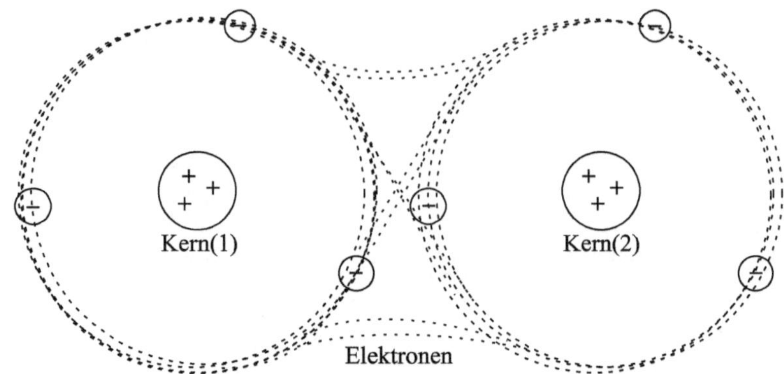

Abb. 1.4 Schema zweier zu einem Molekül verbundenen Atome

Daraus folgt, dass nur zwei Kräfte für in unserem Alltag beobachtbare physikalische Phänomene eine Rolle spielen: die elektrische (oder elektromagnetische) Kraft und die Schwerkraft.

1.3   Der Aufbau der Kerne

Kerne bestehen aus *Protonen* (mit elektrischer Ladung $q_\mathrm{p} = +e$) und *Neutronen* ($q_\mathrm{n} = 0$). (Neutronen wurden 1932 von J. Chadwick entdeckt, wofür er 1935 den Nobelpreis erhielt.) Protonen und Neutronen werden *Baryonen* genannt. Man gibt die Zusammensetzung eines Kernes in der Form X_Z^A an, wobei X das chemische Symbol des Elementes ist, Z die Zahl der Protonen, und A die *Atomzahl* gleich der Zahl der Baryonen (gleich der Summe von Protonen und Neutronen), wie zum Beispiel

Wasserstoff:	H_1^1 (1 Proton),
Deuterium (chemisch identisch!):	H_1^2 (1 Proton, 1 Neutron),
Helium:	He_2^4 (2 Protonen, 2 Neutronen),
Eisen:	Fe_{26}^{56} (26 Protonen, 30 Neutronen),
Uran:	U_{92}^{238} (92 Protonen, 146 Neutronen).

Kerne, die sich nur durch ihre Zahl von Neutronen unterscheiden, werden *Isotope* eines Elements genannt.

Wir wissen, dass sich Protonen derselben positiven Ladung unter dem Einfluss der elektrischen Kraft gegenseitig abstoßen. Was hält dann die Protonen (und Neutronen) im Kern zusammen? Hier kommt eine neue Kraft (oder „Wechselwirkung") ins Spiel, die die *starke Wechselwirkung* genannt wird. Die starke Wechselwirkung zwischen Baryonen wirkt immer anziehend. Bei kleinen Abständen von einigen Fermi ist sie stärker als die elektrische Abstoßung, sie wird jedoch bei größeren

Abständen rasch kleiner. Die starke Wechselwirkung ist näherungsweise unabhängig von der Natur der Baryonen, das heißt näherungsweise identisch zwischen zwei Protonen, einem Proton und einem Neutron, und zwischen zwei Neutronen.

Die Masse eines Protons beträgt $m_\mathrm{p} \sim 1{,}67 \cdot 10^{-24}$ g, die Masse m_n eines Neutrons ist beinahe dieselbe; ein Neutron ist nur um etwa 0,17 % schwerer. Ein Elektron ist etwa 2000 mal leichter: $m_\mathrm{e} \sim 9{,}1 \cdot 10^{-28}$ g. Die Masse eines Atoms ist demnach im Wesentlichen gleich der Masse seines Kerns.

Die Masse des Kerns unterscheidet sich von der Summe der Massen der Protonen und Neutronen durch die *Bindungsenergie*, die nach Einstein ($E = mc^2$) zur Gesamtmasse beiträgt:

$$m_\mathrm{Kern} = Z\,m_\mathrm{p} + (\mathrm{A} - \mathrm{Z})\,m_\mathrm{n} - \frac{1}{c^2}\,E_\mathrm{Bindung}\,. \tag{1.7}$$

Der Beitrag der Bindungsenergie ist immer negativ, und von der Größenordnung von einigen $10^{-2}\,m_\mathrm{p}\,c^2$. Die Berechnungen der Bindungsenergien verschiedener Kerne, die die Massen der Kerne erklären, sind eine der Aufgaben der Kernphysik (siehe die Übungsaufgabe am Ende des Kapitels).

1.3.1 Radioaktivität

Je nach seiner Zusammensetzung ist ein Kern mehr oder weniger stabil. Ein instabiler Kern kann Teilchen emittieren und sich in einen anderen Kern verwandeln, der immer leichter als der Ausgangskern ist. Dies folgt aus dem Energieerhaltungsgesetz, das hier einschließlich der Beiträge der Massen zur Gesamtenergie zu formulieren ist. Der Zerfall eines Atomkerns, und die damit zusammenhängende Emission von Teilchen, wird als *Radioaktivität* bezeichnet, für deren Entdeckung und Studium A. H. Bequerel, Marie und Pierre Curie 1903 den Nobelpreis erhielten.

Betrachten wir folgende Situation: Ein Kern mit Masse M, ursprünglich in Ruhe, zerfällt in n Zerfallsprodukte mit Massen M_i, $i = 1\ldots n$. Nach dem Zerfall fliegen die Zerfallsprodukte mit verschiedenen Geschwindigkeiten $\vec{v}_i$ auseinander, und besitzen deshalb *kinetische Energien* $E_{i\,\mathrm{kin}} = \frac{1}{2}M_i\vec{v}_i^{\,2}$. (Wir vernachlässigen hier relativistische Korrekturen, die nur für $|\vec{v}| \sim c$ wichtig werden, siehe Ende des Abschn. 3.1.) Die Summe aller kinetischen Energien bezeichnen wir mit E_kin. Dann lautet das Energieerhaltungsgesetz

$$M = \sum_{i=1}^{n} M_i + \frac{1}{c^2}\,E_\mathrm{kin}\,. \tag{1.8}$$

Da E_kin immer positiv ist, ergibt (1.8) sofort eine Ungleichung die besagt, dass die Summe der Massen der n Zerfallsprodukte kleiner als M sein muss. Für M sowie für M_i gilt die obige Gl. 1.7 einschließlich der entsprechenden Bindungsenergien.

Die Nomenklatur der Radioaktivitäten ist (aus historischen Gründen) wie folgt:

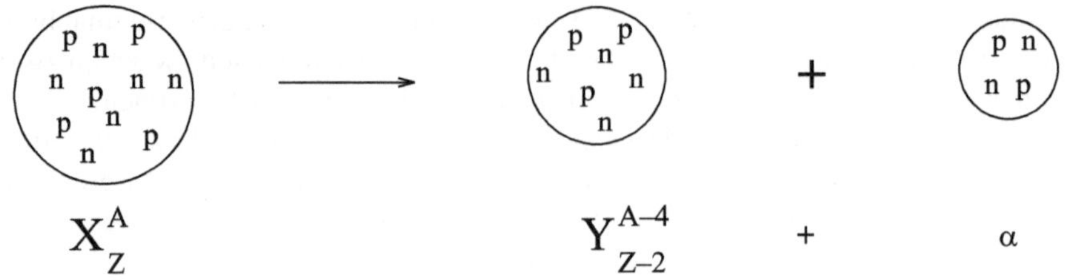

Abb. 1.5 Der α-Zerfall eines Kernes X_Z^A

1.3.2 Die α-Strahlung

α steht hier für einen Helium-Kern, $\alpha = 2p2n$. Die Bindungsenergie dieses Kerns ist besonders groß, deshalb ist er relativ leicht und kann besonders häufig als Zerfallsprodukt auftreten. Es sind hauptsächlich schwere Kerne, die unter der Emission von α-Strahlen zerfallen können (siehe Abb. 1.5).

Im Allgemeinen kann man den α-Zerfall eines Kernes X, bestehend aus A Baryonen (davon Z Protonen) in einen Kern Y als

$$X_Z^A \rightarrow Y_{Z-2}^{A-4} + \alpha \tag{1.9}$$

schreiben. Wenn man (1.7) für die Massen der Kerne X, Y und α in das Energieerhaltungsgesetz (1.8) einsetzt, sieht man, dass sich die Massen der Protonen und Neutronen auf beiden Seiten wegheben. Aus der Positivität von E_{kin} kann man jetzt eine Bedingung an die Bindungsenergien der Kerne X, Y und α herleiten, die erfüllt sein muss, damit der Zerfall möglich ist:

$$E_{\text{Bindung}}(X) < E_{\text{Bindung}}(Y) + E_{\text{Bindung}}(\alpha)\,. \tag{1.10}$$

Der ursprüngliche Kern X ist immer instabil, wenn diese Bedingung erfüllt ist. Man kann jedoch auf Grund der Gesetze der Quantenmechanik nicht genau vorhersagen, wann der Kern zerfallen wird – man kann nur eine Halbwertszeit $\tau_{1/2}$ messen (und versuchen zu berechnen), nach der im Schnitt die Hälfte aller Kerne zerfallen ist.

1.3.3 Die β-Strahlung

β steht für ein Elektron. Die Emission eines Elektrons kommt hauptsächlich bei Kernen mit mehr Neutronen als Protonen vor (siehe Abb. 1.6). Die Emission eines Elektrons wird immer von der Emission eines (Anti-)*Neutrinos* $\bar{\nu}$ begleitet. Das Neutrino ist ein sehr leichtes neutrales Teilchen, das sehr schwer nachzuweisen ist. Ein abgestrahltes Neutrino besitzt jedoch Energie und Impuls, wodurch die Emission von Neutrinos unter der Annahme der Erhaltung der Gesamtenergie und des

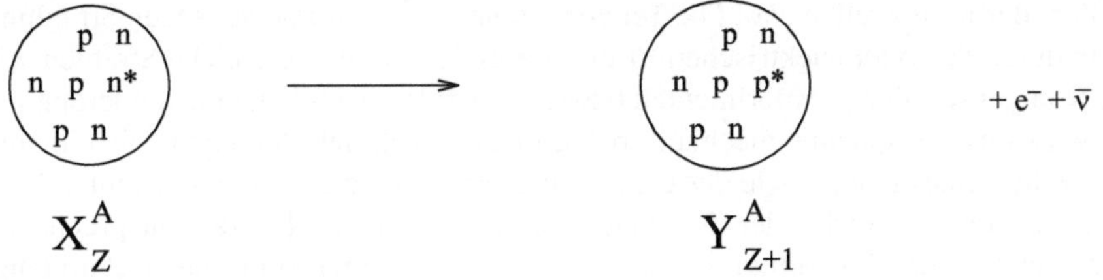

Abb. 1.6 Der β-Zerfall eines Kernes X_Z^A

Gesamtimpulses bewiesen werden kann. (Zunächst hatte W. Pauli 1930 aus der Erhaltung der Gesamtenergie und des Gesamtimpulses auf die Existenz von Neutrinos geschlossen. Ihre Existenz wurde jedoch erst 1956 bewiesen, wofür F. Reines 1995 den Nobelpreis erhielt.)

Nach Einsetzen von (1.7) in (1.8) ist die Energiebilanz von folgender Form:

$$Z\,m_p + (A - Z)\,m_n - \frac{1}{c^2}\,E_{\text{Bindung}}(X)$$
$$= (Z + 1)\,m_p + (A - Z - 1)\,m_n - \frac{1}{c^2}\,E_{\text{Bindung}}(Y) + m_e + \frac{1}{c^2}\,E_{\text{kin}} \tag{1.11}$$

Man sieht, dass sich die Proton- und Neutronmassen nicht mehr wegheben. Die Bedingung an die Bindungsenergien für die Möglichkeit eines β-Zerfalls ist jetzt

$$E_{\text{Bindung}}(X) - E_{\text{Bindung}}(Y) < \left(m_n - m_p - m_e\right) c^2 \,. \tag{1.12}$$

Im Innern eines Kerns entspricht die β-Strahlung der Umwandlung eines Neutrons in ein Proton, ein Elektron und ein (Anti-)Neutrino:

$$n \rightarrow p + e^- + \bar{v} \,. \tag{1.13}$$

Das Neutron im ursprünglichen Kern X, und das Proton im neu entstandenen Kern Y sind in Abb. 1.6 durch einen Stern gekennzeichnet.

Dieser Prozess hat nichts mit der starken Wechselwirkung zu tun, die die Natur von Neutronen (oder Protonen) nicht verändern kann, ebensowenig wie die elektrische Kraft (oder elektrische Wechselwirkung). Es handelt sich demzufolge um ein neues Phänomen, die *schwache Wechselwirkung*. („Schwach" bedeutet „relativ selten".) Ein freies Neutron zerfällt auf diese Art und Weise mit einer Halbwertszeit von ca. 10 Minuten (614 Sekunden). Ein Neutron in einem Kern kann jedoch nur dann zerfallen, wenn die Bindungsenergien der Kerne X und Y die Ungleichung (1.12) erfüllen!

1.3.4 Die γ-Strahlung

γ steht für ein *Photon*. Photonen sind die Bestandteile der elektromagnetischen Strahlung, d. h. der Röntgenstrahlung, des Lichts, der Wärmestrahlung, der Mikrowellen, der Radiowellen usw. Die Teilchennatur der elektromagnetischen Strahlung kann durch den photoelektrischen Effekt (besonders für energiereiche Strahlen wie die Röntgenstrahlung) experimentell bewiesen werden. Dies hat, unter anderem, zur Entwicklung der Quantenmechanik beigetragen: Nach der Quantenmechanik sind die Wellen eines Feldes (wie des elektromagnetischen Feldes) gleichbedeutend mit einem Strahl entsprechender Teilchen (wie den Photonen). Für die entsprechende Interpretation des Fotoeffektes – und nicht für die Entwicklung der Relativitätstheorie – erhielt A. Einstein 1921 den Nobelpreis.

Die Emission von Photonen kommt bei „angeregten" Kernen vor. Man spricht von angeregten Kernen, wenn die Bindungsenergie kleiner als ihr maximal möglicher Wert ist. Dann kann die Bindungsenergie sprunghaft zunehmen, und die so gewonnene Energie wird in der Form eines Photons abgestrahlt. Die Zusammensetzung des Kernes aus Protonen und Neutronen ändert sich hierbei nicht.

Es gibt noch weitere Formen der Radioaktivität wie die β^+-Strahlung, die der Emission eines Positrons entspricht; ein Positron ist das Antiteilchen eines Elektrons mit positiver elektrischer Ladung. Die Existenz des Positrons wurde 1928 von P. Dirac (Nobelpreis 1933) postuliert, und 1932 von C. D. Anderson (Nobelpreis 1936) bewiesen.

Die Bestandteile der Kerne, die Protonen und Neutronen, sind immer noch keine unteilbaren „Elementarteilchen":

1.4 Der Aufbau der Baryonen

Man weiß heute, dass die Baryonen gebundene Zustände von drei *Quarks* sind. Es gibt – unter anderen – das u-Quark mit elektrischer Ladung $q_u = +\frac{2}{3}e$, und das d-Quark mit Ladung $q_d = -\frac{1}{3}e$. Ein Proton besteht aus zwei u-Quarks und einem d-Quark, und ein Neutron aus zwei d-Quarks und einem u-Quark, siehe Abb. 1.7.

Dies stimmt mit den entsprechenden elektrischen Ladungen überein:

$$q_p = 2 \cdot q_u + q_d = 2 \cdot \frac{2}{3}\,e - \frac{1}{3}\,e = e, \tag{1.14}$$

und

$$q_n = q_u + 2 \cdot q_d = \frac{2}{3}\,e + 2 \cdot \left(-\frac{1}{3}\right)e = 0. \tag{1.15}$$

Welche Kraft ist für die Bindung der Quarks verantwortlich? Dies ist – wieder – die *starke Wechselwirkung*. Die anziehende Kraft zwischen Baryonen kann aus der „fundamentalen" Kraft zwischen Quarks hergeleitet werden, ähnlich wie die Van der Waals-Kraft zwischen Atomen und Molekülen aus der elektrischen Kraft zwischen Elektronen und Kernen. Später werden wir sehen, dass es weitere (instabile) Quarks gibt, sowie weitere Baryonen.

Diese innere Struktur der Baryonen macht es notwendig, die Natur der schwachen Wechselwirkung noch einmal zu betrachten: Wenn man die Bestandteile

Abb. 1.7 Der Quark-Inhalt eines Protons und eines Neutrons

(Quarks) eines Neutrons mit denen eines Protons vergleicht, sieht man, dass sich beim Zerfall eines Neutrons ein d-Quark in ein u-Quark umgewandelt hat:

$$d \rightarrow u + e^- + \bar{\nu}. \tag{1.16}$$

Dies ist der Effekt der schwachen Wechselwirkung auf dem Niveau der Quarks, die als einzige Wechselwirkung in der Lage ist, die Natur der Quarks zu verändern.

Sind Quarks (und das Elektron und das Neutrino) letztendlich Elementarteilchen?

Wahrscheinlich ja, bis heute hat man weder weitere Bestandteile dieser Teilchen gefunden, noch eine endliche Ausdehnung gemessen: Man weiß, dass sie kleiner als $\sim 10^{-18}$ m sind. Auf Grund der Gesetze der Quantenmechanik ist jedoch die Genauigkeit Δ, mit der man die Ausdehnung eines Objektes messen kann, durch die Energie E der Teilchen beschränkt, mit denen das Objekt zum Zweck seines Studiums beschossen wird; am Ende des Abschn. 4.2 werden wir die Beziehung $\Delta \gtrsim \hbar c / E$ für das Auflösungsvermögen Δ herleiten.

Ein grobes klassisches Bild dieses Phänomens ist das Folgende: Stellen wir uns einen (kugelförmigen) Kuchen vor, in dessem Inneren sich harte Kerne befinden. Um das Innere des Kuchens zu untersuchen, beschießen wir den Kuchen mit anderen Objekten wie in Abb. 1.8.

Wenn es sich bei diesen Objekten nur um energiearme Objekte (leicht und/oder langsam) handelt, können sie nicht in den Kuchen eindringen, sein Inneres bleibt uns verborgen, und er erscheint als ein „elementares“ Teilchen. Nur wenn wir den Kuchen mit energiereichen Objekten (schwer und/oder schnell) beschießen, können sie in das Innere des Kuchens eindringen, sich an den harten Kernen stoßen,

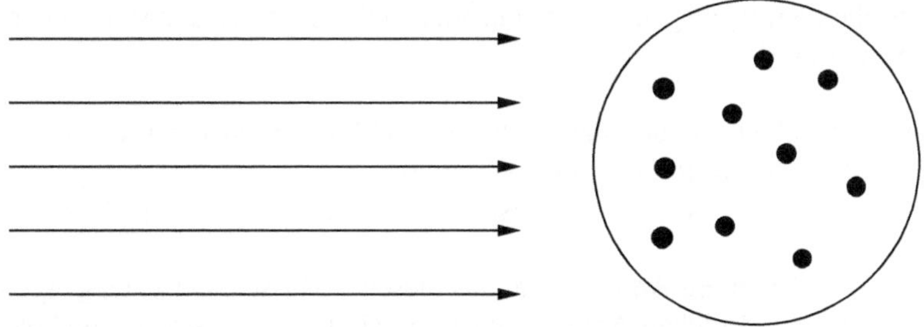

Abb. 1.8 Schema eines Teilchenstrahls, der auf einen Kuchen mit harten Kernen trifft

und die Informationen über die Anwesenheit der harten Kerne durch eine Veränderung ihrer Flugrichtung nach außen tragen. (Hierdurch wird der Kuchen allerdings normalerweise zerstört.)

Auf ähnliche Art und Weise kann man die innere Struktur von Atomen durch einen Beschuss mit, z. B., α-Teilchen erkunden (so entdeckte E. Rutherford den Atomkern, wofür ihm 1908 der Nobelpreis für Chemie zuerkannt wurde), und die innere Struktur von Baryonen durch einen Beschuss mit Elektronen mit höherer Energie, so dass sie sich an ihren Bestandteilen, den Quarks, stoßen. Für den Nachweis von Quarks innerhalb von Baryonen durch den Beschuss mit hochenergetischen Elektronen erhielten J. I. Friedmann, H. W. Kendall und R. R. Taylor 1990 den Nobelpreis. Man kann aber einen möglichen inneren Aufbau von Teilchen nicht beliebig genau studieren, da man immer nur Teilchenstrahlen mit einer bestimmten endlichen Energie zur Verfügung hat. Deshalb kann man nur eine obere Schranke für den Durchmesser von Quarks und Elektronen angeben, die mit Hilfe der energiereichsten heute zur Verfügung stehenden Teilchenstrahlen gefunden wurde.

1.5 Vorläufige Zusammenfassung

Folgenden Kräften und Teilchen sind wir bis jetzt begegnet:

Den vier fundamentalen Kräften (oder Wechselwirkungen):

- die Schwerkraft,
- die elektrische bzw. elektromagnetische Kraft,
- die starke Wechselwirkung,
- die schwache Wechselwirkung.

Vier Elementarteilchen:

- die Quarks u und d, die sämtlichen vier Wechselwirkungen unterliegen (oder sämtliche vier Kräfte spüren);
- das Elektron, das der Schwerkraft, der elektrischen Kraft und der schwachen (aber nicht der starken) Wechselwirkung unterliegt;
- das Neutrino, das ebenfalls der Schwerkraft unterliegt (durch die Raumkrümmung, siehe Kap. 3) sowie der schwachen Wechselwirkung, aber weder der elektrischen Kraft (wegen seiner fehlenden elektrischen Ladung) noch der starken Wechselwirkung.

Elementarteilchen, die der starken Wechselwirkung *nicht* unterliegen (wie das Elektron und das Neutrino), nennt man *Leptonen*.

Diese Liste von Elementarteilchen ist unvollständig: Zusätzlich gibt es

a) für jedes Teilchen ein Antiteilchen, das dieselbe Masse, aber entgegengesetzte Ladung besitzt. Teilchen-Antiteilchen-Paare sind das Elektron e^- und das Positron e^+, sowie die Quarks u, d und Antiquarks $\bar{u}$, $\bar{d}$.

b) vier weitere Quarks (im Ganzen gibt es sechs Quarks),

c) vier weitere Leptonen (im Ganzen gibt es ebenfalls sechs Leptonen).

Die drei Elementarteilchen u, d und e^- reichen jedoch aus, um alle Atome aufzubauen, aus denen die Materie um uns herum besteht.

1.6 Übungsaufgabe

1.1 Eine gute Näherungsformel für die Bindungsenergie von Atomkernen (siehe (1.7)) in Abhängigkeit von A und Z ist die Bethe-Weizsäcker-Formel, wo die Energie in Einheiten von MeV angegeben wird (siehe Anhang); $N = A - Z$ ist die Zahl der Neutronen:

$$E_{\text{Bindung}}(A, Z) = a_v A - a_s A^{2/3} - a_c \frac{Z^2}{A^{1/3}} - a_a \frac{(N - Z)^2}{A} + \delta(N, Z). \quad (1.17)$$

Die numerischen Werte der Koeffizienten sind $a_v = 15{,}56\,\text{MeV}$, $a_s = 17{,}23\,\text{MeV}$, $a_c = 0{,}697\,\text{MeV}$ und $a_a = 23{,}285\,\text{MeV}$, und der Wert von $\delta(N, Z)$ ist $\delta(N, Z) = 12\,\text{MeV}/\sqrt{A}$ für N und Z gerade, $\delta(N, Z) = -12\,\text{MeV}/\sqrt{A}$ für N und Z ungerade, $\delta(N, Z) = 0$ für $A = Z + N$ ungerade.

Vernachlässigen Sie $\delta(N, Z)$, und leiten sie eine Formel für Z(A) her, die Kernen mit größter Bindungsenergie (und daher größter Stabilität) entspricht. Bestimmen Sie Z und das chemische Symbol für den stabilsten Kern mit A = 238.

2.1 Die Ausdehnung des Universums in der allgemeinen Relativitätstheorie

In der Einführung haben wir gesehen, dass sich die Galaxien wie in Abb. 1.1 skizziert mit einer Geschwindigkeit v von uns entfernen, die proportional zu ihrer Entfernung d anwächst:

$$v \simeq \mathrm{H}_0\, d \, , \tag{2.1}$$

wobei H_0 die Hubblekonstante ist. Wenn man in der Zeit zurückschaut, bedeutet dies, dass die gesamte Materie vor $\sim 10^{10}$ Jahren komprimiert war.

Dieses Phänomen ist besser zu verstehen, wenn man sich eine zweidimensionale anstatt unserer dreidimensionalen Welt vorstellt. Eine zweidimensionale Welt entspricht einer Fläche, und sämtliche physikalischen Objekte (und Lebewesen) in dieser Fläche besitzen nur eine Breite und eine Länge, aber keine Höhe. Lebewesen in dieser Fläche können sich nur innerhalb der Fläche bewegen, Abstände innerhalb der Fläche messen, sich aber eine dritte Dimension nicht einmal vorstellen. (Die Mathematiker dieser zweidimensionalen Welt können sehr wohl Rechnungen in dreidimensionalen Räumen durchführen; sie haben jedoch Schwierigkeiten, ihren Mitbewohnern zu erklären, was das bedeuten soll.)

Stellen wir uns nun eine Fläche von der Form einer Kugeloberfläche vor, die das Universum der zweidimensionalen Lebewesen darstellt. Diese Vorstellung bereitet uns keinerlei Probleme, sie ist jedoch für die zweidimensionalen Lebewesen nicht nachvollziehbar! Nehmen wir weiter an, dass sich diese Kugeloberfläche wie ein aufgeblasener Luftballon wie in Abb. 2.1 ausdehnt.

Dieses Verhalten entspricht dem unseres dreidimensionalen Universums: Jetzt nehmen alle Abstände zwischen Punkten (oder Galaxien) auf dieser Kugeloberfläche zu, und die Relativgeschwindigkeit zwischen zwei Punkten ist proportional zu ihrem Abstand. Dies kann durch eine kleine Rechnung überprüft werden:

Wir führen eine dimensionslose Größe $a(t)$ ein, die proportional zum Durchmesser der betrachteten Kugel ist und im Laufe der Zeit zunimmt. $a(t)$ spielt die Rolle eines *Skalenfaktors*, d. h. alle Skalen bzw. Längen auf der Kugeloberfläche

© Springer-Verlag Berlin Heidelberg 2015   15
U. Ellwanger, *Vom Universum zu den Elementarteilchen*, DOI 10.1007/978-3-662-46646-9_2

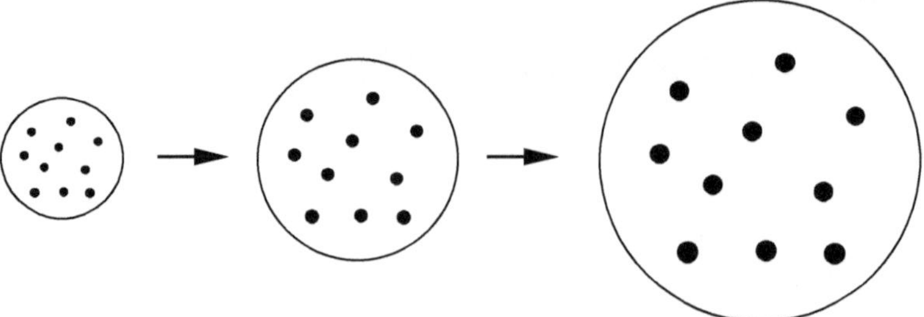

Abb. 2.1 Eine sich ausdehnende Kugeloberfläche, die einem zweidimensionalen expandierenden Universum entspricht

sind proportional zu $a(t)$. Zur Zeit $t = t_0$ wählen wir die Konvention $a(t_0) = 1$. Den zur Zeit t_0 gemessenen Abstand zwischen zwei bestimmten Punkten bezeichnen wir als Δ_0. Zu einer späteren Zeit $t > t_0$ ist dieser Abstand durch

$$\Delta(t) = a(t)\Delta_0 \tag{2.2}$$

gegeben. Die Geschwindigkeit, mit der sich die zwei Punkte voneinander entfernen, berechnet sich wie folgt (wobei $\dot{a} = \mathrm{d}a/\mathrm{d}t$ bedeutet):

$$v(t) = \frac{\mathrm{d}}{\mathrm{d}t}\Delta(t) = \dot{a}(t)\Delta_0 = \frac{\dot{a}(t)}{a(t)}a(t)\Delta_0 = \frac{\dot{a}(t)}{a(t)}\Delta(t) = \mathrm{H}(t)\Delta(t) \tag{2.3}$$

mit

$$\mathrm{H}(t) = \frac{\dot{a}(t)}{a(t)} . \tag{2.4}$$

Demnach ist $v(t)$ in der Tat proportional zum Abstand $\Delta(t)$, aber der Koeffizient $\mathrm{H}(t)$ ist im Allgemeinen zeitabhängig.

Hier haben wir eine sich ausdehnende zweidimensionale Fläche betrachtet, deren Krümmung überall dieselbe ist. Es gibt weitere zweidimensionale Flächen mit dieser Eigenschaft (die als „Homogenität" bezeichnet wird): Natürlich die flache Ebene, und eine Fläche von der Form eines Sattels. Die Gln. 2.3 und 2.4 sind in all diesen Fällen gültig, genauso wie für unser dreidimensionales Universum: Ein gekrümmter dreidimensionaler Raum (oder ein sich ausdehnender dreidimensionaler Raum) ist für uns ebenso unvorstellbar, wie ein zweidimensionaler Raum mit diesen Eigenschaften für die zweidimensionalen Lebewesen. Die obige Rechnung (2.3) führt aber immer noch zu einer Gleichung von der Form (2.1); es genügt, überall in (2.3) t durch $t = t_{\text{heute}}$ zu ersetzen.

In der heutigen Kosmologie können wir die Zeitabhängigkeit von $\mathrm{H}(t)$ sogar messen: Das Verhältnis von relativer Geschwindigkeit zu ihrem Abstand ist für weit entfernte Supernovae nicht exakt konstant, da ihr Licht vor sehr langer Zeit emittiert wurde, und $\mathrm{H}(t)$ damals nicht exakt denselben Wert wie heute hatte.

Wir sollten noch bemerken, dass ein zunehmender Skalenfaktor $a(t)$ *nicht* bedeutet, dass sich Objekte im Universum (wie Sterne und Galaxien) ausdehnen: Der Durchmesser derartiger Objekte ist dadurch gegeben, dass sich verschiedene auf ihre Komponenten wirkende Kräfte gerade aufheben (wie die Schwerkraft und die Zentrifugalkraft für Sterne in Galaxien). Solange diese Kräfte dieselben bleiben, bleiben auch die Durchmesser von Objekten unbehelligt von der Ausdehnung des Universums.

Die Zeitabhängigkeit von $a(t)$ – und demnach diejenige von $H(t)$ – kann im Rahmen der allgemeinen Relativitätstheorie berechnet werden. In der allgemeinen Relativitätstheorie wird der Raum (sogar die Raum-Zeit, siehe Kap. 3) im Allgemeinen als gekrümmt angenommen. Die genaue Form eines gekrümmten Raumes ist durch die Abstände zwischen Punkten überall im Raum bestimmt. Die mathematische Größe, die diese Abstände beschreibt, wird als *Metrik* bezeichnet, die wir in Kap. 3 genauer behandeln werden. Für homogene Räume hängt die Metrik nicht vom Ort ab, und ist vollständig durch den oben eingeführten Skalenfaktor $a(t)$ bestimmt.

A. Einstein hat die Metrik zur Beschreibung gekrümmter Räume in der allgemeinen Relativitätstheorie benutzt, und Gleichungen angegeben, die die Metrik in Abhängigkeit von der im Raum verteilten Materie (und Energie) bestimmen [1].

Unter der Annahme eines homogenen Universums kann die gesamte Materie (Galaxien, Sterne, Staub, Atome, Elementarteilchen) als ein homogenes Gas betrachtet werden. Dieses Gas besteht im Allgemeinen aus mehreren Komponenten, aber es ist vollständig durch seine *Materiedichte* ϱ (die in kg/m^3 gemessen wird) und seinen Druck p bestimmt. Für ein homogenes Gas hängen diese Größen nicht vom Ort, sondern lediglich von der Zeit t ab.

Im Allgemeinen muss man zwischen folgende Formen von Materie und Energie unterscheiden:·

a) Körper, die sich langsam verglichen mit der Lichtgeschwindigkeit bewegen, wie Galaxien, Sterne, Staub und (massive und nicht zu energiereiche) Elementarteilchen. Diese Körper tragen zur Dichte ϱ einen als ϱ_{nr} bezeichneten Betrag bei. („nr" steht für nicht-relativistische Objekte mit Geschwindigkeiten $v \ll c$.) Der Beitrag dieser Objekte zum „Druck des Universums" ist vernachlässigbar klein.

b) masselose (oder leichte und energiereiche) Teilchen, die sich mit (oder nahezu mit) Lichtgeschwindigkeit fortbewegen, liefern einen Beitrag ϱ_r zur Dichte sowie einen Beitrag p zum Druck, wobei p $\sim \frac{1}{3}\,\varrho_r\,c^2$ gilt.

c) konstante Felder (siehe die Kapitel „Feldtheorie" und „schwache Wechselwirkung") können eine potentielle Energie(-dichte) erzeugen, die in der Kosmologie als *dunkle Energie* oder *kosmologische Konstante* Λ bezeichnet wird und in (kg m^2/s^2)/m$^3 =$ kg /(m s^2) gemessen wird.

Die Einstein-Gleichungen führen zu zwei Gleichungen für die Zeitableitungen von $a(t)$ in Abhängigkeit von $\varrho = \varrho_{nr} + \varrho_r$, p und Λ. Es ist hilfreich, eine Gravitationskonstante κ zu definieren, die mit der Newton'schen Konstante G verknüpft ist:

$$\kappa = \frac{8\pi\,\mathrm{G}}{\mathrm{c}^2} \simeq 1{,}866 \cdot 10^{-26}\,\mathrm{m\,kg^{-1}}\,. \tag{2.5}$$

Unter Verwendung der üblichen Definitionen $\dot{a} = \mathrm{d}a/\mathrm{d}t$ und $\ddot{a} = \mathrm{d}^2a/\mathrm{d}t^2$ sind diese Gleichungen von folgender Form (unter der Annahme, dass der Raum *nicht* gekrümmt ist, die am besten mit den Beobachtungen übereinstimmt):

$$3\frac{\dot{a}^2}{a^2} = \kappa\left(\Lambda + \varrho(t)\,\mathrm{c}^2\right)\,, \tag{2.6}$$

$$2\frac{\ddot{a}}{a} + \frac{\dot{a}^2}{a^2} = \kappa\left(\Lambda - \mathrm{p}(t)\right)\,. \tag{2.7}$$

Diese Gleichungen werden auch Friedmann-Robertson-Walker-Gleichungen genannt (siehe z. B. A. Friedmann in [2]).

Im heutigen Universum ist der Beitrag des Drucks $\mathrm{p}(t)$ zu (2.7) vernachlässigbar. Wenn man Λ ebenfalls vernachlässigt, verschwindet die rechte Seite von (2.7). Die linke Seite kann durch die in (2.4) definierte Funktion $\mathrm{H}(t)$ ausgedrückt werden, und man erhält

$$2\dot{\mathrm{H}}(t) + 3\mathrm{H}^2(t) = 0\,. \tag{2.8}$$

Die allgemeine Lösung dieser Gleichung ist $\mathrm{H}(t) = 2/\left(3(t - \bar{t})\right)$, und man kann für den „Ursprung der Zeit" $\bar{t} = 0$ wählen. Man erhält dann

$$\mathrm{H}(t) = \frac{2}{3t}\,. \tag{2.9}$$

$a(t)$ kann nun aus (2.4) bestimmt werden:

$$a(t) = a_0 t^{\frac{2}{3}}\,, \tag{2.10}$$

wo a_0 zunächst eine beliebige Konstante ist. Demzufolge nimmt $a(t)$ mit t zu, was einem sich ausdehnenden Universum entspricht.

$\varrho(t)$ und $\mathrm{p}(t)$ erfüllen immer eine Beziehung, die aus der Energieerhaltung sowie aus einer Kombination der Gl. 2.6 und 2.7 hergeleitet werden kann:

$$\dot{\varrho}(t) = -3\frac{\dot{a}}{a}\left(\varrho(t) + \mathrm{p}(t)/\mathrm{c}^2\right)\,. \tag{2.11}$$

Für $p(t) = 0$ folgt daraus

$$\varrho(t) = \frac{\varrho_0}{a^3}, \tag{2.12}$$

wo ϱ_0 eine freie Konstante ist.

Unter der Annahme $\Lambda = 0$ erlauben es nun (2.6) und (2.10) oder (2.12), die (gesamte) Materiedichte $\varrho(t)$ zu bestimmen:

$$\varrho(t) = \frac{4}{3\kappa c^2 t^2} = \frac{\varrho_0}{a_0^3 t^2}. \tag{2.13}$$

Demnach nimmt die Materiedichte ab, was verständlich ist, da das Volumen des Universums zunimmt. ((2.13) kann als eine Gleichung für a_0 für gegebene Konstante ϱ_0 aufgefasst werden: $a_0^3 = \frac{3}{4}\kappa\varrho_0 c^2$.)

2.2 Die Geschichte des Universums

Als offensichtliche Folge von (2.13) war die Materiedichte $\varrho(t)$ im jungen Universum (für kleine t) sehr groß. Nach den Gesetzen der Thermodynamik steigt die Temperatur in einem komprimierten Gas, demnach war die Temperatur im jungen Universum sehr hoch. Eine hohe Temperatur eines Gases entspricht einer hohen mittleren Geschwindigkeit seiner Bestandteile. Zusammenstöße dieser Bestandteilen können diese in ihre Unter-Bestandteile zerlegen: Mit ansteigender Temperatur und Dichte zunächst Moleküle in Atome, dann Atome in Elektronen und Kerne, dann Kerne in Baryonen (Protonen und Neutronen) und schließlich sogar die Baryonen in Quarks.

Wenn die Entwicklung des Universums durch (2.6) und (2.7) beschrieben wird, hat sich all dies in der umgekehrten Reihenfolge abgespielt: Zu Beginn war das Universum extrem dicht und heiß, angefüllt mit Elementarteilchen wie Quarks und Elektronen. (Solange die mittleren Geschwindigkeiten dieser Teilchen nahe an der Lichtgeschwindigkeit liegen, tragen sie zum Druck $p(t) \sim \frac{1}{3}\varrho_r c^2$ bei. Die Gl. 2.6 und 2.7 ergeben dann (unter der Annahme $\Lambda \sim 0$) $a(t) \sim a_0\sqrt{t}$ anstatt (2.10) während dieser frühen Epoche.) Dieses Universum ist sozusagen explodiert; es hat sich sehr schnell ausgedehnt, wobei Temperatur und Dichte abnahmen. Dieser Prozess wird als „Big Bang" bezeichnet. Dabei bildeten sich die Baryonen, die Kerne, die Atome und Moleküle und letztendlich die Sterne und Galaxien.

Die Kenntnis der Wechselwirkungen (Kräfte) zwischen den Quarks, Baryonen, Kernen und Elektronen erlaubt es – unter Verwendung von (2.6) und (2.7) und der Thermodynamik, die die Berechnung der Temperatur in Abhängigkeit von der Dichte und des Druckes ermöglicht – die Geschichte des Universums ziemlich genau zu rekonstruieren, und beobachtbare Folgen dieses Szenarios zu studieren.

Während der ersten 10^{-12} Sekunden war die Temperatur dermaßen hoch ($> 10^{15}\,°C$), dass die stattgefundenen Prozesse von der Existenz und den Eigenschaften bisher noch unbekannter sehr massiver Elementarteilchen abhingen. (Sehr massive Elementarteilchen hätten in den heutigen Beschleunigeranlagen noch nicht produziert werden können, siehe Kap. 8.) Diese Phase ist Gegenstand aktueller Forschungen in der Elementarteilchenphysik und der Kosmologie. Unter anderem würde man gerne die Ursache des Ungleichgewichtes von Materie und Antimaterie verstehen (unser Universum enthält praktisch keine Antimaterie); hierfür können Prozesse, die sich bei dieser Temperatur abgespielt haben, eine wichtige Rolle spielen.

Nach ca. 10^{-6} Sekunden (bei einer Temperatur von ca. $10^{12}\,°C$) bildeten die Quarks Protonen und Neutronen.

Nach ca. 10 Sekunden (bei einer Temperatur von $10^9–10^{10}\,°C$) bildeten die Protonen und Neutronen die Kerne leichter Elemente wie Deuterium, Helium, das Isotop Helium 3 und Lithium. (Wasserstoff, dessen Kern nur aus einem Proton besteht, blieb das häufigste Element nach dieser Periode.)

Nach ca. $4 \cdot 10^5$ Jahren (bei einer Temperatur von ca. $3000\,°C$) entstanden die Atome aus Kernen und Elektronen.

Nach ca. 10^8 Jahren (bei einer Temperatur von ca. $30\,°$Kelvin) sind die Sterne und Galaxien entstanden. Innerhalb dieser Sterne, und während der ersten Explosionen von Supernovae, wurden die Kerne schwererer Elemente wie Eisen, Uran usw. erzeugt.

Nach ca. 10^{10} Jahren (bei einer Temperatur von ca. $6\,°$Kelvin) bildete sich das Solarsystem, das vor allem in den Planeten schwere Elemente enthält, die in der vorhergehenden Phase erzeugt wurden.

Heute hat das Universum ein Alter von ca. $1{,}4 \cdot 10^{10}$ Jahren, und hat sich auf eine Temperatur von $2{,}73\,°$Kelvin abgekühlt.

Gibt es noch heute beobachtbare Phänomene als Folge dieser Geschichte des Universums?

Der erste der oben beschriebenen Prozesse, der zu einer überprüfbaren Vorhersage führt, ist die Bildung der leichten Elemente. Die relative Häufigkeit von Protonen zu Neutronen (etwa 7 : 1) zu dieser Zeit ist berechenbar und erlaubt die Berechnung der relativen Häufigkeit von Elementen wie Wasserstoff, Helium, Lithium und ihrer Isotope. Die Ergebnisse dieser Berechnungen stimmen gut mit den Messungen der relativen Beiträge dieser Elemente zur Dichte ($\sim 75\,\%$ Wasserstoff, $\sim 24\,\%$ Helium, siehe Übungsaufgabe 2.2) in aus der Urzeit des Universums stammenden Gaswolken und Sternen überein.

Bis sich Atome aus Kernen und Elektronen gebildet hatten, trugen die Bestandteile des Gases, aus dem das Universum bestand, elektrische Ladungen – anschließend haben sich die elektrischen Ladungen der Kerne und Elektronen innerhalb der Atome neutralisiert. Die hohe Temperatur des Gases entsprach chaotischen Bewegungen mit großen Geschwindigkeiten und großen durch Stöße erzeugten Beschleunigungen. Unter diesen Bedingungen emittieren geladene Teilchen elektromagnetische Strahlung, die bei Temperaturen oberhalb ca. $1000\,°C$ sichtbarem Licht entspricht. (Eine Flamme ist ein Gas von so hoher Temperatur, dass durch die

Gewalt der Zusammenstöße zwischen den Atomen Elektronen herausgerissen werden. Dieses Gas enthält dann ionisierte Atome und freie Elektronen; ein derartiges Gas wird als *Plasma* bezeichnet. Beim Einfang der Elektronen durch die ionisierten Atome wird Licht emittiert.)

Bis zur Bindung von Elektronen und Kernen zu Atomen war das Universum also voll von elektromagnetischer Strahlung, die mit den geladenen Teilchen wechselwirkte (d. h. emittiert, absorbiert oder gestreut wurde). Nach der Bildung von (neutralen) Atomen stoppte die Produktion der elektromagnetischen Strahlung.

Was ist aus dem aus dieser Zeit stammenden Licht geworden? Ein großer Teil wurde bis heute nicht absorbiert, und ist im heutigen Universum immer noch vorhanden. Allerdings hat sich das Universum seit der Zeit, zu der dieses Licht produziert wurde, um das gut tausendfache ausgedehnt. Dabei hat sich gleichzeitig die Wellenlänge der Strahlung, die sich im Universum befand, mit der Raumausdehnung verlängert. Diese Wellenlänge betrug ursprünglich $\lambda_{\text{Licht}} \sim 7 \cdot 10^{-7}$ m, daher entspricht sie heute einer Mikrowellen-Strahlung. Sie wird auch als kosmische Hintergrundstrahlung bezeichnet, und strahlt gleichförmig aus allen Himmelsrichtungen (im wörtlichen Sinne). Die Abhängigkeit der Intensität der Strahlung von der Wellenlänge stimmt mit den Berechnungen bis zu einer Genauigkeit von 10^{-5} überein, und entspricht der elektromagnetischen Strahlung eines Körpers einer Temperatur von 2,73 °Kelvin. Aus diesem Grund kann man diese Temperatur als die Temperatur des Universums bezeichnen: Jedes Objekt im leeren Raum (weit genug entfernt von der Strahlung der Sterne und Galaxien) wird sich auf diese Temperatur abkühlen.

Die aus der Theorie des Big Bang folgende kosmische Hintergrundstrahlung wurde u. a. von R. Dicke und G. Gamow vorhergesagt und 1964–65 von A. A. Penzias und R. W. Wilson nachgewiesen, wofür letztere 1978 den Nobelpreis erhielten.

Die Entstehung von Sternen und Galaxien nach etwa 10^8 Jahren fand unter dem Einfluss der Schwerkraft statt, die erst dann eine Rolle spielen konnte, nachdem die durch die Temperatur erzeugten chaotischen Bewegungen genügend weit abgeklungen waren. Die Bildung von Materieklumpen unter dem Einfluss der Schwerkraft setzte jedoch schon kleine Dichteschwankungen im damaligen Gas voraus. Man kann die Größenordnung der damaligen Dichteschwankungen bestimmen, und daraus die Dichteschwankungen zu dem sehr viel früheren Zeitpunkt der Bildung von Atomen herleiten. Diese Dichteschwankungen der Elektronen und geladenen Kerne schlagen sich wiederum in Inhomogenitäten der Strahlung (des Lichtes) zum damaligen Zeitpunkt nieder, die zu Inhomogenitäten der heute beobachteten kosmischen Hintergrundstrahlung führen. Dies bedeutet, dass die Intensität der heute beobachteten kosmischen Hintergrundstrahlung leicht von der Himmelsrichtung abhängen sollte; die vorhergesagten relativen Intensitäts-Schwankungen $\Delta I / I$ von der Größenordnung von ca. 10^{-5} wurden 1992 von auf dem Satelliten Cobe platzierten Messinstrumenten zum ersten Mal nachgewiesen [3, 4], wofür J. C. Mather und G. F. Smoot 2006 der Nobelpreis zuerkannt wurde.

Die Theorie des Big Bang – zumindest ab 10^{-6} Sekunden nach dem Ursprung des Universums – ist daher durch mehrere Beobachtungen und Messungen, die auf sehr verschiedenen physikalischen Phänomenen beruhen, bestätigt worden.

2.3   Die dunkle Materie und die dunkle Energie

Wir kehren nun zu den Friedmann-Robertson-Walker-Gleichungen (2.6) und (2.7) zurück, aus denen wir weitere Konsequenzen ziehen wollen. Die Lösungen (2.9) für $H(t)$, (2.10) für $a(t)$ und (2.13) für $\varrho(t)$ wurden unter der Annahme hergeleitet, dass die Beiträge des Drucks $p(t)$ und der kosmologischen Konstante Λ in (2.6) und (2.7) vernachlässigt werden können. Auch wenn der Druck im sehr frühen Universum eine Rolle spielt, erlaubt die Lösung (2.9) eine relativ genaue Abschätzung des Alters des heutigen Universums:

Das Alter des Universums t_{heute} lässt sich unter der Verwendung des heutigen Wertes $H_0 \simeq 70\,\text{km/s} \cdot 1/\text{Mpc}$ für die Hubblekonstante bestimmen. Nach einer Umrechnung von Mpc in km erhält man

$$t_{\text{heute}} \equiv t_0 \sim 1{,}4 \cdot 10^{10}\text{Jahre}\,, \tag{2.14}$$

was auch in etwa dem Alter der ältesten Sterne und Galaxien entspricht.

Für die Materiedichte $\varrho(t_0)$ erhält man dann aus (2.13)

$$\varrho(t_0) \sim 2 \cdot 10^{-27}\,\text{kg}\,\text{m}^{-3}\,. \tag{2.15}$$

Dieser Wert kann mit der Dichte von Galaxien und Abschätzungen ihrer Massen (über die Zahl der enthaltenen Sterne und der Menge an Staub) verglichen werden. Diese Dichte an bekannter Materie ϱ_{bek} ist um etliches kleiner als der Wert (2.15):

$$\varrho_{\text{bek}} \sim \frac{\varrho(t_0)}{6}\,. \tag{2.16}$$

Dies bedeutet, dass neben der bekannten Materie eine unbekannte Form von „dunkler Materie" existieren sollte („dunkel", da sie offensichtlich kein Licht abstrahlt). Der Beitrag dieser dunklen Materie zur gesamten Materiedichte scheint sogar um das etwa fünffache größer als der Beitrag der bekannten Materie zu sein.

Bei dieser Gelegenheit sollten wir ein Phänomen aus dem Bereich der Dynamik von Sternen innerhalb von Galaxien diskutieren: Die nahezu kreisförmige Bewegung von Sternen um die Zentren von Galaxien wird durch die Schwerkraft zwischen den Sternen verursacht. Aus der bekannten Form der Schwerkraft lässt sich die in Abb. 2.2 skizzierte Rotationsgeschwindigkeit $v(r)$ eines Sterns berechnen, die von seinem Abstand r zum Zentrum der Galaxie und der Masse $M(r)$ innerhalb einer fiktiven Kugel mit Radius r abhängt (G ist die Newton'sche Gravitationskonstante):

$$v^2(r) = \frac{GM(r)}{r}\,. \tag{2.17}$$

In der Praxis kann man für eine große Zahl von Galaxien die Rotationsgeschwindigkeiten $v(r)$ von Sternen mit verschiedenen Abständen r zu den galaktischen Zentren messen, und $M(r)$ abschätzen. Überraschenderweise stimmen diese Beobachtungen nicht mit (2.17) überein: Entweder sind die gemessenen Werte von

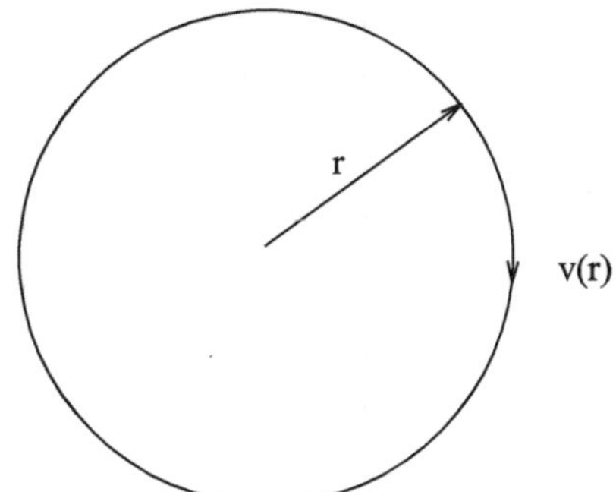

Abb. 2.2 Radius r und Rotationsgeschwindigkeit $v(r)$ eines Sternes um das Zentrum einer Galaxie

$v(r)$ systematisch zu groß, oder die Abschätzungen von $M(r)$ sind systematisch zu klein! (Besonders für große r, wo die Sterndichte abnimmt und $M(r)$ kaum mit r anwachsen sollte, nimmt $v(r)$ *nicht* wie $1/\sqrt{r}$ ab, sondern bleibt näherungsweise konstant.) Diese Diskrepanz hat noch vor der Kosmologie zu dem Verdacht geführt, dass zusätzliche dunkle (unsichtbare) Materie existiert, die besonders für große r zu $M(r)$ und damit zur Anziehungskraft der Galaxien beiträgt – es gibt daher zwei voneinander unabhängige Gründe, die Existenz dunkler Materie anzunehmen.

In den letzten Jahren gelang die Beobachtung sehr weit entfernter Supernovaexplosionen, die ihr Licht vor sehr langer Zeit emittiert hatten [5, 6, 7, 8]. Durch die Messung ihrer Radialgeschwindigkeiten über den Doppler-Effekt, sowie ihrer Entfernungen mit Hilfe der bekannten Leuchtkraft derartiger Supernovaexplosionen, ließ sich zum ersten Mal eine Zeitableitung von H(t) bestimmen und mit den Lösungen der Friedmann-Robertson-Walker-Gleichungen vergleichen. Es zeigte sich, dass $\dot{\text{H}}(t)$ etwas größer ist, als nach der obigen unter der Annahme $\Lambda = 0$ erhaltenen Lösung zu erwarten gewesen wäre; der gemessene Wert von $\dot{\text{H}}(t)$ ist nur mit einem positiven Wert von Λ (einer „dunklen Energie") in (2.6) und (2.7) verträglich:

$$\Lambda \sim 4 \cdot 10^{-10}\,\text{kg}\,\text{s}^{-2}\,\text{m}^{-1}\,. \tag{2.18}$$

Zunächst ist zu überprüfen, ob dieser Wert die oben unter der Annahme $\Lambda = 0$ erhaltenen Ergebnisse ungültig macht. Dies ist zum Glück nicht der Fall: Wenn man die beiden Terme auf der rechten Seite von (2.6) vergleicht, findet man zwar, dass sie heute von derselben Größenordnung sind:

$$\Lambda \sim 2 \cdot \varrho(t_0)\,\text{c}^2\,. \tag{2.19}$$

Die Zeitabhängigkeit der beiden Terme ist jedoch sehr verschieden: $\varrho(t)$ verhält sich wie $1/t^2$, Λ kann aber als konstant angenommen werden (siehe Abb. 2.3).

Früher, d. h. für $t \ll t_0$, war demnach $\varrho(t)\,\text{c}^2$ sehr viel größer als Λ, und der Term $\sim \Lambda$ in (2.6) war numerisch vernachlässigbar. (Dies gilt in der Tat auch für (2.7) wie man – für p(t) $= 0$ und unter Einsetzen der obigen Lösung für $a(t)$ – explizit nachrechnen kann.) Aus diesem Grund hat Λ die Entwicklung des Univer-

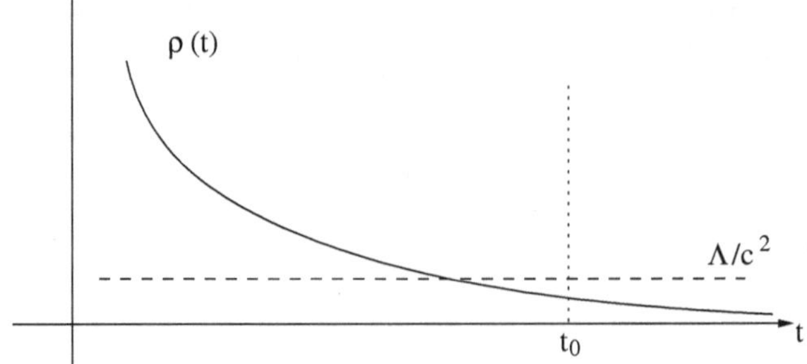

Abb. 2.3 Schematische Zeitabhängigkeit von $\varrho(t)$ ($\sim 1/t^2$) und Λ (konstant)

sums erst in letzter Zeit beeinflusst; entsprechende kleinere Korrekturen wurden im Wert (2.14) für das Alter des Universums bereits berücksichtigt.

Wegen der verschiedenen Zeitabhängigkeiten von $\varrho(t)$ und Λ erscheint es als bemerkenswerter Zufall, dass – wie in (2.19) angegeben – $\varrho(t_0)\,c^2$ und Λ heute von derselben Größenordnung sind. Demnach befinden wir uns gerade in einer Art Übergangsperiode: In der (immer noch sehr fernen) Zukunft wird die Entwicklung des Universums fast ausschließlich durch die Λ-Terme in (2.6) und (2.7) bestimmt, wonach $a(t)$ im Gegensatz zu (2.10) exponentiell mit t zunehmen wird (siehe das nächste Kapitel). Das Universum wird dann unendlich groß, leer und kalt – vorher (in etwa fünf Milliarden Jahren) wird sich unsere Sonne jedoch erst zu einem roten Riesenstern aufblähen, dann zu einem weißen Zwerg kollabieren.

2.4　Inflation

Die praktisch gleichförmige Verteilung der Galaxien sowie der kosmischen Hintergrundstrahlung im heute beobachtbaren Teil des Universums stellt im Grunde genommen ein Rätsel dar. Diese gleichförmige Verteilung der Galaxien und der kosmischen Hintergrundstrahlung ist nur zu verstehen, wenn zu Beginn des Universums, als es noch aus einem heißen komprimierten Gas aus Elementarteilchen bestand, dieses Gas ebenfalls sehr gleichmäßig verteilt war.

Nun kann sich ein Gas jedoch nur dann gleichmäßig verteilen, wenn seine Bestandteile hin- und herfließen können. Die Flussgeschwindigkeit dieser Bestandteile ist – unabhängig von ihrer genauen Natur – immer durch die Lichtgeschwindigkeit begrenzt. Innerhalb einer gegebenen Zeitspanne Δt können diese Bestandteile daher höchstens eine Distanz $\Delta d = c\Delta t$ durchfließen.

Zu Beginn des Universums, während der Zeitspanne des Big Bang, war diese Distanz nicht groß genug, um den gesamten heute beobachtbaren Teil des Universums zu umfassen. (Selbst das Licht braucht hierzu Milliarden von Jahren.) Da sich das damalige Gas während der Zeitspanne des Big Bang innerhalb des heute beobachtbaren Bereichs nicht gleichförmig verteilen konnte, ist die heutige nahezu gleichförmige Verteilung der Galaxien und der kosmischen Hintergrundstrahlung zunächst ein Paradox.

Zur Lösung dieses Paradoxes wurde die Inflation [9, 10] erfunden, die folgendem Verhalten des frühen Universums entspricht: Zunächst gibt man sich damit zufrieden, dass sich das ursprüngliche Gas innerhalb einer Zeitspanne Δt nur innerhalb von Distanzen $\Delta d = c\,\Delta t$ gleichförmig verteilen konnte, wobei allerdings Δd sehr viel kleiner als das heutige Universum ist.

Nun kann man sich das Verhalten der Lösungen der Friedmann-Robertson-Walker-Gleichungen (2.6) und (2.7) für den Fall zunutze machen, in dem der Parameter Λ sehr viel größer als $\varrho(t)$ und $p(t)$ ist. Die Zeitabhängigkeit des Skalenfaktors $a(t)$ ist dann nicht mehr durch (2.10) gegeben, sondern – wie sich leicht nachrechnen lässt – durch

$$a(t) = a_0\, \mathrm{e}^{\sqrt{\kappa\Lambda/3}\, t}\,. \tag{2.20}$$

Dies bedeutet eine extrem schnelle – exponentielle – Ausdehnung des Universums; sehr viel schneller, als vorher durch (2.10) beschrieben. (Ein derartiges Universum wird als *de Sitter-Universum* bezeichnet.)

Dadurch bläst sich auch die Distanz Δd auf das $\mathrm{e}^{\sqrt{\kappa\Lambda/3}\, t}$-fache ihres ursprünglichen Wertes auf! Dieser Vorgang wird als Inflation bezeichnet. Falls die Inflationsphase während einer Zeitspanne Δt mit $\sqrt{\kappa\Lambda/3}\,\Delta t \gtrsim 60$ anhält, hat sich die ursprüngliche Distanz Δd, innerhalb der das ursprüngliche Gas gleichförmig verteilt war, weit genug ausgedehnt, um größer als das heute sichtbare Universum zu sein.

Damit wäre zunächst die heutige gleichförmige Verteilung der Galaxien und der kosmischen Hintergrundstrahlung erklärt. Allerdings wissen wir, dass sich das Universum seit ca. $1{,}4 \cdot 10^{10}$ Jahren *nicht* (mehr) exponentiell ausgedehnt hat; sonst wären sämtliche oben erhaltenen Ergebnisse nicht mehr gültig. Man muss daher annehmen, dass die inflationäre Phase – nachdem Δd genügend aufgeblasen war – wieder beendet wurde. Dies bedeutet, dass der Parameter Λ von einem relativ großen Wert auf seinen heutigen relativ kleinen in (2.18) angegebenen Wert geschrumpft sein muss.

Deshalb bleibt die Frage zu klären, wie sich der Parameter Λ verändern kann. Dies ist im Rahmen der Feldtheorie verständlich, die man in der Elementarteilchenphysik verwendet: In dieser Theorie findet man Beiträge zur potentiellen Energie, die von der Gegenwart eines räumlich konstanten Feldes abhängen – die Minimierung einer derartigen potentiellen Energie als Funktion des sogenannten Higgs-Feldes wird im Abschn. 7.3 der schwachen Wechselwirkung eine wichtige Rolle spielen. Diese potentielle Energie wirkt in der Kosmologie genau wie der Parameter Λ in den Friedmann-Robertson-Walker-Gleichungen (2.6) und (2.7). Wenn sich nun ein Feld verändert, da es immer versucht, seine potentielle Energie zu minimieren, kann diese potentielle Energie von einem großen auf einen kleinen Wert schrumpfen. Wir werden am Ende des Abschn. 7.3 auf dieses Verhalten zurückkommen. Ein derartiger Mechanismus macht ein Ende einer inflationären Phase verständlich, und sämtliche vorhergehenden Ergebnisse sind nun in einer neuen Zeitrechnung „nach Ende der Inflation" zu interpretieren.

Ein derartiges Ende einer inflationären Phase durch eine Veränderung eines Feldes spielt sich aber nicht ganz ohne weitere Konsequenzen ab: Bevor sich ein Feld mit einem neuen Wert (der die potentielle Energie minimiert) zur Ruhe setzt, wackelt es noch ein wenig und strahlt Energie in Form von Teilchen ab, was zu – allerdings sehr kleinen – Dichteschwankungen führt. Dies stimmt mit den Betrachtungen am Ende des Abschn. 2.2 überein, wonach kleine Dichteschwankungen innerhalb der ursprünglichen Materie notwendig sind, damit sich später die Materie unter dem Einfluss der Schwerkraft zu Sternen und Galaxien klumpen kann.

Dies führt auch zu den richtungsabhängigen Intensitäts-Schwankungen $\Delta I / I$ der heute beobachtbaren kosmischen Hintergrundstrahlung: Wenn man die Intensitäten der kosmischen Hintergrundstrahlung in zwei verschiedenen Himmelsrichtungen (die um einen Winkel θ auseinanderliegen) misst, unterscheiden sie sich um ca. 0,001 %. Zusätzlich kann jetzt berechnet werden, wie dieser Unterschied im Mittel vom Winkel θ abhängt. Diese θ-Abhängigkeit der Intensitätsschwankungen wurde von auf den Satelliten WMAP und Planck (siehe die im Anhang angegebene Internetadressen) platzierten Instrumenten gemessen, und stimmt gut mit dem Modell der Inflation überein.

2.5 Zusammenfassung und offene Fragen

Das Standardmodell der Kosmologie einschließlich des Big Bang hat zu mehreren Vorhersagen geführt, die sehr gut mit gemessenen Größen übereinstimmen: Die Temperatur und die (minimalen, aber messbaren) Schwankungen der kosmischen Hintergrundstrahlung, sowie die relative Häufigkeit der leichten Elemente; die wichtigste Beobachtung ist natürlich die zunehmende Radialgeschwindigkeit von Galaxien mit ihrer Entfernung. Es bleiben jedoch mehrere Fragen offen:

a) Aus was besteht die dunkle Materie? Praktisch alle Formen bekannter Materie (wie kalte, unsichtbare Sterne, Staub oder Gas) sind ausgeschlossen, da sie zu viel Licht absorbieren würden, wenn ihre Häufigkeit oder Dichte die gesamte dunkle Materie erklären sollte. Eine Möglichkeit wäre eine neue Spezies von Elementarteilchen (sogenannte *WIMPs*, Weakly Interacting Massive Particles), die folgende Eigenschaften haben sollte: i) neutral, um nicht zu viel Licht zu absorbieren; ii) stabil, um noch nicht zerfallen zu sein; iii) relativ schwer, damit ihre mittlere Geschwindigkeit sehr viel kleiner als die Lichtgeschwindigkeit ist; andernfalls würden sie zu einem Druck-Term $p(t)$ in (2.7) beitragen (der nicht beobachtet wird), und in (2.17) könnte $M(r)$ nicht in der beobachteten Art und Weise von r abhängen. Keines der bekannten Elementarteilchen erfüllt alle diese Bedingungen! Man glaubt unter anderem deshalb, dass es noch neu zu entdeckende Elementarteilchen gibt, die die Bestandteile der dunklen Materie sind (siehe auch Abschn. 12.2 über die Supersymmetrie).

b) Woher kommt die heutige dunkle Energie (oder kosmologische Konstante) Λ? Wir haben bereits erwähnt, dass im Rahmen des kosmologischen Standardmodells ihr heutiger numerischer Wert – von derselben Größenordnung wie die aktuelle Materiedichte $\varrho(t_0)$ – ein schwer zu erklärender Zufall ist. Ein echtes Problem tritt im Rahmen der oben bereits erwähnten Feldtheorie auf: In dieser Theorie findet man Beiträge zur potentiellen Energie (oder der „Energie des Vakuums"), die der kosmologischen Konstanten entsprechen, aber ihren in (2.18) angegebenen Wert um viele Größenordnungen (in der schwachen Wechselwirkung, siehe Ende des Abschn. 7.3, um einen Faktor 10^{54}) übertreffen! Die Tatsache, dass ein großer Wert von Λ während einer inflationären Phase sogar wünschenswert war, macht ihren heutigen relativ kleinen Wert nicht leichter erklärbar. Entweder ist ein wichtiger Aspekt der relevanten Theorie bisher nicht verstanden, oder es gibt viele verschiedene Beiträge zu Λ, die sich zusammengenommen nach dem Ende der inflationären Phase fast exakt kompensieren. Zur Zeit kennt jedoch niemand einen Mechanismus, der zu einer derartigen Kompensation verschiedener Beiträge führen würde; dieses Problem wird als das „Problem der kosmologischen Konstante" bezeichnet.

c) Normalerweise müsste man annehmen, dass das Universum nach dem Big Bang genauso viele Teilchen wie Antiteilchen enthält. Das beobachtbare Universum enthält jedoch praktisch keine Antimaterie, nur „normale" Materie; d. h. es fanden offensichtlich Prozesse statt, die die Symmetrie Teilchen – Antiteilchen brechen. In der Tat hat man in Zerfällen bestimmter Teilchen bereits eine Verletzung dieser Symmetrie beobachtet (siehe die sogenannte CP-Verletzung in Abschn. 7.4). Es ist zur Zeit jedoch nicht klar, ob diese Symmetrieverletzung ausreicht, um das heutige Ungleichgewicht zwischen Materie und Antimaterie zu erklären; zu diesem Zweck wäre ein besseres Verständnis von Prozessen notwendig, die sich in der Zeit vor 10^{-12} s (bei einer Temperatur oberhalb von $10^{15}\,°C$) abgespielt haben.

d) Hat das Universum wirklich eine inflationäre Phase durchgemacht? Falls ja, wie hat sie genau ausgesehen? (Siehe dazu auch das Ende des Abschn. 7.3.) Welches Feld bzw. welche potentielle Energie war dafür verantwortlich? Ist ein oszillierendes Feld am Ende einer inflationären Phase wirklich für die Dichteschwankungen verantwortlich, aus denen sich die Sterne und Galaxien entwickelten? Um mehr über diese inflationäre Phase zu lernen, wäre eine noch genauere Kenntnis der Richtungsabhängigkeit der Intensitäts-Schwankungen sowie der Polarisation der kosmischen Hintergrundstrahlung sehr hilfreich. Derartige Erkenntnisse werden durch die zur Zeit laufende Auswertung von Daten von auf dem Satelliten Planck installierten Instrumenten gewonnen. (Planck umkreiste die Erde von 2009 bis 2013, siehe die im Anhang angegebene Internetadresse.)

e) Was war die Ursache des Big Bang? Was hat sich zu noch früheren Zeiten als 10^{-12} s, oder gar vor $t = 0$ abgespielt? Die Gl. 2.6 und 2.7 können im Limes $t \to 0$ nicht mehr gültig sein, und die Antwort auf diese Fragen hängt von der Art und Weise ab, wie diese Gleichungen modifiziert werden. Verschiedene Theorien jenseits der Einstein-Gleichungen führen zu verschiedenen derartigen Modifikationen, aber zur Zeit weiß man nicht, ob und welche dieser Theorien (u. a. Theorien, in denen die Raum-Zeit höherdimensional ist, siehe Abschn. 12.3) realistisch sind.

2.6 Übungsaufgaben

2.1 Lösen Sie die beiden Friedmann-Robertson-Walker-Gleichungen (2.6) und (2.7) für $\Lambda = 0$, $p(t) = w\,\varrho(t)\,c^2$ für beliebige Konstanten w. ($w = 0$ entspricht einem durch massive Teilchen dominierten Universum, $w = 1/3$ einem durch masselose Teilchen dominierten Universum, und zeigen Sie, dass $w = -1$ gleichbedeutend mit $p(t) = \varrho(t) = 0$, $\Lambda \neq 0$ ist.)

2.2 Nehmen Sie an, dass vor der Bildung leichter Atomkerne das Universum aus freien Protonen und Neutronen im Verhältnis 7 : 1 besteht. Nehmen Sie weiter an, dass nur die besonders stabilen Heliumkerne He_2^4 gebildet werden, aber auch freie Protonen H_1^1 (Wasserstoffkerne) übrigbleiben. Leiten Sie daraus das Verhältnis der Dichten $\varrho_\mathrm{H} : \varrho_\mathrm{He}$ nach der Bildung leichter Atomkerne her.

3.1 Die spezielle Relativitätstheorie

Normalerweise betrachtet man es als selbstverständlich, dass es eine absolute Zeit gibt, die für jedermann unabhängig von seinem Ort und von seiner Geschwindigkeit gültig ist. Diese Vorstellung entspricht der Abb. 3.1, in der senkrechte punktierte Linien einer bestimmten absoluten Zeit, die horizontale Linie unserer zeitunabhängigen Position, und die schräge Linie der Reise eines Astronauten mit konstanter Geschwindigkeit entsprechen.

Die Punkte A und B in Abb. 3.1 stellen zwei Ereignisse dar, die zu einer bestimmten Zeit an einem bestimmten Ort stattgefunden haben, der hier innerhalb des Raumschiffes des Astronauten gewählt wurde.

Für uns finden die beiden Ereignisse an verschiedenen Orten statt; der räumliche Abstand $\Delta x_{\text{wir}}^{\text{AB}}$ zwischen den beiden Ereignissen lässt sich leicht aus der Abb. 3.1 entlang der senkrechten x-Achse ablesen. Für den Astronauten verschwindet der räumliche Abstand $\Delta x_{\text{astr}}^{\text{AB}}$ zwischen den beiden Ereignissen; sein räumliches Koordinatensystem bewegt sich mit einer konstanten Geschwindigkeit v_{x} relativ zu uns, und in diesem Koordinatensystem finden beide Ereignisse an demselben Ort statt. Wir halten es jedoch für selbstverständlich, dass der zeitliche Abstand Δt^{AB} zwischen den Ereignissen für uns und für den Astronauten derselbe ist.

In Formeln gefasst, lauten die Beziehungen zwischen den von uns und dem Astronauten gemessenen räumlichen und zeitlichen Abständen

$$\Delta x_{\text{astr}}^{\text{AB}} = \Delta x_{\text{wir}}^{\text{AB}} - v_{\text{x}} \Delta t_{\text{wir}}^{\text{AB}}, \quad \Delta t_{\text{astr}}^{\text{AB}} = \Delta t_{\text{wir}}^{\text{AB}}. \tag{3.1}$$

Dies sind die Transformationsgesetze der Newton'schen Mechanik zwischen zwei Koordinatensystemen, die sich mit einer (hier und im Folgenden konstant angenommenen) Geschwindigkeit v_{x} relativ zueinander bewegen. Wenn man für v_{x} die Geschwindigkeit des Raumschiffes einsetzt, innerhalb dessen die Ereignisse A

© Springer-Verlag Berlin Heidelberg 2015

U. Ellwanger, *Vom Universum zu den Elementarteilchen*, DOI 10.1007/978-3-662-46646-9_3

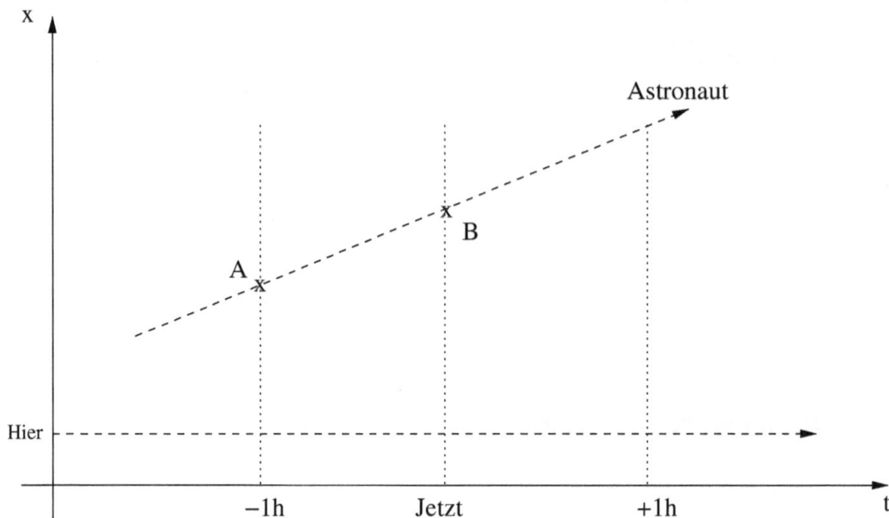

Abb. 3.1 x-t-Diagramm eines sich mit konstanter Geschwindigkeit bewegenden Astronauten, und einer „Hier" ruhenden Person

und B stattgefunden haben (was nicht notwendigerweise der Fall sein muss),

$$v_x = \frac{\Delta x_{\text{wir}}^{AB}}{\Delta t_{\text{wir}}^{AB}}, \tag{3.2}$$

erhält man in der Tat $\Delta x_{\text{astr}}^{AB} = 0$.

In der speziellen Relativitätstheorie sind die Transformationsgesetze (3.1) nicht mehr genau dieselben, sondern nur näherungsweise gültig, solange die Geschwindigkeit v_x klein verglichen mit der Lichtgeschwindigkeit c ist. Insbesondere sind die zeitlichen Abstände Δt^{AB}, die von uns und dem Astronauten zwischen *denselben* Ereignissen A und B gemessen werden, nicht identisch!

Woher rührt unser naiver Glaube an die Existenz einer absoluten Zeit, die $\Delta t_{\text{astr}}^{AB} = \Delta t_{\text{wir}}^{AB}$ entspricht? Wir bilden uns ein, ein von uns entferntes Ereignis in demselben Augenblick zu beobachten, in dem es stattfindet; dann könnten die beiden zeitlichen Intervalle in der Tat nicht verschieden sein. In Wirklichkeit können wir ein von uns entferntes Ereignis frühestens in dem Moment wahrnehmen, in dem uns von dem Ereignis herrührende Lichtstrahlen erreichen. Diese Tatsache alleine erzwingt zwar noch nicht, dass sich die zeitlichen Abstände Δt^{AB}, die von uns und dem Astronauten zwischen den Ereignissen A und B gemessen werden, unterscheiden; sie ermöglicht es jedoch, dass diese beiden zeitlichen Abstände verschieden sein können und insbesondere die zweite der Gl. 3.1 nicht mehr gültig ist.

Um das Prinzip zu verstehen, nach dem die Transformationsgesetze (3.1) in der speziellen Relativitätstheorie verändert sind, ist es hilfreich, zwei Koordinatensysteme in der x-y-Ebene zu betrachten, die sich durch um einen bestimmten Winkel

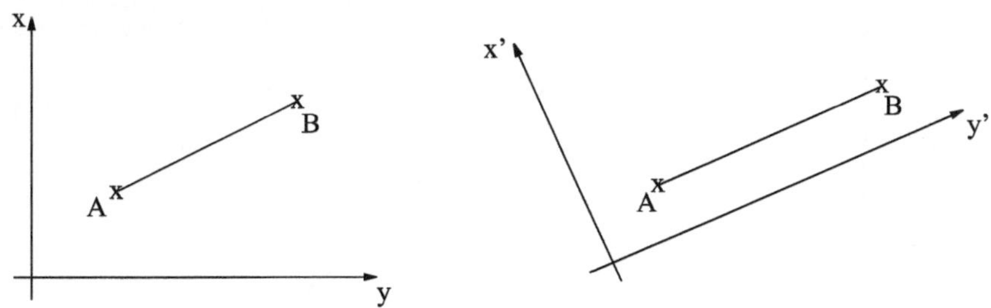

Abb. 3.2 Die Strecke von A nach B in zwei verschiedenen Koordinatensystemen in der x-y-Ebene

gekippte Achsen unterscheiden. Sie sind in Abb. 3.2 zusammen mit zwei Punkten A und B dargestellt.

Der Weg von Punkt A zum Punkt B entspricht einem zweikomponentigen Vektor $\vec{r} = \overrightarrow{AB}$: $\vec{r} = \begin{pmatrix} r_x \\ r_y \end{pmatrix} = \begin{pmatrix} \Delta x^{AB} \\ \Delta y^{AB} \end{pmatrix}$. Die numerischen Werte der Differenzen der x-Komponenten Δx^{AB} und der y-Komponenten Δy^{AB} sind in den verschiedenen Koordinatensystemen verschieden (für festgehaltene Punkte A und B):

$$\begin{pmatrix} \Delta x^{AB} \\ \Delta y^{AB} \end{pmatrix} \neq \begin{pmatrix} \Delta x^{AB'} \\ \Delta y^{AB'} \end{pmatrix}.$$

In einem leeren Raum gibt es jedoch kein privilegiertes Koordinatensystem; jeder „Beobachter" kann ein Koordinatensystem nach seinem Geschmack wählen, und verschiedene Beobachter werden im allgemeinen verschiedene Größen Δx^{AB} und Δy^{AB} messen. Es gibt jedoch eine Größe, die in jedem Koordinatensystem dieselbe ist, nämlich der Abstand Δ^{AB} zwischen A und B:

$$\left(\Delta^{AB}\right)^2 = |\overrightarrow{AB}|^2 = \left(\Delta x^{AB}\right)^2 + \left(\Delta y^{AB}\right)^2 = \left(\Delta x^{AB'}\right)^2 + \left(\Delta y^{AB'}\right)^2. \tag{3.3}$$

In einem Koordinatensystem, in dem $\Delta x^{AB'} = 0$ gilt, vereinfacht sich der Ausdruck für den Abstand: $\Delta^{AB} = \Delta y^{AB'}$.

Betrachten wir noch kurz den Effekt eines Umweges: Wenn sich von zwei Personen eine auf dem direkten Weg, die andere über C von A nach B bewegt, haben sie zwar dieselben Werte von Δy^{AB} durchlaufen, die zurückgelegte Gesamtstrecke über C ist aber offensichtlich länger (siehe Abb. 3.3).

Kehren wir nun zur x-t-Ebene zurück. Hier ist man nicht gezwungen, das Konzept eines vom Koordinatensystem unabhängigen „Abstandes" Δ^{AB} einzuführen, aber genau dies wird in der speziellen Relativitätstheorie gemacht. Er wird hier als $\Delta\tau^{AB}$ bezeichnet, und hängt vom räumlichen Abstand Δx^{AB} und dem zeitlichen Abstand Δt^{AB} ab. In der Formel für $\Delta\tau^{AB}$ erscheint (verglichen mit (3.3) für den Abstand in der x-y-Ebene) ein Faktor $-1/c^2$, wobei c die Lichtgeschwindigkeit ist:

$$\left(\Delta\tau^{AB}\right)^2 = \left(\Delta t^{AB}\right)^2 - \frac{1}{c^2}\left(\Delta x^{AB}\right)^2, \tag{3.4}$$

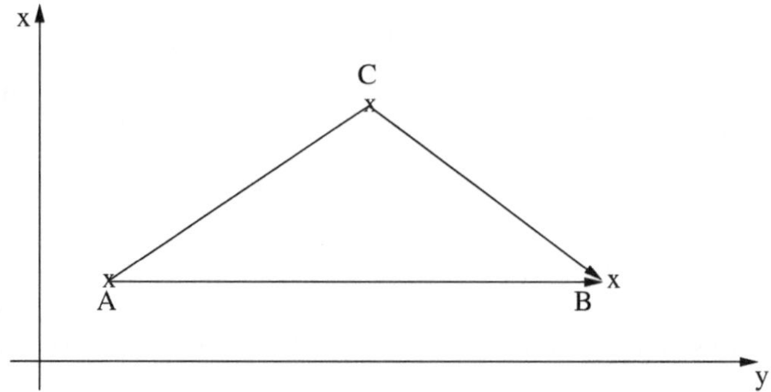

Abb. 3.3 Ein direkter Weg von A nach B, sowie ein Umweg über C

wo Δt^{AB} und Δx^{AB} in einem beliebigen Koordinatensystem gemessen werden, zum Beispiel in dem unsrigen.

Wir haben bereits gesehen, dass die räumlichen Abstände Δx^{AB} zwischen zwei Ereignissen in Koordinatensystemen, die sich relativ zueinander bewegen, verschieden sind. In der speziellen Relativitätstheorie sind auch die zeitlichen Abstände Δt^{AB} zwischen denselben Ereignissen, aber gemessen in relativ zueinander bewegten Koordinatensystemen, verschieden. In beiden Koordinatensystemen erhält man jedoch dasselbe Ergebnis für $\Delta\tau^{\mathrm{AB}}$, wenn (3.4) für $\Delta\tau^{\mathrm{AB}}$ verwendet wird. Daraus lässt sich herleiten, wie die Transformationsgesetze (3.1) der Newton'schen Mechanik zu verändern sind.

Bevor wir diese veränderten Transformationsgesetze angeben, wollen wir die physikalische Bedeutung von $\Delta\tau^{\mathrm{AB}}$ diskutieren. In der x-y-Ebene gab es ja ein bestimmtes Koordinatensystem – das gestrichene Koordinatensystem in Abb. 3.2 – in dem der Ausdruck für den Abstand einfach durch $\Delta^{\mathrm{AB}} = \Delta y^{\mathrm{AB}'}$ gegeben ist, weil $\Delta x^{\mathrm{AB}'}$ verschwindet. Ein ähnliches Koordinatensystem in der x-t-Ebene ist dasjenige des Astronauten, in dem $\Delta x^{\mathrm{AB}}_{\mathrm{astr}} = 0$ gilt. Nur in diesem Koordinatensystem vereinfacht sich die Formel (3.4) für $\Delta\tau^{\mathrm{AB}}$ zu

$$\Delta\tau^{\mathrm{AB}} = \Delta t^{\mathrm{AB}}_{\mathrm{astr}}\,. \tag{3.5}$$

Dementsprechend ist $\Delta\tau^{\mathrm{AB}}$ der durch die (und nur die) Person gemessene zeitliche Abstand zwischen zwei Ereignissen A und B, die sich vor Ort beider Ereignisse befindet. Man bezeichnet $\Delta\tau^{\mathrm{AB}}$ auch als die *Eigenzeit*.

Wenden wir uns nun den in der speziellen Relativitätstheorie zu verändernden Transformationsgesetzen (3.1) zu, die wir der Einfachheit halber noch einmal mit weniger Indizes schreiben:

$$\Delta x' = \Delta x - v_{\mathrm{x}}\Delta t\,, \quad \Delta t' = \Delta t\,. \tag{3.6}$$

Die in der speziellen Relativitätstheorie veränderten Beziehungen werden *Lorentz-Transformationen* genannt:

$$\Delta x' = \gamma \left(\Delta x - v_x \Delta t \right) , \quad \Delta t' = \gamma \left(\Delta t - \frac{v_x}{c^2} \Delta x \right) , \quad \gamma = \frac{1}{\sqrt{1 - \frac{v_x^2}{c^2}}} . \quad (3.7)$$

Zunächst sieht man leicht, dass für Geschwindigkeiten v_x, die klein verglichen mit der Lichtgeschwindigkeit c sind, $\gamma \sim 1$ gesetzt werden kann und der zweite Term in $\Delta t'$ vernachlässigbar klein ist – in diesem Grenzfall erhält man die Beziehungen (3.6) zurück.

Weiter kann man überprüfen, dass die wie in (3.7) verknüpften Intervalle Δx, Δt bzw. $\Delta x'$, $\Delta t'$ zu denselben Ergebnissen für $\Delta \tau$ führen, wenn $\Delta \tau$ wie in (3.4) berechnet wird:

$$(\Delta \tau)^2 = (\Delta t)^2 - \frac{1}{c^2} (\Delta x)^2 = \left(\Delta t' \right)^2 - \frac{1}{c^2} \left(\Delta x' \right)^2 = \left(\Delta \tau' \right)^2 . \quad (3.8)$$

In diesem Sinne ist $\Delta \tau$ ein vom Koordinatensystem unabhängiger Abstand in der x-t-Ebene.

In (3.7) ist v_x die Relativgeschwindigkeit zwischen zwei Koordinatensystemen, von denen zunächst keines mit dem Raumschiff übereinstimmen muss, innerhalb dessen zwei Ereignisse A und B stattgefunden haben. Erst wenn wir für v_x die Beziehung (3.2) (und $\Delta x = \Delta x_{\text{wir}}^{\text{AB}}$, $\Delta t = \Delta t_{\text{wir}}^{\text{AB}}$) einsetzen, können wir aus (3.7) die vom Astronauten in demselben Raumschiff gemessenen Abstände zwischen den Ereignissen bestimmen. Für $\Delta x_{\text{astr}}^{\text{AB}}$ erhalten wir weiterhin $\Delta x_{\text{astr}}^{\text{AB}} = 0$ (wie es sein muss), aber das neue Ergebnis für $\Delta t_{\text{astr}}^{\text{AB}}$ lautet jetzt (unter der Verwendung von $\Delta x_{\text{wir}}^{\text{AB}} = v_x \Delta t_{\text{wir}}^{\text{AB}}$)

$$\Delta t_{\text{astr}}^{\text{AB}} = \gamma \left(\Delta t_{\text{wir}}^{\text{AB}} - \frac{v_x}{c^2} \Delta x_{\text{wir}}^{\text{AB}} \right) = \gamma \left(1 - \frac{v_x^2}{c^2} \right) \Delta t_{\text{wir}}^{\text{AB}} = \gamma^{-1} \Delta t_{\text{wir}}^{\text{AB}} . \quad (3.9)$$

Aus $\gamma^{-1} < 1$ folgt

$$\Delta t_{\text{astr}}^{\text{AB}} < \Delta t_{\text{wir}}^{\text{AB}} , \quad (3.10)$$

daher ist die für den Astronauten verstrichene Zeit zwischen *denselben* Ereignissen A und B kürzer als das von uns gemessene Zeitintervall! (Die Beziehung zwischen $\Delta t_{\text{astr}}^{\text{AB}}$ und $\Delta t_{\text{wir}}^{\text{AB}}$ ist nicht symmetrisch, da sich nur der Astronaut vor Ort der Ereignisse A und B befindet.)

Vergleichen wir nun die „Reise" von zwei Personen von A nach B, wobei jetzt A und B zwei aufeinander folgende Ereignisse auf der Erde darstellen. Wir bleiben einfach vor Ort, aber ein Astronaut bewegt sich wie in Abb. 3.4 über C.

Im Falle der Abb. 3.3 in der x-y-Ebene war die Wegstrecke über C (die Summe der Abstände $\Delta^{\text{AC}} + \Delta^{\text{CB}}$) länger als der direkte Weg von A nach B. Hier ist die zwischen A und B verstrichene Eigenzeit nicht dieselbe, aber wegen der Ungleichung (3.10) – die sowohl für das Teilstück AC wie auch das Teilstück CB gilt – ist

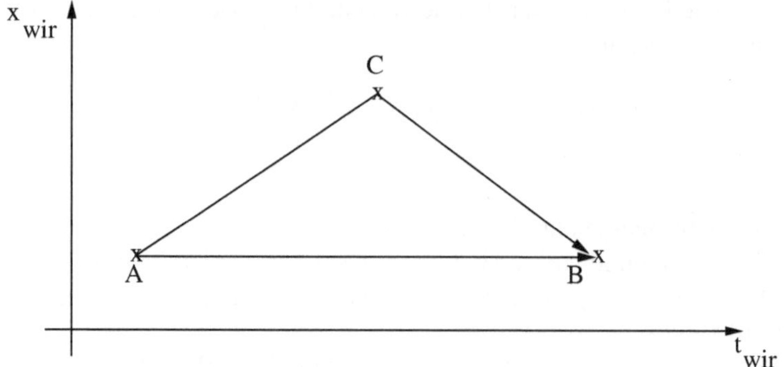

Abb. 3.4 Ein direkter Weg von A nach B, sowie ein Umweg über C

jetzt die verstrichene Eigenzeit für den Astronauten, der sich über C bewegt, kürzer als die verstrichene Eigenzeit für die Person, die „vor Ort" auf der Erde bleibt: $\Delta\tau^{AC} + \Delta\tau^{CB} < \Delta\tau^{AB}$! Der Effekt ist allerdings nur dann numerisch relevant, wenn Δt^{AC} von derselben Größenordnung wie $\Delta x^{AC}/c$ ist, d. h. falls die Geschwindigkeit des Astronauten, die sich über C bewegt, nahe an der Lichtgeschwindigkeit c liegt.

Zu guter Letzt wollen wir noch einmal zu den Lorentztransformationen (3.7) zwischen zwei Koordinatensystemen zurückkehren, von denen sich keines „vor Ort" der Ereignisse mit gemessenen Abständen Δx, Δt bzw. $\Delta x'$, $\Delta t'$ befinden muss. Nehmen wir an, dass die im ersten Koordinatensystem gemessenen Abstände die Beziehung $\Delta x/\Delta t = c$ erfüllen. Daher ist die in diesem Koordinatensystem gemessene Geschwindigkeit eines (fiktiven) Raumschiffes, innerhalb dessen die beiden Ereignisse stattgefunden haben, gleich der Lichtgeschwindigkeit c. Für die für den Astronauten innerhalb dieses Raumschiffes verstrichene Eigenzeit erhält man $\Delta\tau = 0$.

Nun findet man aus (3.7) – oder, einfacher, durch direkte Anwendung von (3.8) mit $\Delta\tau = 0$ – dass die in einem gestrichenen Koordinatensystem gemessenen Abstände *ebenfalls* die Beziehung $\Delta x'/\Delta t' = c$ erfüllen: Obwohl sich das gestrichene Koordinatensystem mit einer Geschwindigkeit v_x relativ zum ersten Koordinatensystem bewegt, ist die im gestrichenen Koordinatensystem gemessene Geschwindigkeit des Raumschiffes *ebenfalls* gleich der Lichtgeschwindigkeit! Diese Unabhängigkeit der gemessenen Lichtgeschwindigkeit vom Koordinatensystem war tatsächlich die Wiege der speziellen Relativitätstheorie:

Ursprünglich wurde angenommen, dass sich das Licht in einer Art „Äther" ausbreitet. Ein Äther würde jedoch ein spezielles Koordinatensystem auszeichnen, in dem er in Ruhe ist. Die auf der Erde gemessene Lichtgeschwindigkeit würde demnach von der Relativgeschwindigkeit der Erde bezüglich dieses Äthers, und insbesondere von der Richtung der Lichtstrahlen abhängen. (Aus der Bewegung der Erde um die Sonne wurde geschlossen, dass die Relativgeschwindigkeit der Erde bezüglich des Äthers nicht immer verschwinden kann.) Im Michelson-Morley-

Experiment wurde jedoch nachgewiesen, dass die Lichtgeschwindigkeit *nicht* von der Richtung der Lichtstrahlen abhängt.

Einstein hat gezeigt, dass die gemessene Lichtgeschwindigkeit in der speziellen Relativitätstheorie ohne die Annahme eines Äthers immer dieselbe sein kann, wenn man die Vorstellung einer absoluten vom Koordinatensystem unabhängigen Zeit aufgibt: Bei der Transformation in ein Koordinatensystem mit Relativgeschwindigkeit v_x gemäß (3.7) sind räumliche und zeitliche Achsen ineinander zu verdrehen, ähnlich wie die möglichen Verdrehungen der x- und y-Achsen in der x-y-Ebene.

Bis jetzt haben wir so getan, als gäbe es nur eine räumliche Dimension x. Man kann die obigen Gleichungen für den (realistischen) Fall von drei Dimensionen x, y und z verallgemeinern. Die Abstände zwischen zwei Ereignissen sind jetzt durch Δt, Δx, Δy und Δz charakterisiert, und (3.4) für die Eigenzeit (immer noch von einer Person vor Ort gemessen, in deren Koordinatensystem $\Delta x' = \Delta y' = \Delta z' = 0$ gilt) wird

$$\Delta \tau^2 = (\Delta t)^2 - \frac{1}{c^2} \left((\Delta x)^2 + (\Delta y)^2 + (\Delta z)^2 \right) . \tag{3.11}$$

Die in einem anderen Koordinatensystem gemessene (als konstant angenommene) Geschwindigkeit der Person vor Ort ist ein Vektor:

$$\vec{v} = \begin{pmatrix} v_x \\ v_y \\ v_z \end{pmatrix} = \begin{pmatrix} \Delta x / \Delta t \\ \Delta y / \Delta t \\ \Delta z / \Delta t \end{pmatrix} . \tag{3.12}$$

Der Betrag dieses Vektors ist $|\vec{v}|^2 = \vec{v}^2 = v_x^2 + v_y^2 + v_z^2 = (\frac{\Delta x}{\Delta t})^2 + (\frac{\Delta y}{\Delta t})^2 + (\frac{\Delta z}{\Delta t})^2$, was es uns erlaubt, (3.11) in der Form

$$\Delta \tau^2 = (\Delta t)^2 \left(1 - \frac{\vec{v}^2}{c^2} \right) \tag{3.13}$$

zu schreiben.

Die Lorentz-Transformationen (3.7) können auch verallgemeinert werden, aber die Ausdrücke werden recht kompliziert, wenn die Relativgeschwindigkeit zwischen den beiden Koordinatensystemen nicht parallel zu einer bestimmten Achse ist.

Im Folgenden wollen wir zeigen, dass man die Eigenzeit (3.11) als einen Abstand in einer vierdimensionalen Raum-Zeit interpretieren kann.

Zunächst erinnern wir an das Skalarprodukt zweier dreidimensionaler Vektoren:

$$\vec{a} = \begin{pmatrix} a_x \\ a_y \\ a_z \end{pmatrix} , \quad \vec{b} = \begin{pmatrix} b_x \\ b_y \\ b_z \end{pmatrix} , \quad \vec{a} \cdot \vec{b} = a_x b_x + a_y b_y + a_z b_z , \tag{3.14}$$

woraus man für den Betrag eines Vektors

$$|\vec{a}|^2 = \vec{a} \cdot \vec{a} = a_x^2 + a_y^2 + a_z^2 \tag{3.15}$$

erhält.

Diese Formeln können für einen vierdimensionalen Raum verallgemeinert werden:

$$\vec{a} = \begin{pmatrix} a_1 \\ a_2 \\ a_3 \\ a_4 \end{pmatrix}, \quad \vec{b} = \begin{pmatrix} b_1 \\ b_2 \\ b_3 \\ b_4 \end{pmatrix}, \quad \vec{a} \cdot \vec{b} = a_1 b_1 + a_2 b_2 + a_3 b_3 + a_4 b_4, \quad (3.16)$$

woraus man für den Betrag eines Vektors

$$\left| \vec{a} \right|^2 = \vec{a} \cdot \vec{a} = a_1^2 + a_2^2 + a_3^2 + a_4^2 \qquad (3.17)$$

erhält.

Jetzt stellt man fest, dass man (3.11) für $\Delta\tau^2$ als das Betragsquadrat eines vierdimensionalen Vektors

$$\Delta\vec{\tau} = \begin{pmatrix} \Delta t \\ \Delta x/c \\ \Delta y/c \\ \Delta z/c \end{pmatrix} \qquad (3.18)$$

interpretieren kann, allerdings unter der Voraussetzung, dass man die Regel (3.16) für das Skalarprodukt zweier vierdimensionaler Vektoren wie folgt verändert:

$$\vec{a} \cdot \vec{b} = a_1 b_1 - a_2 b_2 - a_3 b_3 - a_4 b_4, \quad \vec{a}^2 = \vec{a} \cdot \vec{a} = a_1^2 - a_2^2 - a_3^2 - a_4^2. \quad (3.19)$$

Jetzt findet man

$$\Delta\vec{\tau}^2 = \Delta\vec{\tau} \cdot \Delta\vec{\tau} = (\Delta t)^2 - \left(\frac{\Delta x}{c} \right)^2 - \left(\frac{\Delta y}{c} \right)^2 - \left(\frac{\Delta z}{c} \right)^2 \qquad (3.20)$$

in Übereinstimmung mit (3.11).

Einen Raum, in dem Skalarprodukte nach der Formel (3.19) berechnet werden, nennt man *Minkowski-Raum*. Man kann trotzdem

a) wie gewöhnlich Summen von und Differenzen zwischen zwei Vektoren berechnen,
b) Koordinatentransformationen wie Drehungen des Koordinatensystems durchführen, die Längen (Beträge) von Vektoren unverändert lassen. Falls dabei die Zeitachse in eine Raumachse verdreht wird, entsprechen derartige Koordinatentransformationen den Lorentz-Transformationen.

Demnach kann man im Rahmen der speziellen Relativitätstheorie die Raum-Zeit als einen vierdimensionalen Minkowski-Raum interpretieren. Ein Minkowski-Raum ist jedoch – selbst in zwei Dimensionen – nicht graphisch darstellbar. Dies ist der Grund, weswegen es hoffnungslos ist, die obigen Formeln aus Abbildungen abzulesen: Jedes Blatt Papier ist immer ein Euklidischer Raum, in dem die Gl. 3.3 für den Abstand gelten – deswegen kann die Tatsache, dass die verstrichene Eigenzeit einer Reise über C in Abb. 3.4 kleiner als die verstrichene Eigenzeit einer direkten Reise von A nach B ist, nicht graphisch verstanden werden.

Eine weitere Besonderheit eines Minkowski-Raumes ist, dass das Betragsquadrat eines Vektors nicht notwendigerweise positiv ist. Im Falle der Eigenzeit (3.20), die in einem bestimmten Koordinatensystem eine messbare Größe darstellt, wünschen wir jedoch, dass $\Delta\tau^2$ (semi-)positiv ist, damit man daraus die Wurzel ziehen und $\Delta\tau$ berechnen kann. Aus (3.13) folgt, dass $\Delta\tau^2$ nur dann (semi-)positiv ist, falls $|\vec{v}| \leq c$ gilt. Wenn sich ein Objekt mit einer Geschwindigkeit oberhalb der Lichtgeschwindigkeit bewegen sollte, würde man kein sinnvolles Ergebnis für $\Delta\tau$ mehr erhalten.

3.1.1 Energie und Impuls

In der klassischen Mechanik definiert man folgende Größen eines Objektes mit Masse m und Geschwindigkeit $\vec{v}$:

a) die kinetische Energie $E_{\text{kin}} = \frac{m}{2}\vec{v}^2$,
b) den Impuls $\vec{p} = m\,\vec{v}$,

wonach die kinetische Energie direkt durch den Impuls ausgedrückt werden kann:

$$E_{\text{kin}} = \frac{1}{2m}\vec{p}^{\,2}\,. \tag{3.21}$$

Diese Gleichung ist in der speziellen Relativitätstheorie nicht mehr gültig. Zur kinetischen Energie ist die der Masse entsprechende Energie hinzuzufügen, und die Energie in Abhängigkeit vom Impuls $\vec{p}$ ist durch

$$E^2 = m^2\text{c}^4 + \vec{p}^{\,2}\text{c}^2 \quad \text{oder} \quad E = \sqrt{m^2\text{c}^4 + \vec{p}^{\,2}\text{c}^2} \tag{3.22}$$

gegeben.

Falls die Geschwindigkeit sehr viel kleiner als die Lichtgeschwindigkeit c ist, gilt $\vec{p}^{\,2} \ll m^2\text{c}^2$, und man kann in der Gleichung für E eine Reihenentwicklung in $\vec{p}^{\,2}/m^2\text{c}^2$ durchführen:

$$E = m\text{c}^2\sqrt{1 + \frac{\vec{p}^{\,2}}{m^2\text{c}^2}} \simeq m\text{c}^2\left(1 + \frac{\vec{p}^{\,2}}{2m^2\text{c}^2} + \dots\right) = m\text{c}^2 + \frac{\vec{p}^{\,2}}{2m} + \dots \tag{3.23}$$

Man findet in dieser Gleichung den Beitrag der Masse zur Energie ($E = mc^2$ für $\vec{p} = 0$), sowie als zweiten Term den „klassischen" Ausdruck der kinetischen Energie: Dieser klassische Ausdruck ist demzufolge selbst in der speziellen Relativitätstheorie nicht falsch, sondern „nur" auf den (üblichen) Fall von Geschwindigkeiten anwendbar, die klein relativ zur Lichtgeschwindigkeit sind! (Der erste impulsunabhängige Term mc^2 spielt für die Berechnung von Energiedifferenzen bei konstanter Masse keine Rolle, und in der Mechanik kommt es nur auf Energiedifferenzen an.)

Es ist bemerkenswert, dass der erste Ausdruck in (3.22) für E^2 in folgender Form geschrieben werden kann:

$$m^2\mathrm{c}^2 = \frac{1}{\mathrm{c}^2}E^2 - \vec{p}^{\,2} = \vec{P}_4^{\,2}\,, \tag{3.24}$$

wobei die Komponenten des „Energie-Impuls-Vektors" $\vec{P}_4$ durch

$$\vec{P}_4 = \begin{pmatrix} \frac{1}{\mathrm{c}}E \\ p_\mathrm{x} \\ p_\mathrm{y} \\ p_\mathrm{z} \end{pmatrix} \tag{3.25}$$

gegeben sind, und die Regel (3.19) eines Minkowski-Raumes zur Berechnung von $\vec{P}_4^{\,2}$ zu verwenden ist. Demzufolge ist der Betrag des Energie-Impuls-Vierervektors konstant, und durch $m^2\mathrm{c}^2$ gegeben.

Schließlich ist zu bemerken, dass die Beziehung $\vec{p} = m\vec{v}$ zwischen Impuls und Geschwindigkeit in der speziellen Relativitätstheorie nicht mehr gültig ist, sondern durch

$$\vec{p} = m\vec{v}/\sqrt{1 - \frac{\vec{v}^{\,2}}{\mathrm{c}^2}} \tag{3.26}$$

zu ersetzen ist, was als

$$\vec{v}^{\,2} = \frac{\mathrm{c}^2\vec{p}^{\,2}}{(m^2\mathrm{c}^2 + \vec{p}^{\,2})} \tag{3.27}$$

geschrieben werden kann. Insbesondere kann ein masseloses Teilchen wie das Photon (dessen Geschwindigkeit immer gleich c ist!) einen nicht-verschwindenden Impuls besitzen, der mit seiner Energie nach (3.22) durch

$$E = \left|\vec{p}\right|\mathrm{c} \qquad (\text{falls } m = 0) \tag{3.28}$$

verknüpft ist. Trotz der verschwindenden Masse können Impuls und Energie immer noch variieren!

Was passiert im Falle eines massiven Teilchens, wenn seine Energie sehr groß (sehr viel größer als mc^2) ist? Aus der Beziehung (3.22) zwischen Energie und Impuls $\vec{p}$ folgt, dass der Betrag $\left|\vec{p}\right|$ des Impulses ebenfalls sehr groß ist, und mit der Energie näherungsweise wie in der für ein masseloses Teilchen gültigen Gl. 3.28 zusammenhängt. Selbst für beliebig großen Impuls $\left|\vec{p}\right|$ übersteigt der Betrag $\left|\vec{v}\right|$ der Geschwindigkeit jedoch nie die Lichtgeschwindigkeit c, wie man aus (3.27) im Grenzfall $\vec{p}^{\,2} \gg m^2\mathrm{c}^2$ sehen kann: In der speziellen Relativitätstheorie ist die

Geschwindigkeit eines massiven Objektes (bzw. eines massiven Teilchens) immer kleiner als die Lichtgeschwindigkeit, und die Geschwindigkeit eines masselosen Objektes (bzw. eines masselosen Teilchens) immer gleich der Lichtgeschwindigkeit.

3.2   Die allgemeine Relativitätstheorie: gekrümmte Räume

Betrachten wir noch einmal eine zweidimensionale Fläche, wo der Abstand zwischen zwei Punkten durch

$$\left(\Delta^{AB}\right)^2 = \left(\Delta x^{AB}\right)^2 + \left(\Delta y^{AB}\right)^2 \tag{3.29}$$

gegeben ist – allerdings unter der Annahme, dass wir ein Cartesisches Koordinatensystem verwenden, in dem der Winkel zwischen allen zu den Koordinatenachsen x, y parallelen Geraden *überall* 90° beträgt (siehe Abb. 3.5).

In einer gekrümmten Fläche, zum Beispiel auf der Oberfläche einer Kugel wie in Abb. 3.6, ist dies nicht möglich.

In einer gekrümmten Fläche beträgt die Summe der Winkel innerhalb eines Dreiecks nicht mehr 180°, und man spricht von einer nicht-Euklidischen oder Riemann'schen Geometrie. Vorsicht: Ein aufgerolltes Blatt Papier ist in diesem Sinne immer noch „flach"; die Verformung eines Blatts in eine gekrümmte Fläche erzeugt immer entweder Risse oder Falten.

Im Falle einer gekrümmten Fläche ist die Formel (3.29) für den Abstand Δ^{AB} zwischen zwei Punkten in Abhängigkeit von Δx^{AB} und Δy^{AB} nicht mehr gültig. Der Abstand Δ^{AB} hängt jetzt auf kompliziertere Art und Weise von Δx^{AB} und Δy^{AB} ab:

$$\left(\Delta^{AB}\right)^2 = g_{xx}\left(\Delta x^{AB}\right)^2 + 2g_{xy}\left(\Delta x^{AB}\right)\left(\Delta y^{AB}\right) + g_{yy}\left(\Delta y^{AB}\right)^2 \tag{3.30}$$

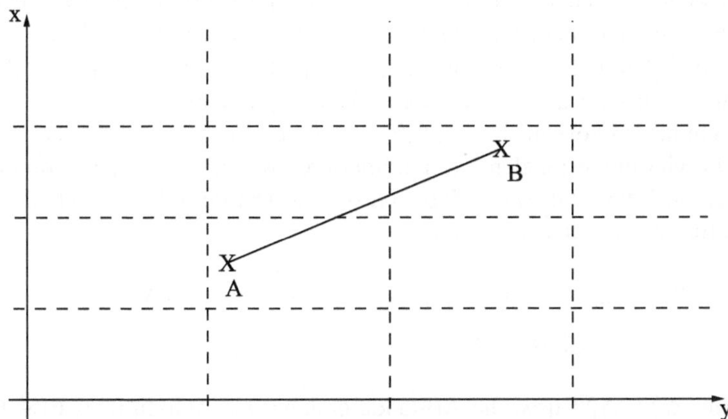

Abb. 3.5 Die Strecke von A nach B in einem Cartesischen Koordinatensystem

Abb. 3.6 Die Oberfläche
einer Kugel erlaubt *kein* Cartesisches Koordinatensystem

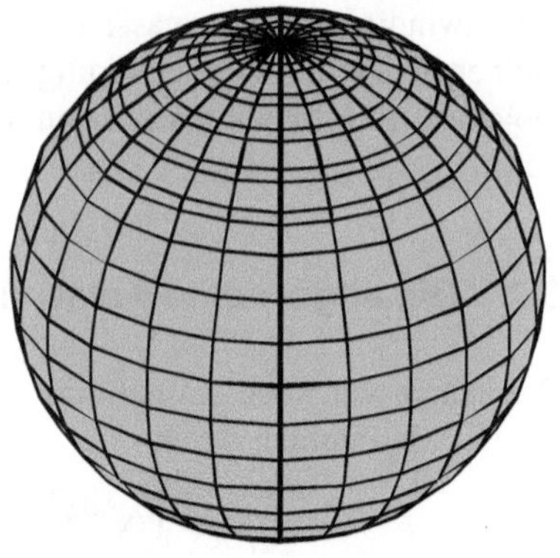

Hier sind Δx^{AB} und Δy^{AB} die jeweiligen Abstände entlang der Koordinaten im Bereich der Punkte A und B (die vom verwandten Koordinatensystem abhängen). Der Abstand Δ^{AB} ist jedoch, per Definition, in jedem Koordinatensystem derselbe.

Die drei Koeffizienten g_{xx}, g_{xy} und g_{yy} sind im Allgemeinen Funktionen der Koordinaten der Punkte A und B. Es ist deshalb besser, (3.30) in dem Grenzfall zu betrachten, in dem die Punkte A und B sehr nahe beieinander liegen (und sämtliche „Δ" gegen 0 tendieren, aber ihre Verhältnisse endlich bleiben). In diesem Limes sind die drei Koeffizienten g_{xx}, g_{xy} und g_{yy} Funktionen der Koordinaten des Punktes A oder des Punktes B, der Unterschied ist dann vernachlässigbar. Diese Funktionen werden als *Metrik* der Fläche bezeichnet. (Diese Funktionen hängen ebenfalls vom verwandten Koordinatensystem ab.)

Wenn man die Metrik (d. h. die drei Funktionen im Fall einer zweidimensionalen Fläche) kennt, können aus ihr die Krümmung und sämtliche andere Eigenschaften der Fläche berechnet werden. Die Fläche ist flach bzw. krümmungsfrei, wenn es ein Koordinatensystem gibt, in dem $g_{xx} = g_{yy} = 1$ und $g_{xy} = 0$ gilt. In diesem Fall geht die Formel (3.30) für Δ^{AB} in die Formel (3.29) über.

(Selbst wenn die Fläche krümmungsfrei ist, ist die Metrik in nicht-Cartesischen Koordinatensystemen nicht unbedingt von dieser einfachen Form: In der flachen Ebene ist $\left(\Delta^{\mathrm{AB}}\right)^2$ in Polarkoordinaten r und θ durch $\left(\Delta r^{\mathrm{AB}}\right)^2 + r^2 \left(\Delta \theta^{\mathrm{AB}}\right)^2$ gegeben, demnach gilt zwar $g_{rr} = 1$ und $g_{r\theta} = 0$, aber $g_{\theta\theta} = r^2$.)

Man kann diesen Formalismus auf drei- und vierdimensionale Räume verallgemeinern. Im vierdimensionalen Fall nummerieren wir die Koordinaten durch 0, 1, 2, 3, wobei die Koordinate 0 der Zeit t entspricht. Der der Gl. 3.32 entsprechende Ausdruck für den Abstand Δ^{AB} wird

$$\left(\Delta^{\mathrm{AB}}\right)^2 = g_{00}\left(\Delta_0^{\mathrm{AB}}\right)^2 + 2g_{01}\Delta_0^{\mathrm{AB}}\Delta_1^{\mathrm{AB}} + \cdots + g_{22}\left(\Delta_2^{\mathrm{AB}}\right)^2$$
$$+ 2g_{23}\Delta_2^{\mathrm{AB}}\Delta_3^{\mathrm{AB}} + \cdots \tag{3.31}$$

Hier sind Δ_0^{AB}, Δ_1^{AB} usw. die Abstände entlang den Achsen 0, 1, usw. Offensichtlich wird es mühsam, alle Terme explizit aufzuführen, deshalb verwendet man die kompakte Notation

$$\left(\Delta^{AB}\right)^2 = \sum_{\mu=0}^{3} \sum_{\nu=0}^{3} g_{\mu\nu}\, \Delta_{\mu}^{AB}\, \Delta_{\nu}^{AB}\,. \tag{3.32}$$

(Üblicherweise verwendet man griechische Indizes $\mu, \nu, \dots$, wenn sie 4 verschiedene Werte annehmen können, und reserviert lateinische Indizes $i, j, \dots$ für dreidimensionale Räume.) A priori enthält die rechte Seite dieser Gleichung 16 Terme; man kann jedoch annehmen, dass die Matrix der Metrik $g_{\mu\nu}$ symmetrisch ist (dass $g_{\mu\nu} = g_{\nu\mu}$ gilt), wonach die Metrik in vier Dimensionen „nur" 10 unabhängige Funktionen enthält.

Erinnern wir uns an die Formel (3.11) für die Eigenzeit (den invarianten Abstand) zwischen zwei Ereignissen A und B, die in (3.20) durch die Länge des Vierervektors $\Delta\vec{\tau}$ unter Verwendung der modifizierten Regel (3.19) zur Berechnung dieser Länge ausgedrückt wurde. Man kann diesen invarianten Abstand mit Δ^{AB} in (3.32) identifizieren, und die modifizierte Regel (3.19) durch eine entsprechende Wahl der Funktionen $g_{\mu\nu}$ in (3.32) (die hier Konstanten sind) beschreiben:

$$g_{00} = 1,\ g_{11} = g_{22} = g_{33} = -1,\ g_{\mu\nu} = 0 \text{ falls } \mu \neq \nu\,. \tag{3.33}$$

Diese Metrik wird *Minkowski-Metrik* genannt, die eine flache Raum-Zeit beschreibt.

In der allgemeinen Relativitätstheorie sind die $g_{\mu\nu}$ im allgemeinen echte Funktionen der Komponenten des Ortsvektors $\vec{r}$ und der Zeit t, und beschreiben dementsprechend eine gekrümmte Raum-Zeit (oder einen gekrümmten vierdimensionalen Raum). Die Funktionen $g_{\mu\nu}$ werden durch die Einstein-Gleichungen bestimmt; dies sind Gleichungen für $g_{\mu\nu}$ in Abhängigkeit von der im Raum verteilten Materie und Energie. Für einen flachen homogenen Raum mit zeitabhängigem Skalenfaktor $a(t)$ kann man $g_{00} = 1$, $g_{11} = g_{22} = g_{33} = -a^2(t)$ wählen, und man erhält aus diesen Gleichungen die Friedmann-Robertson-Walker-Gleichungen (2.6) und (2.7). In der Umgebung eines Sternes der Masse M ist die Metrik nicht mehr homogen, sondern hängt vom Abstand r zum Mittelpunkt des Sternes ab. Für die Komponente g_{00} findet man dann als Lösung der Einstein-Gleichungen (außerhalb des Sterns)

$$g_{00}(r) = 1 - \frac{2GM}{rc^2}\,, \tag{3.34}$$

wo G die Newton'sche Konstante ist:

$$G \simeq 6{,}67 \cdot 10^{-11}\,\mathrm{m^3\,kg^{-1}\,s^{-2}}\,. \tag{3.35}$$

Die Formel (3.20) für die Eigenzeit zwischen zwei Ereignissen A und B ist jetzt durch

$$\Delta\tau^2 = g_{00}(r)\,(\Delta t)^2 + g_{xx}(r)\left(\frac{\Delta x}{c}\right)^2 + g_{yy}(r)\left(\frac{\Delta y}{c}\right)^2 + g_{zz}(r)\left(\frac{\Delta z}{c}\right)^2 \tag{3.36}$$

zu ersetzen, wobei (3.34) für g_{00} zu verwenden ist. (Im hier verwendeten Koordinatensystem spielen die Abweichungen der Komponenten g_{xx}, g_{yy} und g_{zz} der Metrik von -1 im Folgenden keine Rolle, solange wir uns auf kleine Geschwindigkeiten relativ zur Lichtgeschwindigkeit beschränken.)

Erinnern wir an die Bedeutung der Terme in (3.36): Die Eigenzeit $\Delta\tau$ ist die zwischen zwei Ereignissen A und B von einem Astronauten gemessene Zeit in einem Raumschiff, innerhalb dessen die Ereignisse stattfinden. Für diesen Astronauten verschwindet der räumliche Abstand zwischen den Ereignissen. Δt, Δx usw. sind die zeitlichen und räumlichen Intervalle zwischen denselben Ereignissen, wie sie von einem Beobachter außerhalb des Raumschiffes gemessen werden, für den sich das Raumschiff mit einer bestimmten Geschwindigkeit mit $v_x = \Delta x / \Delta t$ usw. bewegt.

Da nach (3.36) die Beziehung zwischen Δt und $\Delta\tau$ vom Ort r abhängt, hat der Beobachter den Eindruck, dass die Geschwindigkeit des Raumschiffes nicht konstant bleibt. Man kann zeigen, dass der Beobachter eine *Beschleunigung* des Raumschiffes beobachtet, und dass die Komponenten des Vektors $\vec{a}$ der beobachteten Beschleunigung durch

$$a_x = -\frac{c^2}{2}\frac{d}{dx}g_{00}(r)\,, \quad a_y = -\frac{c^2}{2}\frac{d}{dy}g_{00}(r)\,, \quad a_z = -\frac{c^2}{2}\frac{d}{dz}g_{00}(r) \qquad (3.37)$$

gegeben sind.

Man kann diese drei Gleichungen mit Hilfe eines Vektors $\vec{\nabla}$ zusammenfassen, der durch

$$\vec{\nabla} = \begin{pmatrix} \frac{d}{dx} \\ \frac{d}{dy} \\ \frac{d}{dz} \end{pmatrix} \qquad (3.38)$$

definiert ist:

$$\vec{a} = -\frac{c^2}{2}\vec{\nabla}g_{00}(r)\,. \qquad (3.39)$$

Demzufolge hat der Beobachter den Eindruck, dass eine Kraft

$$\vec{F} = m\,\vec{a} = -\frac{mc^2}{2}\vec{\nabla}g_{00}(r) = -\frac{GmM\vec{r}}{r^3} \qquad (3.40)$$

auf das Raumschiff einwirkt, wobei m die Masse des Raumschiffes ist.

► **Diese Kraft ist nichts anderes als die Schwerkraft!**

Der Astronaut in seinem ansonsten antriebslosen Raumschiff spürt jedoch weder eine Beschleunigung, noch eine Kraft; diese Kraft ist zunächst nur eine Interpretation des Beobachters. Auf der Erdoberfläche spüren wir die Schwerkraft erst und nur dann, wenn der natürlichen Bewegung – dem freien Fall – durch einen Widerstand wie den Fußboden entgegengewirkt wird.

Da der Ursprung der Schwerkraft in der durch die Metrik (3.34) beschriebene Krümmung der Raum-Zeit liegt, unterliegt *jedes* Objekt der Schwerkraft: Selbst masselose Teilchen wie Photonen spüren die Krümmung der Raum-Zeit in der Umgebung von Sternen und Planeten; man kann z. B. die Krümmung der Lichtstrahlen überprüfen, die uns von einem entfernten Stern auf einem nahe an der Sonne vorbeiführenden Weg erreichen. Die gemessene Krümmung steht mit der allgemeinen Relativitätstheorie in Einklang, aber nicht mit der Newton'schen Mechanik, die in etwa nur die Hälfte der Krümmung vorhersagen würde.

Auf Grund der Tatsache, dass die Gravitationsbeschleunigung (3.39) unabhängig von der Masse, Zusammensetzung und inneren Struktur eines Körpers ist, erfüllt sie das sogenannte *Äquivalenzprinzip*, das gerade diese Tatsache zum Inhalt hat, und das mit hoher Genauigkeit bestätigt worden ist.

3.2.1   Das schwarze Loch

Nehmen wir an, dass wir uns sehr weit von einem Stern entfernt befinden, und ein Objekt mit vernachlässigbar kleiner Anfangsgeschwindigkeit in Richtung des Sterns fallen lassen. Im Folgenden wollen wir die Radialkomponente der Geschwindigkeit v in Abhängigkeit vom Abstand r des Objektes zum Mittelpunkt des Sterns bestimmen. Zunächst schreiben wir

$$\frac{dv}{dr} = \frac{dv}{dt}\frac{dt}{dr} = av^{-1}, \quad \text{woraus} \quad v\frac{dv}{dr} = a \quad \text{bzw.} \quad \frac{1}{2}\frac{d}{dr}v^2 = a \quad \text{folgt.}$$

$$(3.41)$$

Die Beschleunigung a ist nach (3.41) durch $-\frac{c^2}{2}\frac{d}{dr}g_{00}(r)$ gegeben, und man erhält

$$\frac{d}{dr}v^2 = -c^2\frac{d}{dr}g_{00}(r), \quad \text{also} \quad v^2 = -c^2 g_{00}(r) + C$$

$$\text{bzw.} \quad v^2 = -c^2 + \frac{2GM}{r} + C,$$

$$(3.42)$$

wo wir (3.34) für $g_{00}(r)$ verwendet haben. Die Konstante C ist durch die Annahme einer vernachlässigbar kleinen Geschwindigkeit $v = 0$ bei sehr großem Abstand $r \to \infty$ bestimmt ($C = c^2$), und man erhält

$$v^2 = \frac{2GM}{r}.$$

$$(3.43)$$

Wenn nun r immer kleiner wird, stößt entweder das Objekt auf die Oberfläche des Sternes oder – falls der Radius des Sternes genügend klein ist – es wird die Geschwindigkeit des Objektes immer größer und scheint sogar die Lichtgeschwindigkeit zu übertreffen! Nach (3.43) passiert dies für einen Abstand

$$r_\mathrm{S} = \frac{2GM}{c^2} \tag{3.44}$$

des Objekts zum Mittelpunkt des Sternes, der als Schwarzschild-Radius bezeichnet wird.

In der Realität kann man niemals ein Objekt beobachten, dessen Geschwindigkeit die Lichtgeschwindigkeit übertrifft. Hier spielt sich folgendes ab: Ab dem Augenblick, wo seine Geschwindigkeit scheinbar größer als c wird, kann uns das von ihm abgestrahlte Licht nicht mehr erreichen – das Objekt wird unsichtbar, d. h. „schwarz". Ab diesem Augenblick kann es auch nicht mehr zu uns zurückkehren!

Einen Stern, dessen Radius kleiner als der Schwarzschild-Radius ist, so dass sich dieses Phänomen abspielen kann, bezeichnet man als *schwarzes Loch*. Man kann weiter zeigen – was aus der obigen Betrachtung nicht direkt folgt – dass auch das von der Oberfläche des Sterns abgestrahlte Licht (die Photonen) sich nicht weiter als der Schwarzschild-Radius vom Stern entfernen kann, weswegen der gesamte Stern zunächst unsichtbar ist. In ein schwarzes Loch hineinfallende Materie (Staub und Sterne) kann aber vor Erreichen des Schwarzschild-Radius durch die einwirkenden Gravitationskräfte, daraus folgende Beschleunigungen und Stöße dermaßen erhitzt werden, dass sie wiederum Strahlung emittiert, die zum Nachweis eines schwarzen Loches dienen kann (abgesehen von der messbaren Beschleunigung von Sternen in seiner Nähe, wie z. B. im Zentrum unserer Milchstraße).

Unsere Sonne mit ihrem Radius von ca. $7 \cdot 10^5$ km (und ihrer Masse von ca. $2 \cdot 10^{30}$ kg) wäre nur dann ein schwarzes Loch, wenn ihre gesamte Masse innerhalb einer Kugel eines Radius kleiner als ca. 3 km konzentriert wäre (oder ca. 9 mm im Falle der Erde mit einer Masse von ca. $6 \cdot 10^{24}$ kg).

Es wäre noch hinzuzufügen, dass die obige Herleitung des Schwarzschild-Radius (3.44) etwas heuristisch ist; die Beziehung zwischen Energie und Geschwindigkeit ist bereits in der speziellen Relativitätstheorie etwas anders als oben angenommen, und der Ausdruck der vollständigen Schwarzschild-Metrik ist etwas komplizierter. Das Ergebnis (3.44) für den Schwarzschild-Radius ist jedoch – mehr oder minder zufällig – exakt richtig.

Wir möchten noch betonen, dass die Existenz von schwarzen Löchern keine obskure Spekulation im Rahmen der allgemeinen Relativitätstheorie ist, sondern eine automatische Konsequenz der Metrik (3.34) in der Umgebung eines Sterns, die andererseits auch für die „normale" Schwerkraft verantwortlich ist.

3.3 Übungsaufgaben

3.1 Überprüfen Sie die in (3.8) aufgestellte Behauptung, dass der Ausdruck für die Eigenzeit $\Delta\tau$ unter einer Lorentz-Transformation (3.7) invariant ist.

3.2 Finden Sie den Schwarzschild-Radius eines Objektes einer Masse von 1 kg. (Wenn Sie eine Masse von 1 kg in eine Kugel von diesem Radius komprimieren, erzeugen Sie ein schwarzes Loch.) Vergleichen Sie r_S mit dem Radius eines Atoms bzw. eines Atomkerns.

Die Feldtheorie

4

4.1 Die Klein-Gordon-Gleichung

Als *Feld* wird jede Größe bezeichnet, die an jedem Ort $\vec{r}$ (das heißt für alle x, y und z) und zu jeder Zeit t definiert ist, d. h. an jedem Ort $\vec{r}$ zu jeder Zeit t einen bestimmten Wert annimmt. Für ein Feld schreibt man z. B. $\Phi(\vec{r}, t)$. Bekannte Felder sind die Temperatur $T(\vec{r}, t)$, der Druck $p(\vec{r}, t)$, die Windgeschwindigkeit $\vec{v}(\vec{r}, t)$ und das elektrische Feld $\vec{E}(\vec{r}, t)$. In den beiden letzten Fällen zeigt das Feld in eine bestimmte Richtung, die im Allgemeinen vom Ort und der Zeit abhängt. Derartige Felder werden als *Vektorfelder* bezeichnet, während $T(\vec{r}, t)$ und $p(\vec{r}, t)$ *Skalarfelder* genannt werden.

Hier sind die Felder $T(\vec{r}, t)$, $p(\vec{r}, t)$ und $\vec{v}(\vec{r}, t)$ keine fundamentalen Felder, sondern vereinfachte Beschreibungen (Mittelwerte) komplizierter Bewegungen einer immensen Zahl von Atomen oder Molekülen. Das elektrische Feld $\vec{E}(\vec{r}, t)$ ist jedoch ein fundamentales Feld in dem Sinne, indem es eine der Grundkräfte der Natur erzeugt (siehe das nächste Kapitel).

Ein derartiges Feld ist normalerweise unsichtbar; es kann jedoch mit Hilfe von Objekten nachgewiesen werden, auf die das Feld eine Kraft ausübt. So ist ein Nachweis eines elektrischen Feldes nur mit Hilfe von Objekten möglich, die eine elektrische Ladung tragen, womit das Feld über die auf ein Objekt ausgeübte Kraft bestimmt werden kann.

Die Komponenten $g_{\mu\nu}(\vec{r}, t)$ der Metrik, die wir im vorhergehenden Kapitel in der allgemeinen Relativitätstheorie kennengelernt haben, sind ebenfalls Felder. Diese Felder spielen zweierlei Rollen: Zum einen bestimmen sie die Krümmung der Raum-Zeit, zum anderen hängt das Feld $g_{00}(\vec{r}, t)$ über (3.40) mit der Schwerkraft zusammen. Die Krümmung der Raum-Zeit beeinflusst jedoch die Flugbahn jedes Objektes (selbst von Objekten mit verschwindender Masse), deshalb kann jedes Objekt dem Nachweis eines „Gravitationsfeldes", d. h. einer Abweichung der Metrik von der Minkowski-Metrik (3.33) dienen.

Im Allgemeinen erfüllt jedes Feld eine Differentialgleichung, die Ableitungen nach der Zeit t und nach den Koordinaten x, y und z enthält. Diese Gleichung bestimmt die zeitliche Entwicklung (die zweite zeitliche Ableitung) des Feldes

© Springer-Verlag Berlin Heidelberg 2015
U. Ellwanger, *Vom Universum zu den Elementarteilchen*, DOI 10.1007/978-3-662-46646-9_4

in jedem Raumpunkt in Abhängigkeit von seinem Wert und seinen räumlichen Ableitungen in diesem Punkt. (Für punktförmige Objekte ist die zweite zeitliche Ableitung des Ortsvektors durch die auf das Objekt wirkende Kraft $\vec{F}$ und die Gleichung $\vec{a} = \frac{1}{m}\vec{F}$ gegeben.)

Die fundamentalen Felder (im Folgenden mit $\Phi(\vec{r}, t)$ bezeichnet) erfüllen unter gewissen Annahmen (Abwesenheit eines „Massentermes" sowie Vernachlässigung von Kopplungen an andere Felder) eine *Klein-Gordon-Gleichung* genannte Differentialgleichung:

$$\left(\frac{\partial^2}{\partial t^2} - c^2 \left(\frac{\partial^2}{\partial x^2} + \frac{\partial^2}{\partial y^2} + \frac{\partial^2}{\partial z^2} \right) \right) \Phi(\vec{r}, t) = 0 \,, \tag{4.1}$$

wobei c die Lichtgeschwindigkeit bedeutet. (Hier und im Folgenden verwenden wir partielle Ableitungen, um zu betonen, dass die Variablen t, x, y und z als unabhängig voneinander zu betrachten sind.) Man kann eine gewisse Ähnlichkeit dieser Gleichung mit der rechten Seite der Gl. 3.11 für die Eigenzeit $\Delta\tau$ in der speziellen Relativitätstheorie feststellen. Die Klein-Gordon-Gleichung ist in der Tat invariant unter Koordinatentransformationen bzw. Redefinitionen der Variablen t, x, y und z von der Form der Lorentz-Transformationen (3.7), die nach (3.8) auch die Eigenzeit $\Delta\tau$ unverändert lassen.

Im Folgenden werden wir zwei verschiedene Lösungen dieser Gleichung diskutieren.

4.2   Die Wellenlösung

Um die Gleichung zu vereinfachen – ohne die wesentlichen Eigenschaften dieser Lösung zu verlieren – können wir annehmen, dass $\Phi(\vec{r}, t)$ nur von einer (z. B. von x) der drei Raumkoordinaten x, y und z abhängt. Dann können wir $\Phi(\vec{r}, t)$ durch $\Phi(x, t)$ ersetzen, und $\frac{\partial}{\partial y}\Phi(x, t) = \frac{\partial}{\partial z}\Phi(x, t) = 0$ verwenden. Die Klein-Gordon-Gleichung vereinfacht sich nun zu

$$\left(\frac{\partial^2}{\partial t^2} - c^2 \frac{\partial^2}{\partial x^2} \right) \Phi(x, t) = 0 \,. \tag{4.2}$$

Eine Lösung dieser Gleichung ist durch

$$\Phi(x, t) = \Phi_0 \cos(\omega t - kx) \tag{4.3}$$

gegeben, wo die Konstante Φ_0 die Amplitude der Welle genannt wird, und ω und k eine bestimmte Beziehung erfüllen müssen, die wir herleiten werden: Unter der Verwendung von $\frac{\partial}{\partial t}\cos(\omega t - kx) = -\omega\sin(\omega t - kx)$, $\frac{\partial}{\partial t}\sin(\omega t - kx) = \omega\cos(\omega t - kx)$, $\frac{\partial}{\partial x}\cos(\omega t - kx) = k\sin(\omega t - kx)$ und $\frac{\partial}{\partial x}\sin(\omega t - kx) = -k\cos(\omega t - kx)$ erhalten wir aus (4.2) mit (4.3) für $\Phi(x, t)$

$$\left(-\omega^2 + c^2 k^2 \right) \Phi(x, t) = 0 \,. \tag{4.4}$$

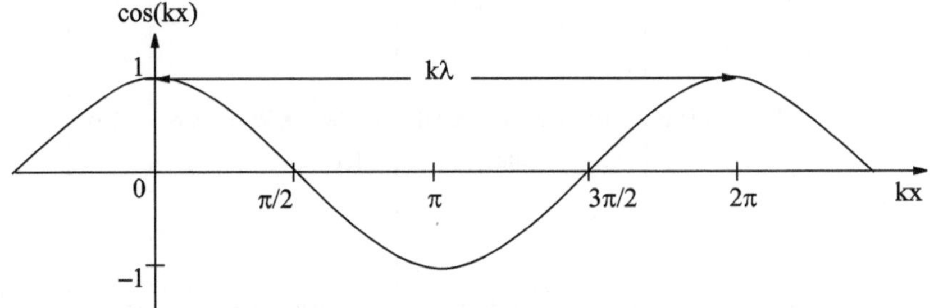

Abb. 4.1 Die x-Abhängigkeit einer Welle zu einem festen Zeitpunkt t

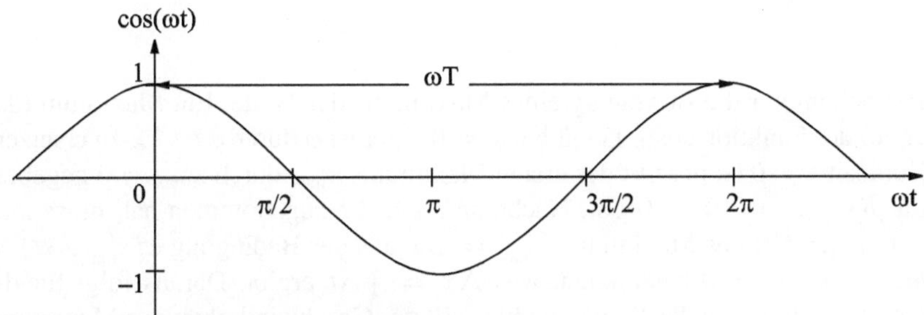

Abb. 4.2 Die t-Abhängigkeit einer Welle an einem festen Ort x

Diese Gleichung ist für alle x und alle t nur dann erfüllt, falls

$$\omega = \pm ck \tag{4.5}$$

gilt. (k oder ω können frei gewählt werden.) Zur physikalischen Interpretation der Wellenlösung (4.3) sind folgende Betrachtungen hilfreich:

a) Betrachten wir $\Phi(x,t)$ zu einer festgehaltenen Zeit $t = 0$ (entsprechend einem „Foto" von $\Phi(x, t = 0)$). Die Abhängigkeit von x wird dann durch eine Welle $\Phi_0 \cos(-kx) = \Phi_0 \cos(kx)$ beschrieben, für deren Wellenlänge λ (gleich dem Abstand zwischen zwei Maxima oder zwei Minima)

$$\lambda = \frac{2\pi}{k} \tag{4.6}$$

gilt, siehe Abb. 4.1.

Die Amplitude (d. h. die maximale Auslenkung) der Welle ist Φ_0.

b) Betrachten wir $\Phi(x,t)$ an einem festen Ort $x = 0$. Die Zeitabhängigkeit ist durch eine Oszillation $\Phi_0 \cos(\omega t)$ mit einer Periode $T = \frac{2\pi}{\omega}$ gegeben (siehe Abb. 4.2). Man nennt $\frac{1}{T}$ die Frequenz ν, die der Zahl der Schwingungen pro Sekunde entspricht. Mit Hilfe von $T = \frac{1}{\nu}$ erhält man $\omega = 2\pi\nu$.

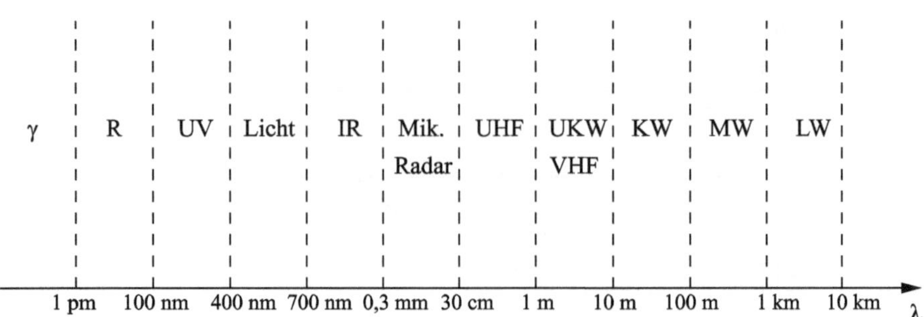

Abb. 4.3 Die geläufigen Bezeichnungen der elektromagnetischen Strahlung in Abhängigkeit von der Wellenlänge λ

c) Betrachten wir die Bewegung eines Maximums der Welle: Ein Maximum (das erste) der Funktion $\cos(\varphi)$ liegt bei $\varphi = 0$. Hier ist φ durch $\omega t - kx$ zu ersetzen. Zur Zeit $t = 0$ ist der Ort des ersten Maximums x_{max} durch $x_{\text{max}} = 0$ gegeben, da $\varphi(x_{\text{max}}, t = 0) = 0$ gilt. Nachdem t um Δt zugenommen hat, muss man den neuen Ort des Maximums $x'_{\text{max}} = \Delta x$ aus der Bedingung $\varphi(x'_{\text{max}}, \Delta t) = \omega \Delta t - k \Delta x = 0$ bestimmen, was $\Delta x = \frac{\omega}{k} \Delta t$ ergibt. Daraus folgt für die Geschwindigkeit v der Welle, die hier mit der Geschwindigkeit des Maximums identifiziert wird, $v = \frac{\Delta x}{\Delta t} = \frac{\omega}{k}$. Unter der Verwendung der Beziehung (4.5) zwischen ω und k folgt daraus $|v| = c$, demnach ist $|v|$ gleich der Lichtgeschwindigkeit!

Aus (4.5), (4.6) und $\omega = 2\pi\nu$ erhält man auch eine Beziehung zwischen der Wellenlänge λ und der Frequenz ν:

$$\nu\lambda = c \tag{4.7}$$

Wir werden später sehen, dass das elektrische Feld $\vec{E}(\vec{r}, t)$ und das magnetische Feld $\vec{B}(\vec{r}, t)$ die Klein-Gordon-Gleichung erfüllen. Die elektromagnetische Strahlung (Licht, Radiowellen…) entspricht Wellenlösungen dieser Gleichung mit sehr verschiedenen Wellenlängen λ. Die geläufigen Bezeichnungen der elektromagnetischen Strahlung sind in Abb. 4.3 in Abhängigkeit von der Wellenlänge λ angegeben.

In Abb. 4.3 haben wir folgende Abkürzungen für Längeneinheiten verwendet: $1\,\text{nm} = 1$ Nanometer $= 10^{-9}\,\text{m}$, und $1\,\text{pm} = 1$ Picometer $= 10^{-12}\,\text{m}$. Die Abkürzungen für die Bezeichnungen der Strahlung sind wie folgt (von links nach rechts):

γ	Gammastrahlung,
R	Röntgenstrahlung,
UV	Ultraviolettstrahlung,
Licht	steht für die verschiedenen Farben des sichtbaren Lichts, wobei 400 nm blauem und 700 nm rotem Licht entsprechen,
IR	Infrarotstrahlung,

Mik.	Mikrowellenstrahlung (derselbe Wellenlängenbereich wie Radarwellen),
UHF	Ultra-Hochfrequenz-Strahlung,
UKW	Ultrakurzwelle, auch VHF = sehr hochfrequente Strahlung (very high frequency) genannt;
KW, MW und LW	sind die üblichen Radiofrequenzbereiche.

(Die Unterteilung der Achse ist *nicht* maßstabsgerecht.)

Da die Beziehung (4.7) immer erfüllt ist, kann man die Frequenz ν aus der Wellenlänge λ für jede Art von Strahlung leicht bestimmen.

In der *Quantenfeldtheorie* kann man diese Wellen eines Feldes mit einem Strahl entsprechender Teilchen gleichsetzen. Die kinetische Energie dieser Teilchen hängt von ω oder der Frequenz ν der Welle ab:

$$E = \hbar\omega = h\nu\,, \tag{4.8}$$

wobei $h = 2\pi\hbar$ die *Planck'sche Konstante* (nach Max Planck, Nobelpreis 1918) ist:

$$h \simeq 6{,}626 \cdot 10^{-34}\,\mathrm{kg\,m^2\,s^{-1}}, \quad \hbar \simeq 1{,}055 \cdot 10^{-34}\,\mathrm{kg\,m^2\,s^{-1}}\,. \tag{4.9}$$

Der Impuls dieser Teilchen (der in unserem Fall entlang der x-Achse gerichtet ist) hängt mit der Wellenlänge λ über

$$p_\mathrm{x} = \hbar k = h/\lambda \tag{4.10}$$

zusammen. (Die Wellenlänge λ, die derartig durch den Impuls bzw. die Energie von Teilchen gegeben ist, wird nach L.-V. de Broglie (Nobelpreis 1929) auch als *de Broglie-Wellenlänge* bezeichnet.)

Demzufolge impliziert (4.5) (oder (4.7)) eine Beziehung zwischen der Energie E und p_x von der Form $E = c\,p_\mathrm{x}$. Da p_x hier die einzige Komponente des Vektors $\vec{p}$ ist, ist diese Beziehung gleichbedeutend mit $E = c\,|\vec{p}|$ (siehe (3.28)), die in der Tat für ein masseloses Teilchen in der speziellen Relativitätstheorie erfüllt ist.

Man kann diese Beziehungen für Teilchen mit Masse m verallgemeinern. Das entsprechende Feld erfüllt dann die massive Klein-Gordon-Gleichung

$$\left(\frac{\partial^2}{\partial t^2} - c^2 \left(\frac{\partial^2}{\partial x^2} + \frac{\partial^2}{\partial y^2} + \frac{\partial^2}{\partial z^2} \right) + \frac{m^2 c^4}{\hbar^2} \right) \Phi(\vec{r},t) = 0\,, \tag{4.11}$$

die ebenfalls eine Wellenlösung der Form (4.3) besitzt, für die jedoch $\omega^2 = c^2 k^2 + m^2 c^4/\hbar^2$ anstatt (4.5) gilt. Da (4.8) und (4.10) unverändert bleiben, erhält man für die Beziehung zwischen Energie und Impuls $E^2 = m^2 c^4 + \vec{p}^{\,2} c^2$ in Übereinstimmung mit (3.22).

Wichtig ist, dass nach (4.10) die Wellenlänge λ mit zunehmendem Impuls – und daher mit zunehmender Energie – abnimmt. In Experimenten der Elementarteilchenphysik sind kleine Wellenlängen aus folgendem Grund erwünscht: Aus der Optik der Mikroskope ist bekannt, dass Licht einer bestimmten Wellenlänge λ nur Objekte größer als $\sim \lambda/2\pi$ auflösen kann. Diese Aussage gilt auch für den Fall, wo Objekte (fundamentale oder zusammengesetzte Teilchen) mit einem Teilchenstrahl beschossen werden: Je genauer man das Objekt studieren will, desto kleiner muss die Wellenlänge der dem Teilchenstrahl entsprechenden Welle sein, d. h. desto größer muss die Energie der Strahlteilchen sein. Dies erklärt, weshalb man in der Elementarteilchenphysik an möglichst hohen Energien E interessiert ist, da man für das Auflösungsvermögen Δ (das man möglichst klein wünscht)

$$\Delta \sim \frac{\lambda}{2\pi} = \frac{\hbar c}{E} \tag{4.12}$$

erhält.

4.3 Die Coulomb-Lösung

Kehren wir zur ursprünglichen Gl. 4.1 zurück. Nun suchen wir nach einer *statischen* Lösung, die unabhängig von der Zeit t ist. In diesem Fall kann man $\Phi(\vec{r}, t)$ durch $\Phi(\vec{r})$ mit $\frac{\partial}{\partial t}\Phi(\vec{r}) = 0$ ersetzen. Nach einer Division durch c^2 und einem Vorzeichenwechsel erhält man aus der Klein-Gordon-Gleichung

$$\left(\frac{\partial^2}{\partial x^2} + \frac{\partial^2}{\partial y^2} + \frac{\partial^2}{\partial z^2} \right) \Phi(\vec{r}) = 0 \, . \tag{4.13}$$

Wir suchen nach einer um den Ursprung kugelsymmetrischen Lösung von der Form $\Phi(\vec{r}) = \Phi(|\vec{r}|)$, wobei $|\vec{r}| = r = \sqrt{x^2 + y^2 + z^2}$ gilt. Unter der Verwendung von $\frac{\partial r}{\partial x} = \frac{x}{r}$ usw. kann man überprüfen, dass der folgende Ausdruck (4.13) löst:

$$\Phi(r) = \frac{\Phi_0}{r} + C = \frac{\Phi_0}{\sqrt{x^2 + y^2 + z^2}} + C \, , \tag{4.14}$$

wobei Φ_0 und C zwei beliebige Konstanten sind. Was sind die Eigenschaften dieser Lösung? Zunächst ist sie, per Konstruktion, symmetrisch um den Ursprung und hängt nur vom Abstand r zum Ursprung ab. Im Limes $r \to \infty$ geht sie gegen die Konstante C (die oft zu Null gewählt wird). Wenn r gegen Null geht, ist die Lösung singulär, d. h. sie geht gegen unendlich.

Im Falle einer elektrischen Punktladung erlaubt es die Coulomb-Lösung, das elektrische Feld in ihrer Umgebung zu bestimmen – daher rührt der Name Coulomb. Der genaue Zusammenhang zwischen dieser Lösung und dem elektrischen Feld wird im Kap. 5 behandelt.

4.4 Gravitationswellen

Wir haben die Lösung (4.14) bereits in der allgemeinen Relativitätstheorie kennengelernt: In der Umgebung eines Objektes der Masse M im Ursprung des Koordinatensystems ist die Komponente $g_{00}(\vec{r})$ der Metrik durch (siehe (3.34))

$$g_{00}(\vec{r}) = 1 - \frac{2GM}{c^2 r} \qquad (4.15)$$

gegeben, was der Lösung (4.14) mit $C = 1$, $\Phi_0 = -\frac{2GM}{c^2}$ entspricht.

In der Tat gehen die Einstein-Gleichungen für die Komponenten der Metrik (unter der Annahme $|g_{00} - 1| \ll 1$ bzw. $r \gg \frac{2GM}{c^2}$) in die Klein-Gordon-Gleichung über!

Daraus folgt, dass auch Wellenlösungen für die Metrik möglich sind. Diese Wellenlösungen werden *Gravitationswellen* genannt. Gravitationswellen sind jedoch sehr schwer zu erzeugen; wegen der Kleinheit der Gravitationskonstanten muss man dazu enorme Massen stark beschleunigen. Solche Prozesse finden nur bei Sternexplosionen oder Sternkollisionen statt, möglicherweise auch zu Beginn des Universums im Verlaufe des Big Bang. Die Amplituden der unter diesen Umständen erzeugten Gravitationswellen sind allerdings sehr schwer vorherzusagen.

Eine Ausnahme sind Systeme von zwei sehr massiven und kompakten Sternen (sogenannten Neutronensternen), die umeinander kreisen. Hier ist die Abstrahlung von Gravitationswellen berechenbar, was zu einem berechenbaren Energieverlust führt. Dieser Energieverlust erzeugt eine kleine Veränderung der Rotationsgeschwindigkeit, die gemessen werden kann, falls einer der beiden Neutronensterne ein sogenannter Pulsar ist: Ein Pulsar emittiert in äußerst regelmäßigen Abständen (von einigen Millisekunden) elektromagnetische Strahlung im Radiowellenbereich. Durch die Rotation des Pulsars um seinen Partner verändern sich die auf der Erde gemessenen Abstände zwischen den Radiopulsen minimal, je nach dem, ob der Pulsar sich auf uns zu oder von uns weg bewegt. Dies ermöglicht eine sehr präzise Messung seiner Umlaufzeit (von der Größenordnung einiger Stunden). Durch die Emission von Gravitationswellen sollte sich diese Umlaufzeit um ca. 10^{-4} s pro Jahr verändern, und die gemessenen Veränderungen stimmen mit der Rechnung überein. (Für den Nachweis dieses Phänomens erhielten R. A. Hulse und J. H. Taylor 1993 den Nobelpreis.) Dies ist der bisher einzige – allerdings sehr indirekte – Nachweis von Gravitationswellen.

Der direkte Nachweis von Gravitationswellen ist nicht einfach. Eine Gravitationswelle, die zwischen zwei Objekten durchläuft, führt zu sehr kleinen zeitabhängigen Veränderungen des gemessenen Abstandes zwischen den Objekten in der Ebene senkrecht zu ihrer Ausbreitungsrichtung. Die Frequenz dieser Abstandsschwankung ist gleich der Frequenz der Gravitationswelle, die mit ihrer Wellenlänge über (4.7) zusammenhängt.

Gravitationswellen besitzen folgende besondere Eigenschaft: Immer wenn ein Abstand entlang einer bestimmten Richtung kurzfristig verkleinert ist, ist der Abstand in der dazu senkrecht stehenden Richtung (in der Ebene senkrecht zur Aus-

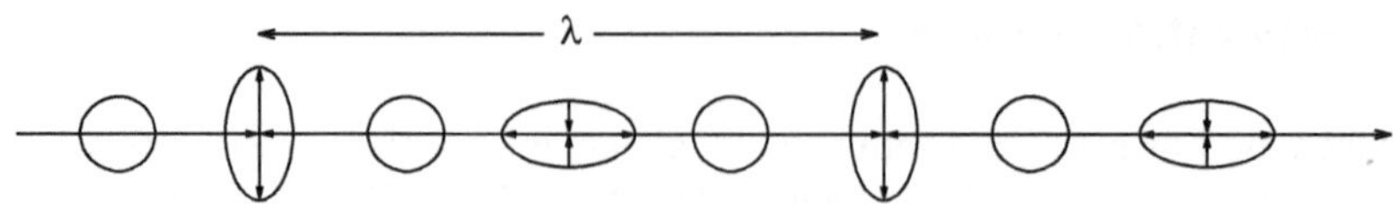

Abb. 4.4 Abstandsschwankungen in der Ebene senkrecht zur Ausbreitungsrichtung einer Gravitationswelle

breitungsrichtung) vergrößert. Dieses Verhalten ist in Abb. 4.4 skizziert, wo man sich sämtliche Kreise und Ellipsen in der Ebene senkrecht zur Ausbreitungsrichtung vorstellen muss.

Zur Zeit werden Experimente zum Nachweis von Gravitationswellen durchgeführt, die Laserstrahlen verwenden. Um die Funktionsweise dieser Experimente zu verstehen, ist es notwendig, die besonderen Eigenschaften von Laserstrahlen zu kennen:

Normales Licht – selbst Licht einer bestimmten Farbe – besteht aus einem Gemisch verschiedener Wellen, deren Wellenberge und Wellentäler unregelmäßig entlang der Strahlachse verteilt sind. Laserstrahlen sind Licht einer bestimmten Wellenlänge bzw. Farbe (es gibt verschiedenfarbige Laserstrahlen), das aus einer einzigen Welle mit entsprechenden Wellenbergen und -tälern besteht.

Wenn man zwei verschiedene Laserstrahlen derselben Wellenlänge mit Hilfe halbdurchlässiger Spiegel überlagert (d. h. in einen einzigen Strahl zusammenführt), hängt das Ergebnis sehr empfindlich von der relativen Position der Wellenberge und -täler der ursprünglichen Strahlen entlang der nun gemeinsamen Strahlachse ab: Wenn die Positionen der Wellenberge und -täler zusammenfallen, verstärken sich die Strahlen; wenn diese Positionen nicht dieselben sind, nimmt die Intensität des gemeinsamen Strahls ab. Im Extremfall, wenn die Wellenberge eines Strahls genau auf die Wellentäler des anderen treffen (und damit auch umgekehrt), verschwindet die Intensität des gemeinsamen Strahls, d. h. die beiden Wellen löschen sich gegenseitig aus. Dieses Phänomen nennt man Interferenz. Man kann von der Situation einer maximalen Verstärkung der Intensität des gemeinsamen Strahls zur Situation einer vollständigen Auslöschung des gemeinsamen Strahls gelangen, indem man die ursprünglichen Strahlen um eine halbe Wellenlänge relativ zueinander verschiebt – dies ermöglicht extrem präzise Messungen von relativen Abständen.

Der Aufbau eines Gravitationswellenexperimentes ist in Abb. 4.5 in einer Ansicht von oben skizziert.

In Abb. 4.5 wird links außen ein einziger Laserstrahl erzeugt. Dieser trifft auf einen mit Sp bezeichneten halbdurchlässigen Spiegel (den Strahl-Spalter), der diesen Strahl in einen weiter nach rechts und einen nach oben laufenden Strahl aufspaltet. Zur weiteren Diskussion können wir die mit hS bezeichneten halbdurchlässigen Spiegel zunächst weglassen. Dann treffen die beiden Strahlen auf die mit S_1 und S_2 bezeichneten vollreflektierenden Spiegel, kehren zurück, und treffen in Sp wieder aufeinander. Durch den halbdurchlässigen Spiegel Sp können sie sich dann zu einem nach unten verlaufenden Strahl vereinigen, dessen Intensität im Fotodetektor gemessen wird.

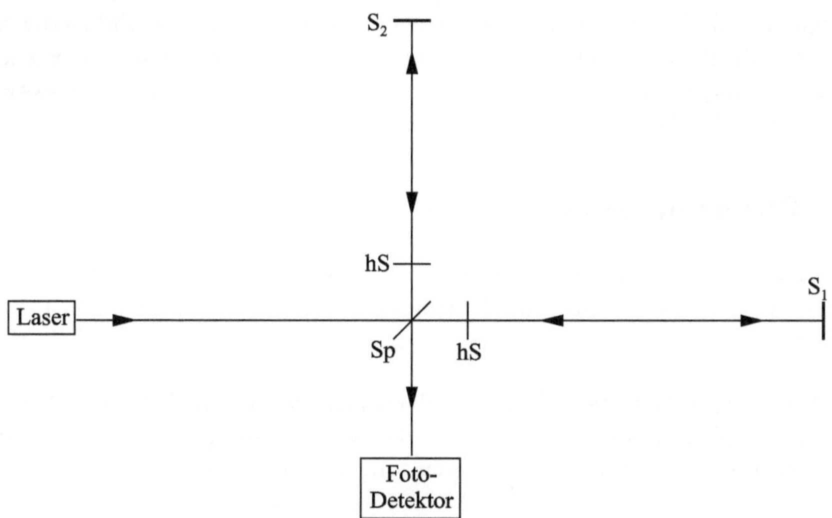

Abb. 4.5 Schematischer Aufbau eines Gravitationswellenexperimentes

Wenn nun eine Gravitationswelle diese Apparatur durchläuft, wird wegen der in Abb. 4.4 skizzierten Eigenschaft dieser Wellen abwechselnd der Abstand Sp–S_1 kurzfristig verkürzt und gleichzeitig der Abstand Sp–S_2 verlängert, und umgekehrt. In beiden Fällen haben sich die von den beiden Laserstrahlen durchlaufenen Weglängen relativ zueinander verändert. Wegen des oben diskutierten Interferenzphänomens genügt eine Veränderung der Differenz der durchlaufenen Weglängen von einer halben Laserwellenlänge (im Bereich der Wellenlängen des sichtbaren Lichts), um eine messbare Schwankung der Intensität des vereinigten Strahls im Fotodetektor zu erzeugen.

Die halbdurchlässigen Spiegel hS dienen dem Zweck, dass beide von S_1 und S_2 reflektierte Strahlen zunächst von hS ebenfalls reflektiert werden, und die Distanzen hS–S_1 bzw. hS–S_2 bis zu 1000 mal durchlaufen, bevor sie sich in Sp wieder vereinigen – dadurch wird die durch eine Gravitationswelle erzeugte Differenz der im Ganzen durchlaufenen Wegstrecken noch einmal um einen Faktor 1000 erhöht.

Zur Zeit sind weltweit mehrere derartige Gravitationswellendetektoren in Betrieb: Geo 600 bei Hannover (mit Armlängen Sp–S_1 = Sp–S_2 von 600 m), zwei identische Detektoren Ligo-Hanford und Ligo-Livingston mit Armlängen von 4 km in den USA, Tama mit einer Armlänge von 300 m in Japan und Virgo mit einer Armlänge von 3 km bei Cascina in Italien. Die Internetadressen dieser Experimente, wo genauere Informationen zu finden sind, sind im Anhang aufgeführt.

Es ist absolut notwendig, mehrere Gravitationswellendetektoren gleichzeitig zu betreiben: An jedem der über die Welt verteilten Detektoren können bereits minimale Störungen wie durch Fahrzeuge erzeugte Bodenschwingungen die Distanzen Sp–S_1 bzw. Sp–S_2 relativ zueinander verändern, was zu den Interferenzphänomenen ohne Gravitationswellen führt. Da Gravitationswellen aber größer als der Erddurchmesser sind, würden Gravitationswellen an jedem der über die Erdoberfläche verteilten Detektoren praktisch gleichzeitig das gesuchte Interferenzphänomenen erzeugen – erst wenn dies beobachtet wird, kann man behaupten, Gravitationswellen entdeckt zu haben.

4.5   Übungsaufgaben

4.1 Leiten Sie die Beziehung zwischen ω, k und m her, die eine Wellenlösung der Form (4.3) erfüllen muss, um die massive Klein-Gordon-Gleichung (4.11) zu erfüllen.

4.2 Für welchen Wert von λ löst der kugelsymmetrische Ausdruck $\Phi(r) = \frac{\Phi_0}{r}e^{-\lambda r}$ die massive Klein-Gordon-Gleichung (4.11)? (Diese Lösung verallgemeinert die Coulomb-Lösung für Felder, die massiven Teilchen entsprechen.)

Die Elektrodynamik 5

5.1 Die klassische Elektrodynamik

Der Großteil der heutigen Technologien – Radio, Fernsehen, Computer, Handys – beruht auf elektromagnetischen Vorgängen. Obwohl diese Vorgänge sehr verschieden und manchmal sehr komplex sind, sind die Grundgesetze der Elektrodynamik relativ einfach. Die Komplexität der technologischen Anwendungen ist letztendlich darauf zurückzuführen, dass elektrische oder elektronische Bauteile aus einer immensen Zahl von Atomen bestehen, die die Konstruktion sehr komplizierter Strukturen, Stromkreise, Chips usw. erlauben.

Die Grundgesetze der Elektrodynamik werden durch elektrische und magnetische Felder ausgedrückt. Das elektrische Feld $\vec{E}(\vec{r}, t)$ ist ein Vektorfeld, das in eine bestimmte Richtung zeigt. Dasselbe gilt für das Magnetfeld $\vec{B}(\vec{r}, t)$ – auf der Erdoberfläche zeigt z. B. ein (schwaches) Magnetfeld in Richtung des Nordpols.

Die Grundgesetze der Elektrodynamik beschreiben, wie elektrische Punktladungen diese Felder erzeugen; daraus können die durch beliebige Ladungsverteilungen und Ströme erzeugten Felder berechnet werden. Sie beschreiben auch Beziehungen zwischen diesen Feldern, und wie diese Felder (in Form von Kräften) auf geladene Objekte wirken.

Die Kraft $\vec{F}$, die auf ein punktförmiges Objekt mit Geschwindigkeit $\vec{v}$ und elektrischer Ladung q am Ort $\vec{r}$ zur Zeit t wirkt, heißt *Lorentzkraft*:

$$\vec{F}(\vec{r}, t) = q\left(\vec{E}(\vec{r}, t) + \vec{v} \times \vec{B}(\vec{r}, t)\right).$$ (5.1)

Hier ist $\vec{v} \times \vec{B}$ das sogenannte Vektorprodukt; demnach wirkt die durch ein Magnetfeld $\vec{B}$ erzeugte Kraft in eine Richtung, die senkrecht zu $\vec{B}$ sowie senkrecht zur Geschwindigkeit $\vec{v}$ steht.

Die Gleichungen, die die Felder $\vec{E}(\vec{r}, t)$ und $\vec{B}(\vec{r}, t)$ bestimmen, sind die sogenannten Maxwellgleichungen. Aus ihnen kann man ableiten, dass beide Felder die

© Springer-Verlag Berlin Heidelberg 2015

U. Ellwanger, *Vom Universum zu den Elementarteilchen*, DOI 10.1007/978-3-662-46646-9_5

Klein-Gordon-Gleichung erfüllen:

$$\left(\frac{\partial^2}{\partial t^2} - c^2 \left(\frac{\partial^2}{\partial x^2} + \frac{\partial^2}{\partial y^2} + \frac{\partial^2}{\partial z^2} \right) \right) \vec{E}(\vec{r},t) = 0 \,,$$

$$\left(\frac{\partial^2}{\partial t^2} - c^2 \left(\frac{\partial^2}{\partial x^2} + \frac{\partial^2}{\partial y^2} + \frac{\partial^2}{\partial z^2} \right) \right) \vec{B}(\vec{r},t) = 0 \,. \tag{5.2}$$

Dies sind sechs Gleichungen für die sechs Komponenten $E_x(\vec{r},t)$, $E_y(\vec{r},t)$, $E_z(\vec{r},t)$, $B_x(\vec{r},t)$, $B_y(\vec{r},t)$ und $B_z(\vec{r},t)$. Die Wellenlösungen dieser Gleichungen sind die elektromagnetischen Wellen. Es gibt jedoch keine reine „elektrischen" ($\vec{E}(\vec{r},t) \neq 0$, $\vec{B}(\vec{r},t) = 0$) oder reine „magnetischen" ($\vec{B}(\vec{r},t) \neq 0$, $\vec{E}(\vec{r},t) = 0$) Wellen: Eine elektromagnetische Welle enthält immer elektrische *und* magnetische Komponenten, da die sechs obigen Komponenten nicht unabhängig voneinander sind.

Anstatt mit sechs Komponenten zu rechnen, die durch die (hier nicht aufgeführten) Maxwellgleichungen miteinander verknüpft sind, kann man sich das Leben vereinfachen und mit einer kleineren Zahl von unabhängigen Feldern rechnen, aus denen die Felder $\vec{E}(\vec{r},t)$ und $\vec{B}(\vec{r},t)$ abgeleitet werden können. Man bezeichnet diese unabhängigen Felder mit $\phi(\vec{r},t)$ und $\vec{A}(\vec{r},t)$, wo $\vec{A}(\vec{r},t)$ ebenfalls ein dreikomponentiges Vektorfeld ist.

Die Felder $\phi(\vec{r},t)$ und $\vec{A}(\vec{r},t)$ erfüllen ebenfalls die Klein-Gordon-Gleichung,

$$\left(\frac{\partial^2}{\partial t^2} - c^2 \left(\frac{\partial^2}{\partial x^2} + \frac{\partial^2}{\partial y^2} + \frac{\partial^2}{\partial z^2} \right) \right) \phi(\vec{r},t) = 0 \quad \text{usw} \,. \tag{5.3}$$

Die Gleichungen, mit denen $\vec{E}(\vec{r},t)$ und $\vec{B}(\vec{r},t)$ aus $\phi(\vec{r},t)$ und $\vec{A}(\vec{r},t)$ bestimmt werden können, sind

$$\vec{E} = -\vec{\nabla}\phi - \frac{\partial \vec{A}}{\partial t} \,, \tag{5.4}$$

$$\vec{B} = \vec{\nabla} \times \vec{A} \,. \tag{5.5}$$

Wir betonen, dass die Einführung der Felder $\phi(\vec{r},t)$ und $\vec{A}(\vec{r},t)$ zum einen einer Vereinfachung entspricht (alle Kräfte und Wechselwirkungen werden durch nur vier unabhängige anstatt durch sechs gekoppelte Felder beschrieben) und, zum zweiten, die Beziehungen zwischen den elektrischen und magnetischen Feldern implizit durch (5.4) und (5.5) ausgedrückt werden.

Wir erinnern daran, dass (5.3) eine statische Lösung der Form

$$\phi(|\vec{r}|) = \frac{\phi_0}{r} = \frac{\phi_0}{\sqrt{x^2 + y^2 + z^2}} \tag{5.6}$$

besitzt (siehe (4.14) mit $C = 0$).

Diese Lösung beschreibt das durch eine im Ursprung $\vec{r} = 0$ ruhende Punktladung q erzeugte Feld $\phi(\vec{r})$. Die Konstante ϕ_0 hängt folgendermaßen mit der Ladung q zusammen:

$$\phi_0 = \frac{q}{4\pi\,\varepsilon_0}\,, \tag{5.7}$$

wobei ε_0 die Permittivität des Vakuums oder elektrische Feldkonstante genannt wird:

$$\varepsilon_0 \simeq 8{,}854 \cdot 10^{-12}\,\frac{\mathrm{C}}{\mathrm{V\,m}} = 8{,}854 \cdot 10^{-12}\,\frac{\mathrm{C^2\,s^2}}{\mathrm{kg\,m^3}}\,. \tag{5.8}$$

Da eine ruhende Ladung kein Feld $\vec{A}(\vec{r}, t)$ erzeugt, führt (5.5) sofort zu $\vec{B}(\vec{r}, t) = 0$, und (5.4) erlaubt die Berechnung des erzeugten elektrischen Feldes $\vec{E}(\vec{r})$:

$$\vec{E}(\vec{r}) = -\vec{\nabla}\phi(\vec{r}) = \frac{q}{4\pi\,\varepsilon_0}\,\frac{\vec{r}}{r^3}\,. \tag{5.9}$$

Als Folge von (5.1) erzeugt dieses elektrische Feld eine Kraft $\vec{F}_{\mathrm{El}}(\vec{r})$, die auf eine sich im Punkt $\vec{r}$ befindende elektrische Ladung q' wirkt:

$$\vec{F}_{\mathrm{El}}(\vec{r}) = q'\,\vec{E}(\vec{r}) = -q'\,\vec{\nabla}\phi(\vec{r}) = \frac{qq'}{4\pi\,\varepsilon_0}\,\frac{\vec{r}}{r^3}\,. \tag{5.10}$$

Diese Formel kann mit dem Ausdruck (3.40) für die auf ein Objekt der Masse m in der Umgebung eines Objektes der Masse M wirkenden Schwerkraft verglichen werden:

$$\vec{F}_{\mathrm{Grav}} = -\frac{mc^2}{2}\,\vec{\nabla}\mathsf{g}_{00}(r) = -GmM\,\frac{\vec{r}}{r^3}\,. \tag{5.11}$$

Man sieht, dass die Formel für die Schwerkraft $\vec{F}_{\mathrm{Grav}}$ bis auf die Ersetzungen $q \to m$, $q' \to M$ und $1/4\pi\,\varepsilon_0 \to G$ der Formel (5.10) für die elektrische Kraft $\vec{F}_{\mathrm{El}}$ entspricht. (Die Richtungen der beiden Kräfte sind entgegengesetzt, da sich zwei elektrische Ladungen desselben Vorzeichens gegenseitig abstoßen, während die Schwerkraft immer anziehend wirkt. Für entgegengesetzte Vorzeichen der Ladungen q und q' stimmen auch die Richtungen der elektrischen Kraft und der Schwerkraft überein.) Der tiefere Grund für diese Analogie ist die Tatsache, dass die Felder ϕ und g_{00} der Klein-Gordon-Gleichung genügen.

Wir möchten noch darauf hinweisen, dass die vier Felder $\phi(\vec{r}, t)$ und $\vec{A}(\vec{r}, t)$ als die Komponenten eines Vierervektors der vierdimensionalen Raum-Zeit der speziellen Relativitätstheorie interpretiert werden können, ähnlich dem Energie-Impuls-Vierervektor in (3.25) (siehe auch Abschn. 9.3). Dies erlaubt es im Prinzip, die von einer gleichförmig bewegten Ladung erzeugten elektrischen und magnetischen Felder zu bestimmen: Es genügt, eine Lorentz-Transformation (3.7) in ein

Koordinatensystem durchzuführen, in dem eine Punktladung eine bestimmte Geschwindigkeit besitzt, die vier Felder $\phi(\vec{r}, t)$ und $\vec{A}(\vec{r}, t)$ mit *derselben* Lorentz-Transformation zu transformieren, und anschließend $\vec{E}$ und $\vec{B}$ aus (5.4) und (5.5) zu berechnen.

So kann man im Prinzip die von einer beliebigen Verteilung von Ladungen und Strömen (d. h. bewegten Ladungen) erzeugten Felder erhalten, und aus (5.1) die elektromagnetischen Kräfte auf Träger elektrischer Ladungen herleiten. Auch wenn diese Rechnungen kompliziert sein können, beruhen sie doch auf sehr einfachen Prinzipien. Die Gesamtheit aller elektromagnetischen Phänomene kann damit auf diese Prinzipien zurückgeführt werden – außer wenn man bei Vorgängen im atomaren oder sub-atomaren Bereich Quanteneffekten Rechnung tragen muss.

5.2   Die Elektron-Elektron-Streuung

Als Vorbereitung zur Einführung in Konzepte der Quantenelektrodynamik im nächsten Unterkapitel werden wir zunächst auf „klassischem" Niveau einen typischen Prozess der Teilchenphysik behandeln, die in Abb. 5.1 skizzierte Elektron-Elektron-Streuung $e^- + e^- \rightarrow e^- + e^-$.

Die Impulse der Elektronen e_1^-, e_2^- vor der Streuung seien $\vec{p}_1^{\,a}$ und $\vec{p}_2^{\,a}$, und wir werden annehmen, dass diese Vektoren entgegengesetzt gerichtet sind: $\vec{p}_1^{\,a} = -\vec{p}_2^{\,a}$. (Dies ist immer durch die Wahl eines entsprechenden Koordinatensystems möglich.) Der Abstand zwischen den parallelen Geraden entlang $\vec{p}_1^{\,a}$ und $\vec{p}_2^{\,a}$ wird als *Impaktparameter b* bezeichnet.

Die (relativistischen) Energien vor der Streuung sind nach (3.22) durch

$$E_1^a = \sqrt{m_e^2 c^4 + (\vec{p}_1^{\,a})^2 c^2} = \sqrt{m_e^2 c^4 + (\vec{p}_2^{\,a})^2 c^2} = E_2^a$$

gegeben, wo m_e die Masse eines Elektrons bedeutet.

Die Impulse der Elektronen nach der Streuung werden als $\vec{p}_1^{\,b}$ und $\vec{p}_2^{\,b}$ bezeichnet, und ihre Energien sind $E_1^b = \sqrt{m_e^2 c^4 + (\vec{p}_1^{\,b})^2 c^2}$ und $E_2^b = \sqrt{m_e^2 c^4 + (\vec{p}_2^{\,b})^2 c^2}$.

Der Grund, warum man die Elektronen durch ihren Impuls (statt durch ihre Geschwindigkeit) charakterisiert, ist die Erhaltung des Gesamtimpulses (wie der Gesamtenergie) während einer Streuung: Es gilt $\vec{p}_1^{\,a} + \vec{p}_2^{\,a} = \vec{P}_{\text{Tot}} = \vec{p}_1^{\,b} + \vec{p}_2^{\,b}$ und $E_1^a + E_2^a = E_{\text{Tot}} = E_1^b + E_2^b$.

Unter der hier gemachten Annahme $\vec{p}_1^{\,a} = -\vec{p}_2^{\,a}$ kann man daraus $E_i^b = E_i^a$ und $|\vec{p}_i^{\,b}| = |\vec{p}_i^{\,a}|$ (für $i = 1,2$) ableiten (siehe Übungsaufgabe 5.1).

Demnach unterscheidet sich der Impulsvektor $\vec{p}_1^{\,a}$ des Elektrons 1 vor der Streuung vom Impulsvektor $\vec{p}_1^{\,b}$ nach der Streuung nur durch seine Richtung; der Winkel zwischen diesen Vektoren wird als Streuwinkel θ bezeichnet, und es gilt $\vec{p}_1^{\,a} \cdot \vec{p}_1^{\,b} = |\vec{p}_1^{\,a}| \, |\vec{p}_1^{\,b}| \cos\theta$. Aus der Erhaltung des Gesamtimpulses folgt, dass der Streuwinkel des Elektrons e_2^- derselbe ist.

Wie wird dieser Streuwinkel in der klassischen Elektrodynamik erzeugt? Das Elektron e_1^- erzeugt ein elektromagnetisches Feld. Das Elektron e_2^- bewegt sich in

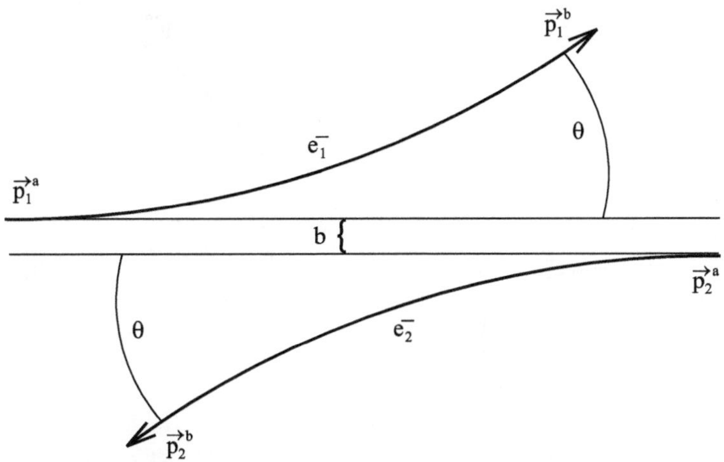

Abb. 5.1 Flugbahnen zweier Elektronen mit entgegengesetzt gerichteten Anfangsgeschwindigkeiten

diesem Feld, in dem eine Kraft $\vec{F}_2$ auf e_2^- wirkt; diese Kraft verändert die Flugrichtung von e_2^-. Dasselbe gilt nach Vertauschung von e_1^- und e_2^-. Die Felder und Kräfte sind berechenbar, und man kann eine Formel für den Streuwinkel θ als Funktion des Impaktparameters b herleiten (die folgenden Formeln gelten im nichtrelativistischen Fall $\left|\vec{p}_1\right|^2 \ll m_e^2\, c^2$):

$$\tan\frac{\theta}{2} = \left(\frac{q_e^2}{4\pi\,\varepsilon_0}\right)\frac{m_e}{2\,b\,\left|\vec{p}_1\right|^2}\,, \tag{5.12}$$

wo $q_e = -e$ die Ladung eines Elektrons ist. Aus dieser Formel erhält man $\theta \to 0$ für $b \to \infty$, d. h. keine Ablenkung für sehr große Abstände zwischen den Flugbahnen. Für $b \to 0$, d. h. eine frontale Kollision, erhält man $\theta \to \pi$, d. h. die Elektronen fliegen wieder zurück.

In echten Experimenten verwendet man jedoch nicht zwei einzelne Elektronen, sondern zwei Elektronenstrahlen. Die Strahlen treffen unter einem sehr kleinen Winkel (fast Kopf-auf-Kopf) aufeinander. Dann streuen zahlreiche Elektronen des einen Strahls unter allen möglichen Impaktparametern (bis zum doppelten Durchmesser der Strahlen) an den Elektronen des anderen Strahls. Als experimentelles Ergebnis erhält man eine große Zahl von unter allen möglichen Streuwinkeln gestreuten Elektronen.

Man geht dann wie folgt vor: Man mittelt über alle Impaktparameter b (unter der Annahme, dass die Strahlen homogen sind), und leitet daraus die Verteilung $P(\theta)$ der gestreuten Elektronen her. $P(\theta)$ ist gleichzeitig die Wahrscheinlichkeit, mit der ein einzelnes Elektron unter dem Winkel θ gestreut wird. Sie wird auch als der *differentielle Wirkungsquerschnitt* bezeichnet. (Wir identifizieren hier $P(\theta)$ mit der Größe, die in der Literatur als $\frac{d\sigma}{d\Omega}$ geschrieben wird, wo $d\sigma$ die Zahl der in das Raumwinkelelement $d\Omega = 2\pi\, d(\cos\theta)$ gestreuten Elektronen bedeutet.)

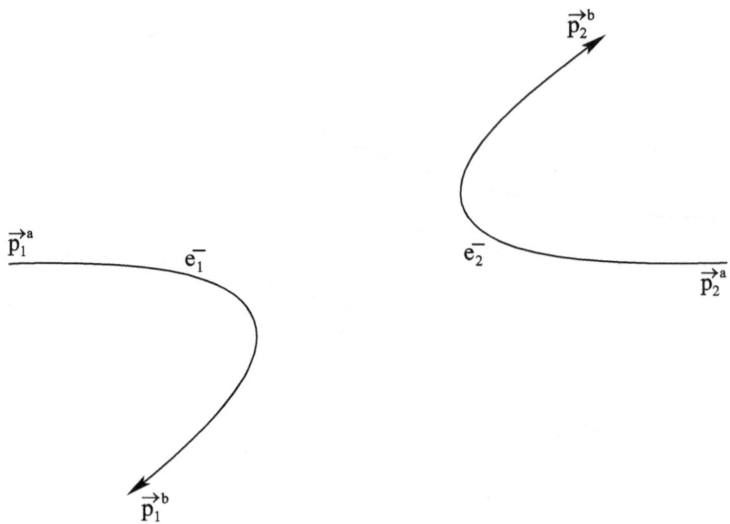

Abb. 5.2 Flugbahn zweier Elektronen mit entgegengesetzt gerichteten Anfangsgeschwindigkeiten und sehr kleinem Impaktparameter b

Als theoretisches Ergebnis erhält man die *Rutherford'sche Streuformel*

$$P(\theta) = \left(\frac{q_e^2}{4\pi\,\varepsilon_0}\right)^2 \frac{m_e^2}{16\,|\vec{p}_1|^4 \sin^4(\theta/2)} + (\theta \to \theta + 180°)\,, \qquad (5.13)$$

wo die Terme „$+ (\theta \to \theta+180°)$" von Prozessen herrühren, wo die beiden Elektronen nach der Streuung relativ zur Abb. 5.1 vertauscht sind (siehe Abb. 5.2), da man den gemessenen Elektronen nicht ansehen kann, aus welchem Strahl sie stammen. (E. Rutherford hatte eine ähnliche Formel für den Fall hergeleitet, wo nichtrelativistische Elektronen an schweren Atomkernen streuen. Die Terme „$+ (\theta \to \theta + 180°)$" treten dann nicht auf, aber das Ergebnis für $P(\theta)$ ist 4 mal größer.)

Diese Formel kann mit Hilfe von Elektrondetektoren überprüft werden, die man um die Wechselwirkungszone herum aufbaut. Diese Detektoren messen die unter einem Winkel θ gestreute Zahl von Elektronen $N(\theta)$. $N(\theta)$ sollte bis auf eine Konstante (die von der Dichte der Elektronen in den Strahlen und der Dauer der Messung abhängt) und innerhalb der berechenbaren statistischen Unsicherheiten bzw. Fehlerbalken mit $P(\theta)$ übereinstimmen.

5.3   Die Quantenelektrodynamik

In der Quantenelektrodynamik unterscheidet sich die Beschreibung der Wechselwirkung zwischen zwei geladenen Teilchen grundlegend von der klassischen Elektrodynamik: Auf Grund der Dualität zwischen Teilchen und Feldern kann man die

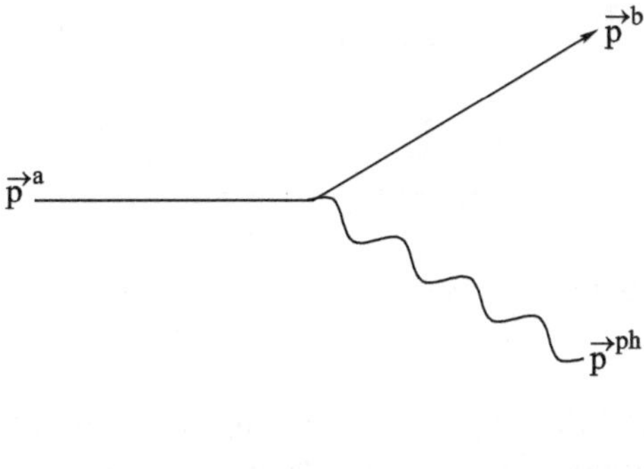

Abb. 5.3 Abstrahlung eines Photons durch ein geladenes Teilchen

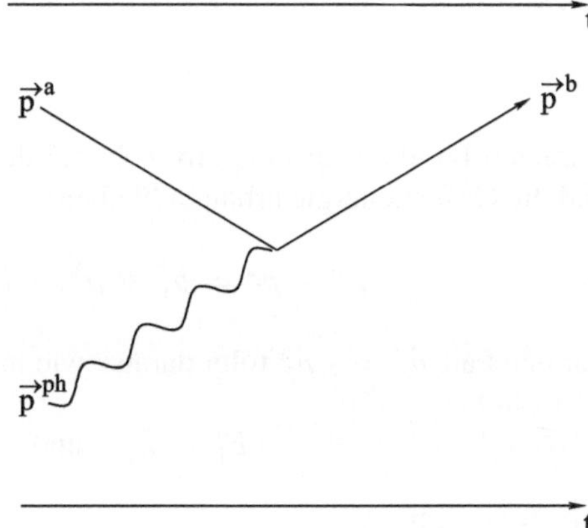

Abb. 5.4 Absorption eines Photons durch ein geladenes Teilchen

(hier durch $\phi(\vec{r}, t)$ und $\vec{A}(\vec{r}, t)$ beschriebenen) elektromagnetischen Felder durch ein *Photon* genanntes Teilchen ersetzen. Der Erzeugung eines elektromagnetischen Feldes durch ein geladenes Teilchen entspricht jetzt die Emission eines Photons durch das Teilchen wie in Abb. 5.3, und die auf ein geladenes Teilchen in einem elektromagnetischen Feld wirkende Lorentzkraft ist durch die Absorption eines Photons durch das Teilchen wie in Abb. 5.4 zu ersetzen.

Der Prozess der Streuung von zwei Elektronen wird jetzt durch die Emission eines Photons durch das Elektron e_1^- beschrieben, das vom Elektron e_2^- absorbiert wird, oder durch die Emission eines Photons durch das Elektron e_2^-, das vom Elektron e_1^- absorbiert wird, siehe Abb. 5.5.

Über die beiden Prozesse in Abb. 5.5 ist zu summieren, und diese Summe wird durch ein einziges *Feynmandiagramm* wie in Abb. 5.6 dargestellt.

Wichtig ist, dass bei der Emission eines Photons wie in Abb. 5.3 der Gesamtimpuls sowie die Gesamtenergie erhalten bleiben:

$$\vec{p}^{\,\mathrm{a}} = \vec{p}^{\,\mathrm{b}} + \vec{p}^{\,\mathrm{ph}}\,, \quad E^{\mathrm{a}} = E^{\mathrm{b}} + E^{\mathrm{ph}}\,. \tag{5.14}$$

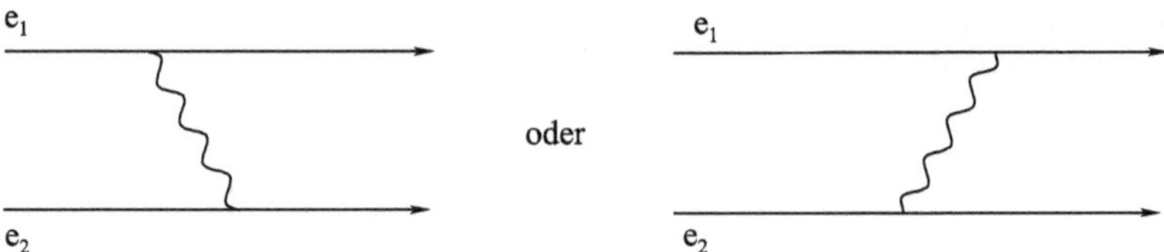

Abb. 5.5 Zwei Prozesse, die zur Elektron-Elektron-Streuung beitragen

Die Erhaltung des Gesamtimpulses und der Gesamtenergie gilt auch für die Absorption eines Photons wie in Abb. 5.4:

$$\vec{p}^{\,b} = \vec{p}^{\,a} + \vec{p}^{\,ph}, \quad E^{b} = E^{a} + E^{ph}. \tag{5.15}$$

Daraus folgt, dass für beide in Abb. 5.5 dargestellten Prozesse der Gesamtimpuls und die Gesamtenergie erhalten bleiben:

$$\vec{p}_1^{\,a} + \vec{p}_2^{\,a} = \vec{p}_1^{\,b} + \vec{p}_2^{\,b}, \quad E_1^{a} + E_2^{a} = E_1^{b} + E_2^{b}. \tag{5.16}$$

Für den Fall $\vec{p}_1^{\,a} = -\vec{p}_2^{\,a}$ folgt daraus, wie in der klassischen Elektrodynamik, dass

$$E_i^{b} = E_i^{a} \quad \text{und} \quad \left|\vec{p}_i^{\,b}\right| = \left|\vec{p}_i^{\,a}\right| \tag{5.17}$$

für $i = 1,2$ gilt.

Für die Energie des in den Prozessen in Abb. 5.5 ausgetauschten Photons findet man demzufolge

$$E^{ph} = 0. \tag{5.18}$$

Für den Betrag des Impulses des Photons erhält man

$$\left|\vec{p}^{\,ph}\right| = \left|\vec{p}_1^{\,a} - \vec{p}_1^{\,b}\right| = \left|\vec{p}_2^{\,a} - \vec{p}_2^{\,b}\right|. \tag{5.19}$$

Demnach ist er von Null verschieden, sobald der Streuwinkel θ nicht verschwindet:

$$\left|\vec{p}_1^{\,a} - \vec{p}_1^{\,b}\right| = \sqrt{\left|\vec{p}_1^{\,a}\right|^{2} - 2\left|\vec{p}_1^{\,a}\right|\left|\vec{p}_1^{\,b}\right|\cos\theta + \left|\vec{p}_1^{\,b}\right|^{2}}, \tag{5.20}$$

Abb. 5.6 Ein Feynmandiagramm, das beide Prozesse in Abb. 5.5 zusammenfasst

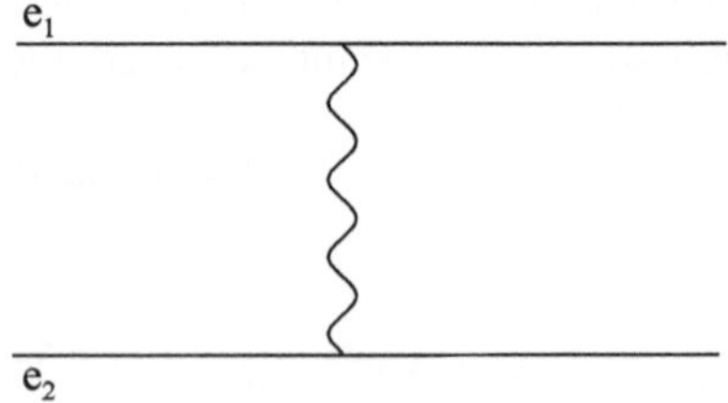

woraus unter Verwendung von $\left|\vec{p}_1^{\,\mathrm{b}}\right| = \left|\vec{p}_1^{\,\mathrm{a}}\right|$

$$\left|\vec{p}^{\,\mathrm{ph}}\right| = \left|\vec{p}_1^{\,\mathrm{a}}\right|\sqrt{2(1-\cos\theta)} \tag{5.21}$$

folgt.

Das führt uns zu einem Paradox: In der speziellen Relativitätstheorie sollte die Energie eines Photons (die wir im Folgenden als „klassische" Energie $E_{\mathrm{kl}}^{\mathrm{ph}}$ bezeichnen) wie in Gl. 3.28 durch

$$E_{\mathrm{kl}}^{\mathrm{ph}}(\vec{p}^{\,\mathrm{ph}}) = \mathrm{c}\left|\vec{p}^{\,\mathrm{ph}}\right| = \mathrm{c}\left|\vec{p}_1^{\,\mathrm{a}}\right|\sqrt{2(1-\cos\theta)} \tag{5.22}$$

gegeben sein, was sich (für $\theta \neq 0$) von dem oben gefundenen Wert $E^{\mathrm{ph}} = 0$ unterscheidet!

Die Lösung dieses Paradoxes ist ein für die Quantenmechanik spezifisches Phänomen: In der Quantenmechanik kann die Energie eines Teilchens (wie des Photons) von ihrem „klassischen" Wert, wie er in (3.28) und (5.22) als Funktion des Impulses angegeben ist, abweichen:

$$E^{\mathrm{ph}} = E_{\mathrm{kl}}^{\mathrm{ph}}(\vec{p}^{\,\mathrm{ph}}) + \Delta E^{\mathrm{ph}}. \tag{5.23}$$

Man bezeichnet ein Teilchen, dessen Energie sich von ihrem klassischen Wert unterscheidet, als *virtuelles* Teilchen.

Die Lebensdauer eines virtuellen Teilchens ist jedoch endlich: Man kann zwar in der Quantenmechanik die Lebensdauer eines einzelnen Teilchens nicht mit Sicherheit vorhersagen, aber man kann die Wahrscheinlichkeit $P(t)$ angeben, mit der ein virtuelles Teilchen (mit $\Delta E \neq 0$) eine Zeit t überlebt:

$$P(t) = \frac{|\Delta E|}{\hbar}\mathrm{e}^{-\frac{1}{\hbar}|\Delta E|t}, \tag{5.24}$$

wo $\hbar$ die in (4.9) kennengelernte Planck'sche Konstante ist:

$$\hbar \simeq 1{,}055 \cdot 10^{-34}\,\mathrm{kg\,m^2\,s^{-1}}. \tag{5.25}$$

Im Falle von Virtualitäten ΔE von der Größenordnung $\mathrm{kg\,m^2\,s^{-2}}$ und Zeiten t von der Größenordnung einiger Sekunden ist $P(t)$ angesichts der Kleinheit von $\hbar$ (und dem raschen Abfall der Exponentialfunktion) extrem klein. Im Falle von Energien und Reaktionszeiten, wie sie in der Atom- und Elementarteilchenphysik eine Rolle spielen, erlaubt der von Null verschiedene Wert von $P(t)$ jedoch Prozesse wie die Streuung $\mathrm{e}^- + \mathrm{e}^- \to \mathrm{e}^- + \mathrm{e}^-$ durch den Austausch eines virtuellen Photons, dessen Lebensdauer immer extrem klein ist.

Auch im Falle komplizierterer Feynmandiagramme (siehe unten) entsprechen virtuelle Teilchen immer inneren Linien (und umgekehrt); innere Linien enden an Wechselwirkungspunkten, wo das entsprechende virtuelle Teilchen entsteht, vernichtet wird oder ein anderes Teilchen absorbiert oder emittiert. Diese Wechselwirkungspunkte werden *Vertizes* genannt. Äußere Linien von Feynmandiagrammen entsprechen Teilchen vor oder nach dem Streuprozess, für die immer die klassische Beziehung (3.22) zwischen Energie und Impuls gültig ist.

Eine weitere Besonderheit der Quantenmechanik ist, dass im Allgemeinen das Ergebnis eines Prozesses nicht mit Sicherheit vorhergesagt werden kann: Man kann nur die Wahrscheinlichkeit angeben, mit der ein bestimmtes Ergebnis erhalten wird. In unserem Beispiel der Streuung $e^- + e^- \rightarrow e^- + e^-$ ist das „Ergebnis des Prozesses" der Streuwinkel θ, bzw. im Fall der Streuung zweier Elektronenstrahlen die Wahrscheinlichkeit $P(\theta)$, mit der man ein unter dem Winkel θ gestreutes Elektron findet.

Wie berechnet man $P(\theta)$ in der Quantenfeldtheorie, und demnach in der Quantenelektrodynamik? Die Feynmandiagramme dienen nicht nur der qualitativen Beschreibung eines Streuprozesses, der im Allgemeinen durch den Austausch eines oder mehrerer virtueller Teilchen (wie dem Photon) erzeugt wird; ein Feynmandiagramm enthält auch alle zur Berechnung von $P(\theta)$ notwendigen Informationen. Die Art und Weise, wie man ein Diagramm in Rechenregeln für $P(\theta)$ übersetzt, nennt man *Feynmanregeln*. Diese Regeln sehen in unserem Fall wie folgt aus:

a) Zunächst sind die Vertizes zu zählen, in denen ein Photon emittiert oder absorbiert wird. Im Diagramm in Abb. 5.6 findet man zwei derartige Vertizes. Mit jedem Vertex ist eine Konstante g verknüpft, die *Kopplungskonstante* genannt wird. Diese Konstante ist proportional zur Ladung q_e eines Elektrons:

$$g = \frac{q_e}{\sqrt{\varepsilon_0 c \hbar}} \, . \tag{5.26}$$

b) Mit einem virtuellen Teilchen wie dem Photon verknüpft man einen *Propagator* $\mathcal{P}(E^{\mathrm{ph}}, \vec{p}^{\,\mathrm{ph}})$, der von der Abweichung der Energie des Teilchens von ihrem klassischen Wert $c\left|\vec{p}^{\,\mathrm{ph}}\right|$ abhängt:

$$\mathcal{P}(E^{\mathrm{ph}}, \vec{p}^{\,\mathrm{ph}}) = \frac{-\hbar}{\left(E^{\mathrm{ph}\,2} - c^2 \left|\vec{p}^{\,\mathrm{ph}}\right|^2\right)} \, . \tag{5.27}$$

(Unter Verwendung des in (3.24), (3.25) eingeführten Vierervektors $\vec{P}_4$ kann der Photon-Propagator auch elegant als $-\hbar/(c^2 \left|\vec{P}_4^{\,\mathrm{ph}}\right|^2)$ geschrieben werden.)[1]

Wir haben gesehen, dass wegen der Energie- und Impulserhaltung an den Vertizes Energie und Impuls des Photons durch die Energien und Impulse der Elektronen vor und nach der Streuung bestimmt sind; im Falle des der

---

[1] Der Ursprung dieses Ausdrucks für den Propagator ist eine Lösung der Klein-Gordon-Gleichung der Form $\Phi(\vec{r}, t) = 1/(\vec{r}^{\,2} - c^2 t^2)$, und eine Manipulation, die man Fouriertransformation nennt:

$$\begin{aligned}
\mathcal{P}(E, \vec{p}) &= \frac{1}{\hbar} \int \frac{d^3\vec{r}\, dt}{(2\pi)^2} \, \Phi(\vec{r}, t) e^{i(Et - c\vec{p}\vec{r})/\hbar} \\
&= \frac{1}{\hbar} \int \frac{d^3\vec{r}\, dt}{(2\pi)^2} \frac{1}{(\vec{r}^{\,2} - c^2 t^2)} e^{i(Et - c\vec{p}\vec{r})/\hbar} = \frac{-\hbar}{(E^2 - c^2 \left|\vec{p}\right|^2)}
\end{aligned}$$

Abb. 5.6 entsprechenden Diagramms erhielten wir $E^{\mathrm{ph}} = 0$ und $\left|\vec{p}^{\,\mathrm{ph}}\right| = \left|\vec{p}_1^{\,\mathrm{a}}\right| \sqrt{2(1 - \cos\theta)}$. Diese Ausdrücke sind im Photon-Propagator zu verwenden, der im Endresultat als Faktor auftreten wird.

c) Bis auf einen Vorfaktor $1/(256\pi^2 m_{\mathrm{e}}^2)$ (in der hier gemachten Näherung $\left|\vec{p}_{\mathrm{i}}\right|^2 \ll m_{\mathrm{e}}^2 c^2$) ist der gesuchte Ausdruck für $P(\theta)$ das Quadrat einer Größe, die man in der Quantenmechanik die Amplitude $A(\theta)$ nennt. $A(\theta)$ ist im wesentlichen das Produkt der vorhergehenden Faktoren: Eine Potenz von g für jeden Vertex, einen Propagator für jedes virtuelle Teilchen (hier: das Photon), und ein Faktor, der von den Massen und Impulsen der „äußeren" Teilchen abhängt. Für $\left|\vec{p}_{\mathrm{i}}\right|^2 \ll m_{\mathrm{e}}^2 c^2$ ist dieser Faktor durch $4m_{\mathrm{e}}^2 c^3 \hbar$ gegeben.

Daher erhalten wir für die Amplitude $A(\theta)$ (mit $E^{\mathrm{ph}} = 0$ im Photon-Propagator)

$$A(\theta) = 4m_{\mathrm{e}}^2 c^3 \hbar \, g^2 \, \mathcal{P}(E^{\mathrm{ph}}, \vec{p}^{\,\mathrm{ph}}) = \frac{4m_{\mathrm{e}}^2 g^2 \hbar^2 c}{\left|\vec{p}^{\,\mathrm{ph}}\right|^2} . \tag{5.28}$$

Unter der Verwendung von (5.26) für g und (5.21) für $\left|\vec{p}^{\,\mathrm{ph}}\right|$ erhalten wir schließlich für $P(\theta)$

$$P(\theta) = \frac{1}{256\pi^2 m_{\mathrm{e}}^2} A^2(\theta) = \left(\frac{m_{\mathrm{e}} q_{\mathrm{e}}^2}{8\pi \, \varepsilon_0 \left|\vec{p}_1^{\,\mathrm{a}}\right|^2 (1 - \cos\theta)} \right)^2 , \tag{5.29}$$

was wegen $1 - \cos\theta = 2\sin^2(\theta/2)$ mit dem klassischen Resultat (5.13) übereinstimmt. Bis jetzt liefert der Formalismus der Quantenelektrodynamik also dasselbe Ergebnis für die Wahrscheinlichkeit $P(\theta)$ für $\mathrm{e}^- + \mathrm{e}^- \to \mathrm{e}^- + \mathrm{e}^-$ wie die klassische Elektrodynamik. Es bleiben noch die Terme $(\theta \to \theta + 180°)$ hinzuzufügen, was jedoch zu einem unterschiedlichen Resultat führt: Diese Terme sind innerhalb der Amplitude $A(\theta)$ zu addieren (mit einem negativen Vorzeichen, wegen der sogenannten Fermi-Statistik), wonach wir für $P(\theta)$

$$P(\theta) = \left(\frac{q_{\mathrm{e}}^2}{4\pi \, \varepsilon_0} \right)^2 \frac{m_{\mathrm{e}}^2}{16 \left|\vec{p}_1\right|^4}$$
$$\cdot \left(\frac{1}{\sin^4(\theta/2)} + \frac{1}{\cos^4(\theta/2)} - \frac{1}{\sin^2(\theta/2)\cos^2(\theta/2)} \right) \tag{5.30}$$

erhalten, die (hier im nichtrelativistischen Grenzfall angegebene) *Mott'sche Streuformel*. Der letzte Term führt zu einer messbaren Abweichung von $P(\theta)$ vom klassischen Ergebnis (5.13).

Hinzu kommt, dass der in Abb. 5.6 dargestellte Prozess nicht der einzige ist, der in der Quantenelektrodynamik zur Wahrscheinlichkeit $P(\theta)$ beiträgt. Wenn ein Elektron ein Photon emittieren kann, kann es auch zwei Photonen nacheinander emittieren. Ebenso kann es auch zwei Photonen absorbieren. Derartige Prozesse können durch etwas kompliziertere Feynmandiagramme wie in Abb. 5.7 dargestellt werden.

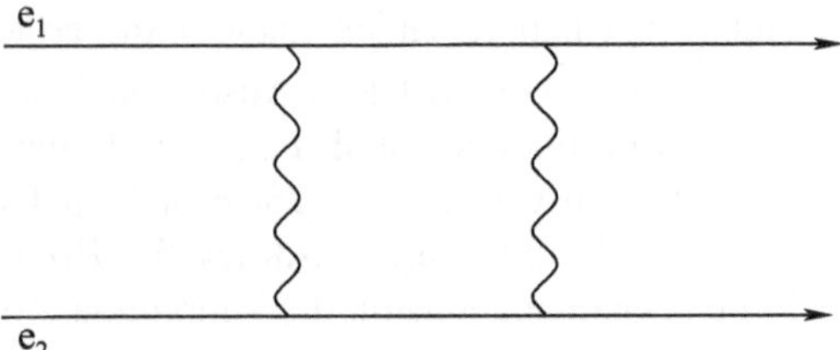

Abb. 5.7 Ein Feynmandiagramm, das Zwei-Photon-
Austauschprozesse beschreibt

Wie trägt man den derartigen Diagrammen entsprechenden Beiträgen zu $P(\theta)$
Rechnung? Jedes Diagramm entspricht einem Ausdruck (einer Amplitude $A_i(\theta)$),
die nach den Feynmanregeln berechnet werden kann. Die Gesamtamplitude ist
durch $A_{\mathrm{tot}}(\theta) = \sum_i A_i(\theta)$, und die Gesamtwahrscheinlichkeit $P_{\mathrm{tot}}(\theta)$ durch
$P_{\mathrm{tot}}(\theta) = A_{\mathrm{tot}}^2(\theta)/(256\,\pi^2 m_{\mathrm{e}}^2)$ gegeben.

Man kann die Größenordnung der Beiträge der komplizierteren Diagramme zur
Amplitude A_{tot} mit Hilfe einer Überlegung abschätzen, die ausschließlich auf der
Zahl der Vertizes der Diagramme beruht. Zunächst definieren wir die sogenannte
Feinstrukturkonstante α in Abhängigkeit von der Kopplung g (d. h. in Abhängigkeit
von der Ladung $q_{\mathrm{e}} = -\mathrm{e}$ des Elektrons):

$$\alpha = \frac{g^2 \hbar}{4\pi} = \frac{\mathrm{e}^2}{4\pi\,\varepsilon_0 \hbar c}\,. \tag{5.31}$$

Der Vorteil dieser Größe ist, dass sie dimensionslos, d. h. eine reine Zahl ist, die
man mit Hilfe der bekannten Werte von e, ε_0, $\hbar$ und c berechnen kann:

$$\alpha \simeq \frac{1}{137}\,. \tag{5.32}$$

Da die Zahl der Potenzen von g in einer Amplitude $A_i(\theta)$ gleich der Zahl N_V der
Vertizes ist, sind die Beiträge zu einer Amplitude immer proportional zu $\alpha^{N_V/2}$. Unter der Annahme, dass die anderen Faktoren, die zu $A_i(\theta)$ beitragen, von derselben
Größenordnung sind (was wegen des Nenners 4π in (5.31) der Fall ist), folgt aus
der Kleinheit von α, dass der Beitrag eines Diagramms mit der Zahl N_V der Vertizes
abnimmt. Demnach kommt der numerisch wichtigste Beitrag zur Gesamtamplitude von dem Diagramm mit der kleinstmöglichen Zahl von Vertizes (mit zumindest
einem ausgetauschten Photon) – dies ist der Beitrag, den wir oben berechnet haben. Der Beitrag von Diagrammen wie in Abb. 5.7 ist etwa um einen Faktor α
kleiner.

Wenn auch die Beiträge der Diagramme mit mehreren Vertizes in den meisten
Fällen relativ klein sind, sind sie doch von Null verschieden und führen zu messbaren Korrekturen. Diese Korrekturen wurden mit Messergebnissen verglichen, und
der Formalismus der Quantenelektrodynamik wurde mit hoher Präzision bestätigt.

Im Allgemeinen ähnelt sich die Behandlung von Photonen und Elektronen in der
Quantenfeldtheorie sehr: Beide werden durch entsprechende Felder beschrieben,
und das Quadrat der Felder (in Abhängigkeit vom Ort $\vec{r}$ und der Zeit t) kann als

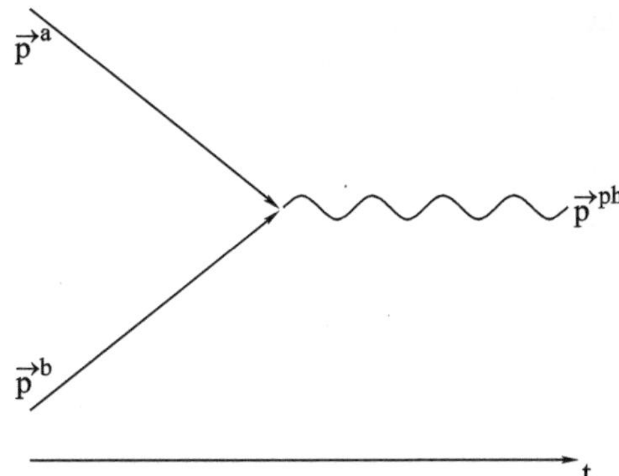

Abb. 5.8 Die Vernichtung eines Teilchens mit seinem Antiteilchen in ein Photon

Wahrscheinlichkeit interpretiert werden, eines der entsprechenden Teilchen am Ort $\vec{r}$ zur Zeit t zu finden.

Die unterschiedliche Behandlung der Elektronen und des Photons im obigen Fall erklärt sich durch den betrachteten Prozess, die Streuung von Elektronen durch den Austausch eines virtuellen Photons.

Andererseits ist auch eine Streuung von Photonen durch den Austausch von Elektronen (oder Positronen) möglich. In der Quantenfeldtheorie ist im Prinzip jeder Prozess möglich, für den zumindest ein entsprechendes Feynmandiagramm gefunden werden kann. In der Tat kann man solche Diagramme zeichnen, wenn man Vertizes benutzt, die man mit Hilfe einer einfachen Manipulation aus den Vertizes der Abb. 5.3 und 5.4 erhält: In Abb. 5.3 kann die zeitliche Richtung der mit $\vec{p}^{\,b}$ assoziierten Linie umgekehrt werden, was den Vertex in Abb. 5.8 ergibt.

In der Quantenfeldtheorie führt die Zeitumkehr einer Linie zur Ersetzung des entsprechenden Teilchens durch sein Antiteilchen. Demnach beschreibt der Vertex in Abb. 5.8 die Vernichtung eines Positrons und eines Elektrons in ein Photon.

In Abb. 5.4 können wir ebenso die zeitliche Richtung der Linie des Elektrons mit Impuls $\vec{p}^{\,a}$ umkehren, was zum Vertex in Abb. 5.9 führt. Dieser Vertex beschreibt den Zerfall eines Photons in ein Elektron und ein Positron. (Aus Gründen der Energie- und Impulserhaltung muss mindestens eine der Linien in Abb. 5.8 und 5.9 einem virtuellen Teilchen, d. h. einer inneren Linie eines Feynmandiagramms entsprechen, für die die klassische Beziehung (3.22) zwischen Energie und Impuls nicht gültig sein muss.)

Mit Hilfe der Vertizes der Abb. 5.8 und 5.9 kann z. B. das Diagramm in Abb. 5.10 (oder andere zeitliche Reihenfolgen der Vertizes A, B, C und D) gezeichnet werden.

Dieses Diagramm beschreibt eine Photon-Photon-Streuung $\gamma + \gamma \rightarrow \gamma + \gamma$ (oder „Licht-an-Licht-Streuung") durch den Austausch von Elektronen bzw. Positronen.

Dieses Phänomen ist etwas Neues, das in der klassischen Elektrodynamik nicht stattfinden würde: Wenn sich nach der klassischen Elektrodynamik zwei Lichtstrahlen kreuzen, durchdringen sich die beiden Strahlen, ohne dass ein einziges Photon von seiner Bahn abgelenkt wird. Wegen des Diagramms 5.10 kann in der Quantenelektrodynamik jedoch Photon-Photon-Streuung auftreten, wobei Photonen unter

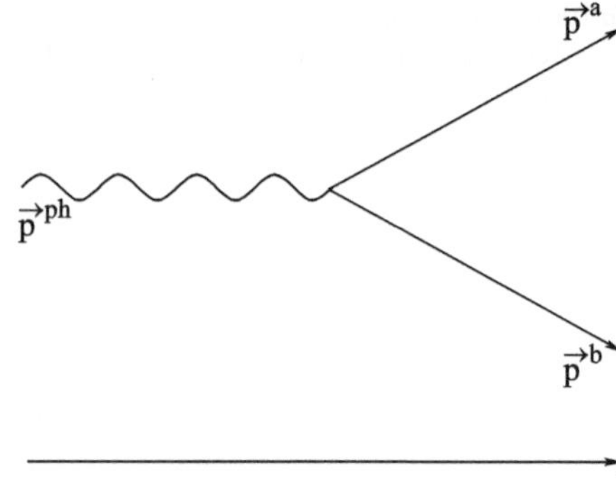

Abb. 5.9 Der Zerfall eines Photons in ein Teilchen und sein Antiteilchen

verschiedenen Streuwinkeln θ (wie Elektronen in der oben behandelten Elektron-Elektron-Streuung) abgelenkt werden. Die Wahrscheinlichkeit für einen derartigen Prozess ist zwar sehr klein, da die Amplitude proportional zu α^2 und die Wahrscheinlichkeit daher proportional zu α^4 ist (mit α wie in (5.32)); mit Hilfe sehr intensiver Laserstrahlen hat man das Phänomen der Photon-Photon-Streuung jedoch nachweisen können.

Die Tatsache, dass die Zahl der mit den Vertizes der Abb. 5.3, 5.4, 5.8 und 5.9 verbundenen Elektronen oder Positronen gerade ist (im Gegensatz zur Zahl der Photonen), hat einen Grund (neben anderen, siehe das nächste Unterkapitel) in der Erhaltung der elektrischen Ladung: Die Summe der elektrischen Ladungen der Teilchen vor dem Prozess (der Emission oder der Absorption) ist immer gleich der Summe der elektrischen Ladungen der Teilchen nach dem Prozess, ähnlich der Erhaltung der Energie und des Impulses.

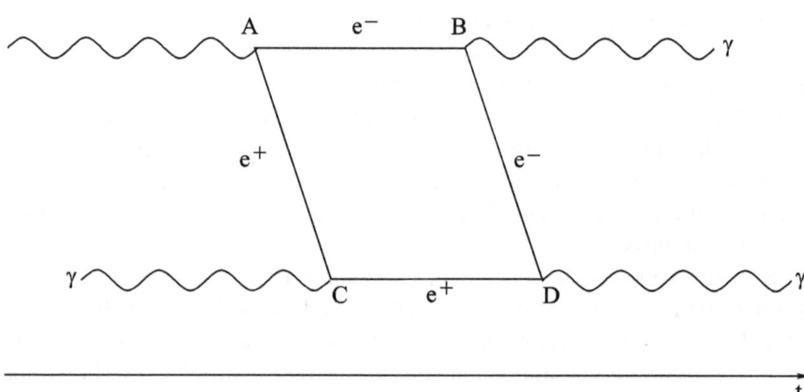

Abb. 5.10 Diagramm, das zur Photon-Photon-Streuung beiträgt

5.4 Der innere Drehimpuls

Bevor wir auf den inneren Drehimpuls zu sprechen kommen, wollen wir an die Definition des äußeren Drehimpulses erinnern: Ein Teilchen der Masse m, das wie in Abb. 5.11 auf einer Kreisbahn mit einer Geschwindigkeit $\vec{v}$ um eine Achse rotiert, besitzt einen Drehimpuls $\vec{L} = m\,\vec{r} \times \vec{v}$, der entlang der Achse gerichtet ist. (Die Richtung von $\vec{L}$ entlang der Drehachse folgt nach der Korkenzieherregel aus den Richtungen der Vektoren $\vec{r}$ und $\vec{v}$.)

Einem Körper, der um eine durch seinen Mittelpunkt verlaufende Achse rotiert, kann man einen inneren Drehimpuls zuschreiben. So besitzt eine Kugel mit homogener Dichte, Gesamtmasse M und Radius R einen inneren Drehimpuls mit Betrag

$$L = \frac{2}{5} M R\, v \,, \tag{5.33}$$

wobei v die Drehgeschwindigkeit am äußeren Rand ist. Ein Planet, der um die Sonne kreist, besitzt sowohl einen Bahndrehimpuls als auch einen inneren Drehimpuls, der von der Rotation um seine eigene Achse herrührt. Drehimpulse bleiben bei Abwesenheit von äußeren Kräften oder im Falle sogenannter Zentralkräfte (wie die durch die Sonne erzeugte Schwerkraft) konstant, was die Stabilität der Planetenbahnen erklärt.

Nun zeigt sich, dass auch Elementarteilchen innere Drehimpulse besitzen. Dies lässt sich zum Beispiel bei ihren Zerfallsprozessen nachweisen, bei denen der Gesamtdrehimpuls erhalten bleibt. Dieser innere Drehimpuls wird als *Spin* bezeichnet.

Zunächst war es verlockend, das Bild einer rotierenden massiven Kugel auch auf Elementarteilchen anzuwenden. Aus verschiedenen Gründen kann dieses Bild aber nicht richtig sein:

- auch masselose Teilchen (wie die Photonen und, näherungsweise, die Neutrinos) besitzen einen Spin;

Abb. 5.11 Die Definition des äußeren Drehimpulses $\vec{L}$ in Abhängigkeit von der Position $\vec{r}$ und der Geschwindigkeit $\vec{v}$ eines Teilchens

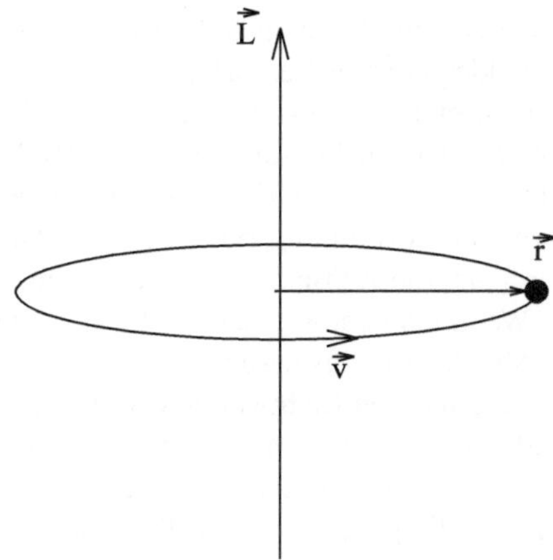

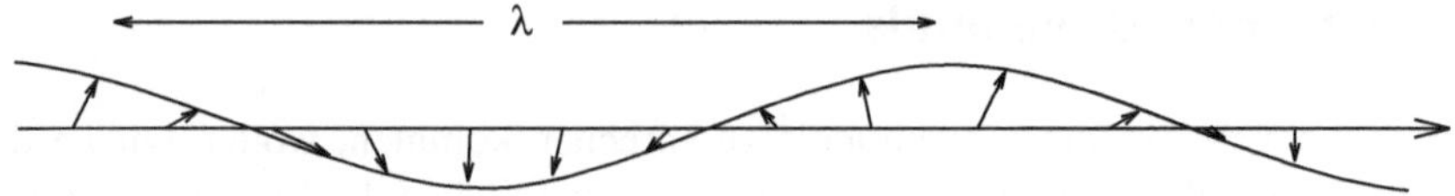

Abb. 5.12 Schema der um die Ausbreitungsrichtung einer Welle rotierenden Richtung eines Vektorfeldes

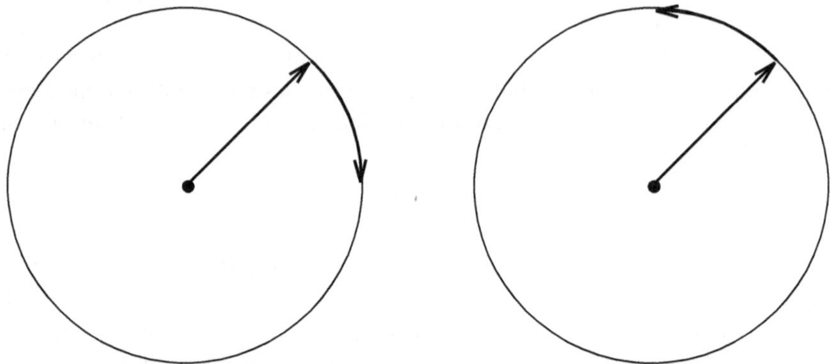

Abb. 5.13 Schema der um die Ausbreitungsrichtung einer Welle rechts herum oder links herum rotierenden Richtung eines Vektorfeldes, Blick entlang der Ausbreitungsrichtung

- Elementarteilchen kann kein Radius R zugeschrieben werden;
- Der Betrag des Spins einer bestimmten Teilchenart ist immer ein (ganzzahliges oder halbzahliges) Vielfaches der Planck'schen Konstante $\hbar$, die bereits in (4.9) und (5.25) auftrat, und die dieselben Einheiten wie der Drehimpuls besitzt. Der Betrag des Spins einer bestimmten Teilchenart ist unveränderlich und kann selbst z. B. durch Emission oder Absorption eines Photons nicht verändert werden.

Deshalb kann eine Formel der Art (5.33) nicht auf den Spin angewendet werden. Wie kann man sich den Spin dann vorstellen? Hier ist es notwendig, das Bild von Teilchen bzw. Teilchenstrahlen als Wellen eines zugehörigen Feldes zu verwenden:

Felder können Vektorfelder sein, die in eine bestimmte Richtung zeigen. Bei Wellen eines Vektorfeldes kann sich diese Richtung, wie in Abb. 5.12 skizziert, entlang der Ausbreitungsrichtung der Welle verändern. Die kleinen Vektoren in Abb. 5.12 geben die Richtung des Feldes an, die für masselose Felder immer senkrecht zur Ausbreitungsrichtung steht: Diese sogenannten Polarisationsvektoren rotieren um die Achse der Wellenrichtung.

Wenn man entlang der Strahlachse sieht, kann sich der Polarisationsvektor wie in Abb. 5.13 rechts herum oder links herum drehen.

Im Falle von Lichtwellen (Wellen elektromagnetischer Felder, die Vektorfelder sind) spricht man dann von rechtshändig oder linkshändig polarisiertem Licht. (Linear polarisiertes Licht kann man sich als eine Überlagerung von rechtshändig und linkshändig polarisierten Wellen vorstellen.)

Die entsprechenden Teilchen sind die Photonen, denen man in der Tat einen Spin vom Betrag $\hbar$ zuordnen kann. Allgemein werden Teilchen, deren Spin ein ganzzahliges Vielfaches von $\hbar$ ist (oder verschwindet), als *Bosonen* bezeichnet.

Elektronen und Positronen besitzen dagegen einen Spin $\hbar/2$. Außer den Elektronen und Positronen gibt es weitere Teilchen mit Spin $\hbar/2$: die Quarks, und weitere Leptonen (siehe Kap. 7) wie das Myon. Teilchen mit Spin $\hbar/2$ (oder, allgemein, halbzahligen Vielfachen von $\hbar$) werden *Fermionen* genannt.

Fermionen besitzen folgende Eigenschaft: Ihre Zahl bleibt bei jedem Prozess immer entweder erhalten, oder sie werden als Teilchen-Antiteilchen-Paar erzeugt oder vernichtet.

Im Gegensatz zu Fermionen können Bosonen ohne zusätzliche Antiteilchen erzeugt oder vernichtet werden. Bosonen können auch, wenn sie neutral sind (wie das Photon), ihre eigenen Antiteilchen sein.

Im allgemeinen besteht die Materie (Quarks und Leptonen) aus Fermionen, während Träger von Wechselwirkungen wie das Photon (und andere, siehe die folgenden Kapitel) Bosonen sind.

Genau genommen hängen die oben genannten Feynmanregeln – die Ausdrücke für die Elektron-Photon-Vertizes, den Photon-Propagator und die Behandlung der ein- und auslaufenden Elektron- und Positronlinien – von den Spinrichtungen der beteiligten Teilchen ab. Die oben genannten Regeln sind allerdings für den hier betrachteten Fall gültig, wo über die Spinrichtungen sämtlicher beteiligter Teilchen gemittelt wird.

5.5 Das Bohr'sche Atommodell

Bohr hatte zu Beginn der Entwicklung der Quantenmechanik ein einfaches Modell für Atome betrachtet, wo die Elektronen – wie Planeten um die Sonne – um den Atomkern kreisen. Wir werden uns hier auf das einfachste Atom, das Wasserstoffatom, beschränken, wo ein einziges Elektron um den aus einem einzigen Proton bestehenden Kern rotiert, und die Annahme machen, dass es sich um eine Kreisbahn mit Radius r handelt.

Die von dem Proton auf das Elektron ausgeübte anziehende Kraft ist durch (5.10) mit $q = \mathrm{e}$, $q' = -\mathrm{e}$ gegeben, und daher vom Betrag

$$\left|\vec{F}_{\mathrm{El}}\right| = \frac{\mathrm{e}^2}{4\pi\,\varepsilon_0 r^2}\,. \tag{5.34}$$

Diese Kraft hat die Fliehkraft des Elektrons zu kompensieren, die durch

$$\left|\vec{F}_{\mathrm{Flieh}}\right| = \frac{m_{\mathrm{e}} v^2}{r} \tag{5.35}$$

gegeben ist, wo m_{e} die Masse und v die Geschwindigkeit des Elektrons sind. Daraus lässt sich eine Formel für v in Abhängigkeit vom Radius r herleiten:

$$v^2 = \frac{\mathrm{e}^2}{4\pi\,\varepsilon_0 m_{\mathrm{e}} r} \tag{5.36}$$

Betrachten wir nun den Betrag des Bahndrehimpulses des Elektrons $L = m_e v r$, der innere Drehimpuls (Spin) des Elektrons spielt hier keine Rolle. Bohr machte die Annahme, dass L nur ganzzahlige Vielfache von $\hbar$ betragen kann:

$$L = m_e v r = n\hbar \,, \tag{5.37}$$

wo n eine ganze Zahl größer als 0 bedeutet. Aus dieser Annahme und (5.36) folgt nach leichter Rechnung, dass r nur bestimmte Werte annehmen kann:

$$r(n) = n^2 R_B \,, \tag{5.38}$$

wo R_B als Bohr'scher Radius bezeichnet wird:

$$R_B = \frac{4\pi\varepsilon_0 \hbar^2}{e^2 m_e} = 0{,}52917 \cdot 10^{-10}\,\mathrm{m} = 0{,}52917\,\text{Å}\,. \tag{5.39}$$

Dies erklärt den typischen Durchmesser von Atomen von einigen Å.

Was bedeutet dies für die Gesamtenergie des Elektrons? Die Gesamtenergie des Elektrons ist die Summe seiner kinetischen Energie $E_{\mathrm{kin}} = \frac{m}{2}v^2$ und seiner potentiellen Energie $E_{\mathrm{pot}}(r)$. Die Abhängigkeit der potentiellen Energie vom Radius r der Kreisbahn ist dadurch gegeben, dass die Ableitung von $E_{\mathrm{pot}}(r)$ nach r wieder die Kraft ergibt (das Vorzeichen von $E_{\mathrm{pot}}(r)$ folgt aus der Richtung der Kraft):

$$E_{\mathrm{pot}}(r) = -\frac{e^2}{4\pi\varepsilon_0 r}\,. \tag{5.40}$$

$E_{\mathrm{pot}}(r)$ ist in Abb. 5.14 schematisch dargestellt.

Wenn man nun sowohl für v in E_{kin} als auch für r in E_{pot} die erlaubten Werte in Abhängigkeit von n einsetzt, erhält man für die Gesamtenergie $E_{\mathrm{tot}} = E_{\mathrm{kin}} + E_{\mathrm{pot}}$

$$E_{\mathrm{tot}}(n) = -\frac{1}{n^2} E_R \,, \quad E_R = \frac{m_e e^4}{32\pi^2 \varepsilon_0^2 \hbar^2}\,. \tag{5.41}$$

E_R wird als Rydberg-Energie bezeichnet. Die möglichen Werte für die Gesamtenergie $E_{\mathrm{tot}}(n)$ eines Elektrons können sehr gut bestimmt werden, da ein Elektron nur von einer erlaubten Bahn (entsprechend einem bestimmten Wert von n) in eine andere erlaubte Bahn (mit niedrigerer Gesamtenergie, d. h. einem niedrigeren Wert von n) springen kann, dabei Photonen emittiert, deren Energien wiederum sehr gut gemessen werden können. Diese Messungen – deren Ergebnisse bereits vor dem Bohr'schen Atommodell bekannt waren – stimmen sehr gut mit den nach diesem Modell erlaubten Bahnen bzw. erlaubten Energien von Elektronen in Atomen überein.

Bohr hatte die Annahme (5.37) mit der Beziehung (4.10) zwischen dem Impuls p eines Teilchens und der zugehörigen Wellenlänge λ begründet, $p = 2\pi\hbar/\lambda$: Wenn man das rotierende Elektron durch eine wie in Abb. 5.15 im Kreis laufende Welle

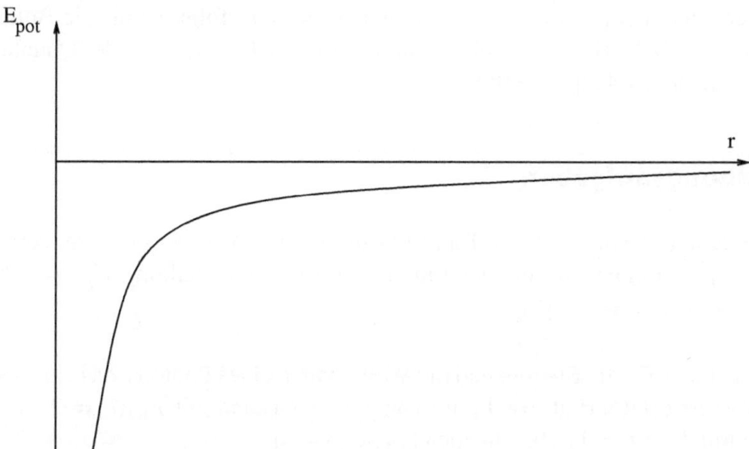

Abb. 5.14 Schematische Darstellung der r-Abhängigkeit der durch einen Atomkern im Ursprung erzeugten elektromagnetischen potentiellen Energie

Abb. 5.15 Schema einer einem Elektron entsprechenden um den Atomkern laufenden Welle

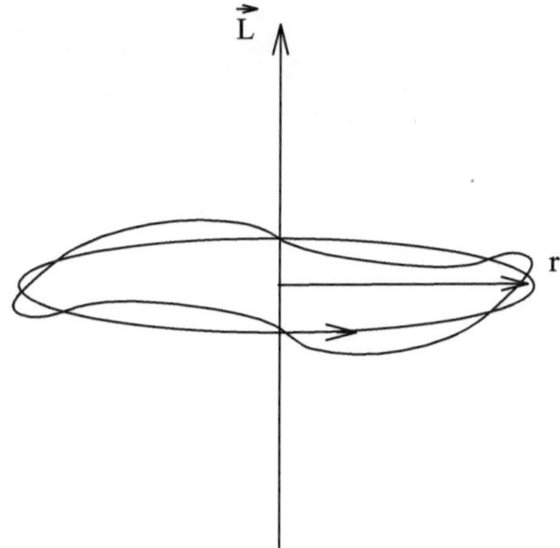

beschreibt, sollte sich die Welle „in den Schwanz beißen": Nach einem Umlauf sollte ein Wellenberg wieder auf einen Wellenberg, und ein Wellental wieder auf ein Wellental treffen.

Dies heißt, dass der Umfang $2\pi r$ einer Kreisbahn ein ganzzahliges Vielfaches n der Wellenlänge λ sein sollte:

$$2\pi r = n\lambda = n\frac{2\pi\hbar}{p}\,. \tag{5.42}$$

Unter der Verwendung von $L = rp$ (wegen $p = m_e v$) folgt daraus die Bohr'sche Annahme (5.37). N. Bohr hatte für seinen Beitrag zur Entwicklung der Quantenmechanik 1922 den Nobelpreis erhalten.

5.6 Übungsaufgaben

5.1 Betrachten Sie die Elektron-Elektron-Streuung in Abb. 5.1 unter der Annahme $\vec{p}_1^{\,a} = -\vec{p}_2^{\,a}$. Leiten Sie aus der Impuls- und Energieerhaltung $E_i^b = E_i^a$ und $|\vec{p}_i^{\,b}| = |\vec{p}_i^{\,a}|$ für $i = 1,2$ her.

5.2 Berechnen Sie die Energie und die Wellenlänge eines Photons, das ein Elektron eines Wasserstoffatoms abstrahlt, um von einem Zustand mit $E_{\text{tot}}(n = 2)$ in einen Zustand mit $E_{\text{tot}}(n = 1)$ überzugehen (siehe (5.41)).

Die starke Wechselwirkung 6

In der Einleitung haben wir gesehen, dass die starke Wechselwirkung für die Anziehungskraft zwischen den Quarks, den Bestandteilen der Protonen und Neutronen, verantwortlich ist. Die Anziehungskraft zwischen zwei Protonen, einem Proton und einem Neutron usw. ist nur ein Sekundäreffekt dieser fundamentalen Kraft zwischen Quarks.

In der Quantenfeldtheorie wird die elektromagnetische Wechselwirkung (die Kraft zwischen zwei geladenen Objekten) durch den Austausch eines oder mehrerer Photonen erzeugt. Die starke Wechselwirkung wird ebenfalls durch den Austausch von Teilchen mit Spin $\hbar$ erzeugt, den *Gluonen* wie in Abb. 6.1.

Wir erinnern an die Feynmanregel, nach der der Elektron-Photon-Vertex (siehe die Abb. 5.3, 5.4, 5.8 und 5.9) proportional zur Elektronladung q_e ist, siehe (5.26). Im Fall der starken Wechselwirkung ist der Quark-Gluon-Vertex proportional zu einer starken Ladung q^s der Quarks, die unabhängig von ihrer elektrischen Ladung ist. Es existieren allerdings *drei* starke Ladungen q_i^s, $i = 1, 2, 3$, die man auch *Farben* nennt. (Deswegen wird diese Theorie auch als *Quantenchromodynamik* bzw. QCD bezeichnet.) Diese Farbe ändert sich jedes Mal wenn, wie in Abb. 6.2, ein Gluon von einem Quark emittiert oder absorbiert wird.

Da $q_j^s \neq q_i^s$ gilt, tragen die Gluonen auch „starke Ladungen" bzw. Farben. (Dies ist der Grund, weshalb sie in Abb. 6.2 mit G_{ij} bezeichnet sind.) Die Farbe eines Quarks kann durch einen dreikomponentigen Vektor $\vec{q}^{\,s}$ im „Farbraum" dargestellt werden. Nach der Emission oder Absorption eines Gluons durch ein Quark ändert sich die Richtung dieses Vektors, jedoch nicht sein Betrag.

Das Ergebnis der Berechnung einer Wahrscheinlichkeit wie $P(\theta)$ (wie z.B. in (5.29)) hängt nur vom Betrag $q^s = \left|\vec{q}^{\,s}\right|$ des Farbvektors eines Quarks ab, der immer gleich bleibt. (Wenn alle beobachtbaren Größen unabhängig von einer Variablen wie der Richtung des Vektors $\vec{q}^{\,s}$ im Farbraum sind, spricht man von einer *Symmetrie* bezüglich Veränderungen dieser Variable. Die Komponenten des Vektors $\vec{q}^{\,s}$ sind im Allgemeinen komplexe Zahlen. Im Falle dreikomponentiger komplexer Vektoren mit konstantem Betrag wird diese Symmetrie $SU(3)$ genannt, siehe Kap. 9.)

© Springer-Verlag Berlin Heidelberg 2015
U. Ellwanger, *Vom Universum zu den Elementarteilchen*, DOI 10.1007/978-3-662-46646-9_6

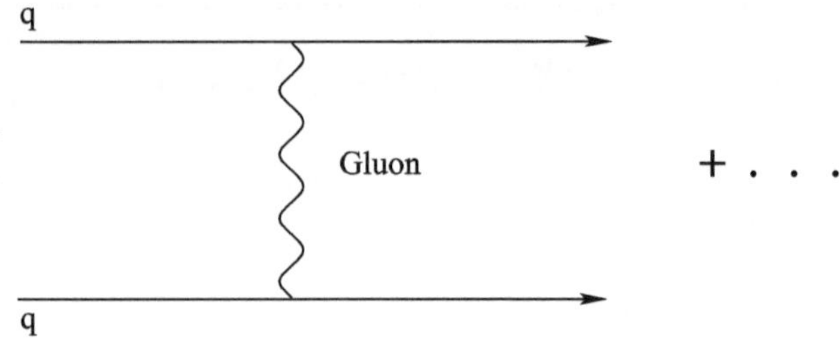

Abb. 6.1 Feynmandiagramm, das den Austausch eines Gluons zwischen zwei Quarks beschreibt; es gibt jedoch eine unendliche Anzahl weiterer Diagramme

In Analogie zu (5.31) definiert man eine starke Feinstrukturkonstante α_s (eine Abkürzung für α_{strong}):

$$\alpha_s = \frac{q^{s2}}{4\pi\,\varepsilon_0\hbar c}\,. \tag{6.1}$$

Der kleine Wert $\alpha \simeq 1/137$ der elektromagnetischen Feinstrukturkonstanten bedeutet, dass diese Wechselwirkung relativ schwach ist. Insbesondere führt dieser kleine Wert dazu, dass Beiträge von Feynmandiagrammen zu einem bestimmten Prozess mit einer höheren Zahl von Vertizes relativ klein und normalerweise vernachlässigbar sind.

Im Falle der starken Wechselwirkung ist der numerische Wert der Feinstrukturkonstanten

$$\alpha_s \simeq 1\,. \tag{6.2}$$

Dementsprechend ist diese Wechselwirkung relativ stark, und Beiträge von komplexeren Feynmandiagrammen (mit mehreren Vertizes) zur Wechselwirkung zwischen zwei Quarks sind nicht vernachlässigbar. Die Zahl derartiger Diagramme ist unendlich, und bis heute ist das genaue Verhalten der starken Wechselwirkung nicht vollständig berechnet. (Heutzutage setzt man dafür u. a. Hochleistungscomputer ein, deren Architektur diesem Zweck angepasst ist.)

Der wichtigste Effekt der Diagramme mit mehreren Vertizes betrifft die Abhängigkeit der starken Kraft zwischen zwei Quarks von ihrem Abstand r. Die r-

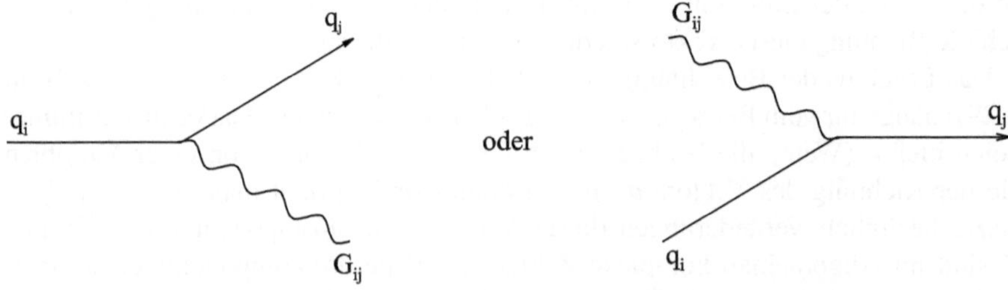

Abb. 6.2 Emission oder Absorption eines Gluons durch ein Quark

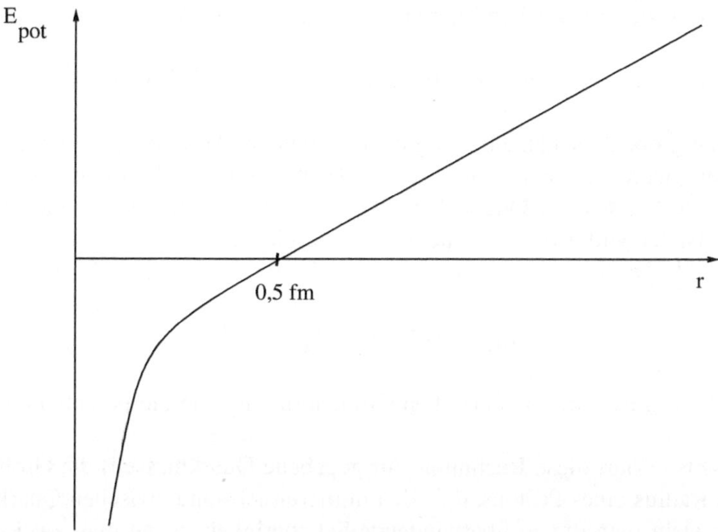

Abb. 6.3 Schematische Darstellung der r-Abhängigkeit der durch die starke Wechselwirkung (den Austausch unendlich vieler Gluonen) erzeugten potentiellen Energie zwischen zwei Quarks

Abhängigkeit der elektrischen Kraft zwischen zwei geladenen Teilchen ist in (5.10) und in (5.34) angegeben, wonach sie wie $1/r^2$ abfällt.

Im Falle der starken Wechselwirkung findet man dagegen, dass der Betrag der anziehend wirkenden Kraft für $r \gtrsim 0{,}5\,\text{fm} = 0{,}5 \cdot 10^{-15}\,\text{m}$ in etwa unabhängig von r ist. Für diese Werte von r beträgt ihr numerischer Wert

$$\left| \vec{F}_{\text{stark}} \right| \sim 1{,}8 \cdot 10^5 \,\text{kg}\,\text{m}\,\text{s}^{-2} \,. \tag{6.3}$$

Dementsprechend ist auch die Form der potentiellen Energie $E_{\text{pot}}(r)$ verschieden von (5.40): Für $r \gtrsim 0{,}5\,\text{fm}$ verhält sie sich wie

$$E_{\text{pot}}(r) = r \left| \vec{F}_{\text{stark}} \right| \,. \tag{6.4}$$

Dieses Verhalten von $E_{\text{pot}}(r)$ ist in Abb. 6.3 skizziert.

Wir erinnern daran, dass ohne Einfluss äußerer Kräfte die Gesamtenergie $E_{\text{tot}} = E_{\text{pot}} + E_{\text{kin}}$ eines Systems erhalten ist. Wenn E_{pot} wie in (6.4) und Abb. 6.3 mit r anwächst, ist der maximale mögliche Abstand zwischen zwei Quarks durch $E_{\text{pot}}(r_{\max}) = E_{\text{tot}}$ und $E_{\text{kin}} = 0$ gegeben, d. h. in der Situation des maximalen Abstandes ist die gesamte kinetische Energie in potentielle Energie übertragen worden. Im Mittel sind E_{pot} und E_{kin} aber von ähnlicher Größenordnung.

Betrachten wir die Größenordnungen dieser Energien für Quarks innerhalb eines Protons. Für einen mittleren Abstand zwischen zwei Quarks von etwa 0,5 fm beträgt der Mittelwert der potentiellen Energie nach (6.3) und (6.4)

$$E_\text{pot} \sim 0{,}5 \cdot 10^{-15}\,\text{m} \cdot 1{,}8 \cdot 10^5\,\text{kg m s}^{-2} \sim 0{,}9 \cdot 10^{-10}\,\text{kg m}^2\,\text{s}^{-2}\,. \tag{6.5}$$

Für eine grobe Abschätzung kann man annehmen, dass die mittlere Geschwindigkeit der Quarks in einem Proton von der Größenordnung der Lichtgeschwindigkeit c ist. Die Masse eines Quarks beträgt etwa ein Drittel der Masse eines Protons. Demnach ist der Mittelwert der kinetischen Energie beider Quarks von der Größenordnung $2 \cdot \frac{1}{2}\frac{m_\text{p}}{3}c^2 = \frac{1}{3}m_\text{p}c^2$, was mit $m_\text{p} \simeq 1{,}7 \cdot 10^{-24}$ g und c $\simeq 3 \cdot 10^8$ m/s

$$E_\text{kin} \sim 0{,}5 \cdot 10^{-10}\,\text{kg m}^2\,\text{s}^{-2} \tag{6.6}$$

ergibt; sie ist in der Tat von derselben Größenordnung wie die potentielle Energie (6.5).

Einerseits erklärt diese Rechnung (für gegebene Quarkmassen) die Größenordnung des Radius eines Protons, d. h. den mittleren Abstand zwischen Quarks. Andererseits sieht man die zu überwindende Schwierigkeit, wenn man zwei Quarks sehr viel weiter voneinander trennen will: Die notwendige potentielle Energie, die in der Form von kinetischer Energie zur Verfügung zu stellen ist, wäre sehr viel größer, was sehr schnell unmöglich wird: Um zwei Quarks bis auf 1 mm = 10^{12} fm voneinander zu trennen, würde man das ca. 10^{12}-fache der in einem Proton (oder Neutron) zur Verfügung stehenden Energie benötigen! (Die Trennung eines Elektrons von einem Positron oder einem Atomkern erfordert dagegen nur eine endliche Energie, da die elektrische potentielle Energie wie in Abb. 5.14 für $r \rightarrow \infty$ gegen eine Konstante geht.)

Die Unmöglichkeit, Quarks bis zu sehr viel größeren Abständen als ein Fermi voneinander zu trennen, wird *Confinement der Quarks* genannt. Daraus folgt, dass freie Quarks nicht existieren. Quarks sind immer aneinander gebunden, entweder

a) in Zuständen aus drei Quarks (mit drei verschiedenen Farben, die sich zu einem „weißen" oder farbneutralen Zustand kombinieren), oder

b) in Zuständen aus einem Quark und einem Antiquark (von entgegengesetzten Farben, was ebenfalls einen farbneutralen bzw. „weißen" Zustand ergibt).

Diese gebundenen Zustände von Quarks werden *Hadronen* genannt, die Zustände aus drei Quarks *Baryonen* und die Zustände aus einem Quark und einem Antiquark *Mesonen*. Das Proton (drei Quarks uud) und das Neutron (drei Quarks ddu) sind Mitglieder der Familie der Baryonen. Der Spin eines Baryons ist immer ein halbzahliges Vielfaches von $\hbar$, $\hbar/2$ im Falle von Protonen und Neutronen. Es gibt auch Baryonen, die aus drei u-Quarks (das Δ^{++}) oder drei d-Quarks (das Δ^{-}) bestehen, die einen Spin $3\hbar/2$ besitzen und etwa 1,3 mal so schwer wie ein Proton sind.

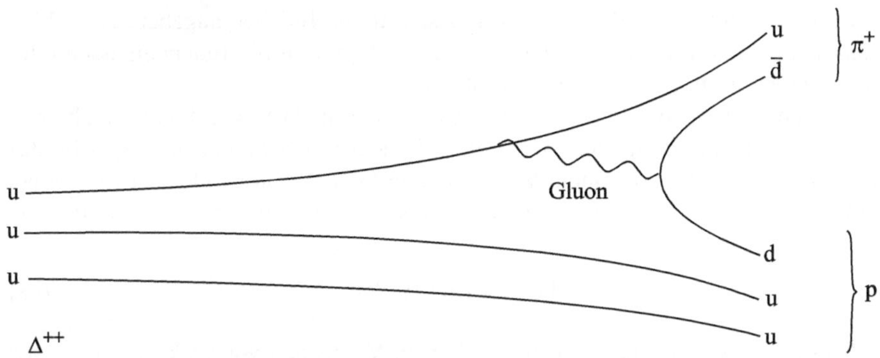

Abb. 6.4 Beschreibung des Zerfalles des Baryons Δ^{++} in ein Proton p und ein Pion π^+ auf dem Niveau von Quarks und Gluonen

Die wichtigsten Mesonen sind die Pionen π^+, π^0 und π^-, deren Bestandteile folgende Quarks sind:

$$\pi^+ : u\bar{d}$$
$$\pi^0 : u\bar{u} + d\bar{d} \tag{6.7}$$
$$\pi^- : d\bar{u} .$$

Hier steht $\bar{u}$ für ein Anti-u-Quark, dem Antiteilchen eines u-Quarks mit elektrischer Ladung $-\frac{2}{3}$e, und $\bar{d}$ für ein Anti-d-Quark mit Ladung $+\frac{1}{3}$e. (Dies erklärt die elektrischen Ladungen der Pionen.) Der Spin der Pionen ist 0, und auf Grund einer großen Bindungsenergie (siehe (1.7) für die Masse eines Atomkerns) sind sie relativ leicht: $m_{\pi^+} \sim m_{\pi^0} \sim m_{\pi^-} \sim m_p/6$. ($\pi^-$ ist das Antiteilchen des Pions π^+ mit derselben Masse.) Aus $m_{\Delta^{++}} > m_p + m_{\pi^+}$ folgt, dass das Baryon Δ^{++} wie in Abb. 6.4 in ein Proton und ein Pion π^+ zerfallen kann.

Demnach sind die Baryonen Δ^{++} instabil; auf Grund der Stärke der starken Wechselwirkung ist die Wahrscheinlichkeit eines Zerfalls eines Δ^{++}-Baryons sehr groß, und seine mittlere Lebensdauer τ_Δ sehr klein: $\tau_\Delta \sim 5{,}2 \cdot 10^{-24}$ s. (Man kann kaum von einem „Teilchen" sprechen; man verwendet auch den Begriff „Resonanz".) Nachweisbar ist ein derartiges instabiles Teilchen durch seine Zerfallsprodukte: Die Summe der Impulse $\vec{p}_\pi$ des Pions und $\vec{p}_p$ des Protons in Abb. 6.4 ist gleich dem Impuls $\vec{p}_\Delta$ des Baryons Δ^{++}, und die Summe der Energien $E_\pi + E_p$ ist gleich E_Δ. Wenn nun in einem Experiment besonders häufig Pionen und Protonen entstehen, deren Impulse und Energien die Beziehung $(E_\pi + E_p)^2 - (\vec{p}_\pi + \vec{p}_p)^2 c^2 = m_\Delta^2 c^4$ für einen bestimmten Wert von m_Δ erfüllen, kann man davon ausgehen, dass ein Teilchen Δ^{++} mit der entsprechenden Masse erzeugt wurde, auch wenn es sofort wieder zerfallen ist. (In der Tat sind selbst die Pionen π^+ auf Grund der schwachen Wechselwirkung instabil, siehe das nächste Kapitel.)

Bevor wir genauere Werte für die Massen dieser Teilchen angeben, ist es hilfreich, bequemere Einheiten als Gramm oder Kilogramm für Teilchenmassen (elementar oder zusammengesetzt) einzuführen:

Zunächst verwendet man als Einheit der Energie 1 eV = 1 Elektronvolt, was der gewonnenen Energie eines Teilchens mit elektrischer Ladung e entspricht, das ein elektrisches Feld von einem Volt durchquert hat. 1 Volt ist gleich 1 J/C, wobei 1 Joule = $1\,\mathrm{kg\,m^2\,s^{-2}}$ ist und C für Coulomb steht. Mit Hilfe von e $\simeq 1{,}6 \cdot 10^{-19}$ C findet man

$$1\,\mathrm{eV} \sim 1{,}6 \cdot 10^{-19}\,\mathrm{J}\,. \tag{6.8}$$

Nun gibt man die Massen von Teilchen in Vielfachen von eV/c^2 an, wo c die Lichtgeschwindigkeit ist. (Dies erlaubt es sofort, die in einer Masse m „gespeicherte" Energie in eV über die Formel $E = mc^2$ zu finden.) In kg ausgedrückt ergibt diese Einheit

$$1\,\mathrm{eV/c^2} \simeq \frac{1{,}6 \cdot 10^{-19}\,\mathrm{J}}{9 \cdot 10^{16}\,\mathrm{m^2\,s^{-2}}} \simeq 1{,}78 \cdot 10^{-36}\,\mathrm{kg}\,. \tag{6.9}$$

Weiter verwendet man $1\,\mathrm{keV} = 10^3\,\mathrm{eV}$, $1\,\mathrm{MeV} = 10^6\,\mathrm{eV}$ und $1\,\mathrm{GeV} = 10^9\,\mathrm{eV}$.

Die Massen der Pionen und einiger Baryonen betragen

$$\begin{aligned}
m_{\pi^\pm} &\simeq 139{,}6\,\mathrm{MeV/c^2}\,, \\
m_{\pi^0} &\simeq 135{,}0\,\mathrm{MeV/c^2}\,, \\
m_{\mathrm{p}} &\simeq 0{,}938\,\mathrm{GeV/c^2}\,, \\
m_{\mathrm{n}} &\simeq 0{,}939\,\mathrm{GeV/c^2}\,, \\
m_{\Delta^{++}} \sim m_{\Delta^-} &\sim 1{,}23\,\mathrm{GeV/c^2}\,.
\end{aligned} \tag{6.10}$$

Alle diese Hadronen bestehen aus u- und d-Quarks mit Massen von etwa $300\,\mathrm{MeV/c^2}$. (Die Masse eines Teilchens wie einem Quark, das nie frei beobachtet wird, kann nicht direkt gemessen werden und ist daher schlecht definiert. Normalerweise bestimmt man die Masse eines Teilchens aus der Beziehung $E^2 = m^2\mathrm{c}^4 + \vec{p}^2\mathrm{c}^2$ und unabhängigen Messungen der Energie E und des Impulses $\vec{p}$, was für Quarks nicht durchführbar ist. Der Wert $\sim 300\,\mathrm{MeV/c^2}$ wird in sogenannten Potentialmodellen verwendet, die recht gut die gemessenen Massen der Hadronen beschreiben.)

Es gibt weitere schwerere Quarks, die wegen der schwachen Wechselwirkung (siehe das folgende Kapitel) instabil sind. Sie tragen alle einen Spin $\hbar/2$, und werden als das s-Quark (s für „strange" = „seltsam"), das c-Quark (c für „charm"), das b-Quark (b für „bottom") und das t-Quark (t für „top") bezeichnet. Sie alle tragen Farben, und ihre Massen und elektrische Ladungen (in Vielfachen der Elementarladung e) sind in der Tab. 6.1 angegeben.

Alle Quarks (außer dem Top-Quark, das zu schnell zerfällt) bilden Hadronen, insbesondere aus einem Quark q und einem Antiquark $\bar{\mathrm{q}}$ bestehende Mesonen (mit ganzzahligen Spins): Die Mesonen $K^+, K^-, K^0, \bar{K}^0 \sim \mathrm{u\bar{s}, \bar{u}s, d\bar{s}, \bar{d}s}$; $\omega \sim \mathrm{s\bar{s}}$;

Tab. 6.1 Massen und elektrische Ladungen (in Vielfachen von e) der bekannten Quarks

Quark	u	d	s	c	b	t
Masse in GeV/c^2:	$\sim 0{,}3$	$\sim 0{,}3$	$\sim 0{,}5$	$\sim 1{,}4$	$\sim 4{,}4$	~ 173
Elektrische Ladung:	$+\frac{2}{3}$	$-\frac{1}{3}$	$-\frac{1}{3}$	$+\frac{2}{3}$	$-\frac{1}{3}$	$+\frac{2}{3}$

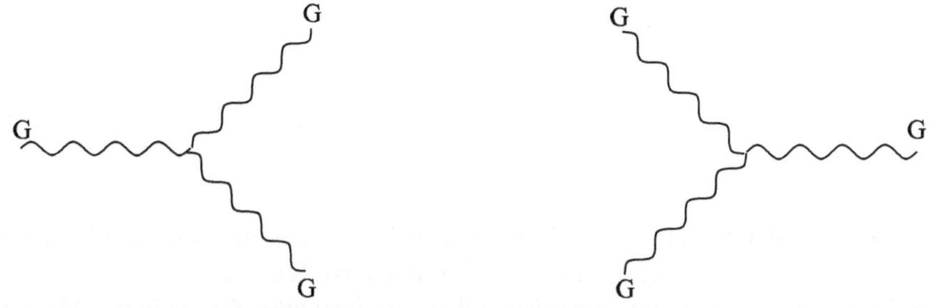

Abb. 6.5 Emission und Absorption von Gluonen durch Gluonen

$J/\Psi \sim c\bar{c}$; $\Upsilon \sim b\bar{b}$ und weitere, deren Massen etwa $m_{\text{Meson}} \sim m_{\text{q}} + m_{\bar{\text{q}}}$ betragen. (Alleine die Quarks u, d und s bilden ca. 100 verschiedene Hadronen. Für die relativ einfache Beschreibung all dieser Hadronen im Quarkmodell [11] wurde M. Gell-Mann 1969 der Nobelpreis zuerkannt.)

Wir erinnern daran, dass die Emission oder Absorption eines Gluons die Farbe eines Quarks verändert (siehe Abb. 6.2), und demnach die Gluonen auch Farben tragen. Deswegen tragen Gluonen auch eine starke Ladung – im Gegensatz zu Photonen, die keine elektrische Ladung tragen. Wegen der starken Ladung der Gluonen können Gluonen wie in Abb. 6.5 selbst andere Gluonen emittieren oder absorbieren. Es gibt sogar einen Vier-Gluon-Vertex wie in Abb. 6.6.

Demnach existieren zur Gluon-Gluon-Streuung beitragende Feynmandiagramme wie in Abb. 6.7 und, wie im Falle der Quark-Quark-Streuung, eine unendliche Zahl von Diagrammen mit mehreren Vertizes, die nicht vernachlässigbar sind.

Wie zwischen Quarks erzeugen diese Diagramme eine attraktive Kraft, die ein Confinement von Gluonen bewirkt. Dies erklärt, warum auch keine freien Gluonen

Abb. 6.6 Der Vier-Gluon-Vertex

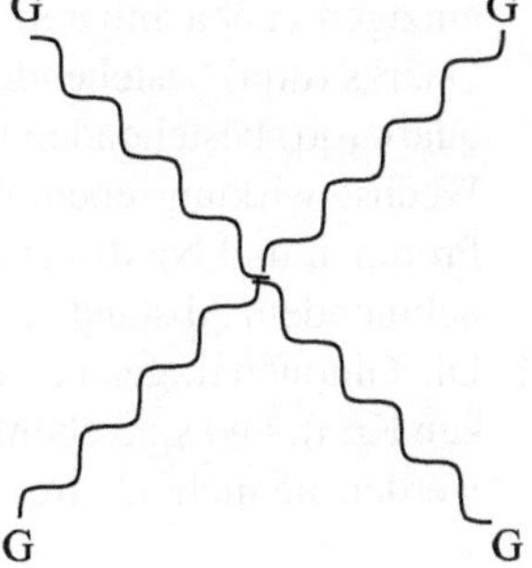

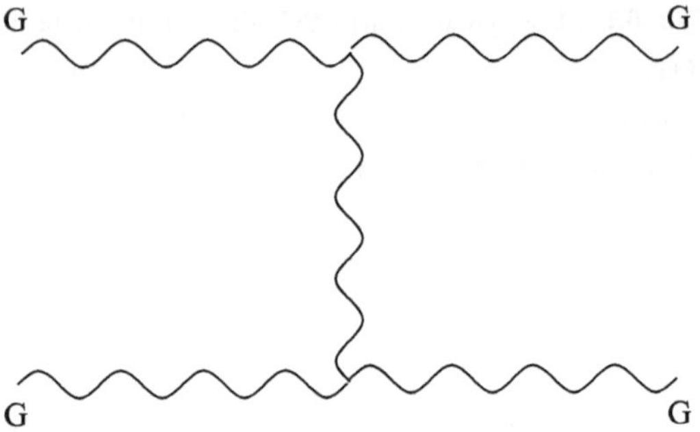

Abb. 6.7 Feynman-
diagramm, das zur
Gluon-Gluon-Streuung
beiträgt

beobachtet werden. („Gefangene" Gluonen existieren innerhalb von Hadronen, wo ihr Austausch zwischen Quarks die starke attraktive Kraft erzeugt.)

Wahrscheinlich existieren gebundene (aber sehr instabile) Zustände mit Massen von etwa $1{,}5\,\mathrm{GeV/c^2}$, die nur aus Gluonen bestehen und die man „Glueballs" nennt. Diese Zustände sind allerdings u. a. wegen ihrer kurzen Lebensdauer sehr schwierig nachzuweisen.

6.1   Zusammenfassung

Auf den ersten Blick ähnelt die starke Wechselwirkung sehr der Quantenelektrodynamik: Sie wird ebenfalls durch den Austausch masseloser Teilchen mit Spin $\hbar$ erzeugt, den Gluonen.

Aus den folgenden Gründen unterscheidet sich die starke Wechselwirkung jedoch von der elektromagnetischen Kraft:

a) Anstatt der „einen" elektrischen Ladung existieren drei starke Ladungen, die drei Farben. Nur Quarks, weder die Elektronen noch die weiteren Leptonen tragen starke Ladungen (d. h. Farben).

b) Der numerische Wert der starken Feinstrukturkonstante α_s beträgt ~ 1, wesentlich mehr als $\sim 1/137$. Deswegen ist die Kraft stärker, insbesondere ist ihr Verhalten bei größeren Abständen sehr verschieden von demjenigen der elektromagnetischen Kraft. Dies führt zum Confinement der Quarks, wonach die einzigen beobachtbaren „weißen" (oder „farbneutralen") Zustände die aus drei Quarks (qqq) bestehenden Baryonen und die aus einem Quark und einem Antiquark ($q\bar{q}$) bestehenden Mesonen sind. Zwischen den Hadronen führt die starke Wechselwirkung ebenfalls zu anziehenden Kräften, die für die Bindung von Protonen und Neutronen in den Kernen verantwortlich sind, allerdings mit zunehmendem Abstand schnell abfallen.

c) Die Gluonen tragen ebenfalls eine starke Ladung, unterliegen ebenfalls der starken Kraft, und sind ebenfalls in Hadronen gebunden. Im Gegensatz zu Photonen werden sie nicht als freie Teilchen beobachtet.

6.2 Übungsaufgabe

6.1 Die folgenden Baryonen mit entsprechenden Massen bestehen nur aus u-, d-
und s-Quarks:

(a) Neutron $(0{,}939\,\text{GeV/c}^2)$,
(b) Proton $(0{,}938\,\text{GeV/c}^2)$,
(c) Λ^0 $(1{,}116\,\text{GeV/c}^2)$,
(d) Σ^+ $(1{,}189\,\text{GeV/c}^2)$,
(e) Σ^0 $(1{,}193\,\text{GeV/c}^2)$,
(f) Σ^- $(1{,}197\,\text{GeV/c}^2)$,
(g) Ξ^0 $(1{,}315\,\text{GeV/c}^2)$,
(h) Ξ^- $(1{,}321\,\text{GeV/c}^2)$.

Schätzen Sie aus ihren Ladungen und Massendifferenzen ihren Quarkinhalt ab.

7.1 W- und Z-Bosonen

Wie im einführenden Kap. 1 beschrieben, ist die schwache Wechselwirkung für den Zerfall des Neutrons verantwortlich: $n \to p + e^- + \bar{v}$. Der Neutronzerfall ist die Folge eines Zerfalls eines d-Quarks (das allerdings nur zerfällt, wenn der Prozess durch die Energieerhaltung erlaubt ist): $d \to u + e^- + \bar{v}$.

Wie in den Fällen der elektromagnetischen und starken Wechselwirkungen wird dieser Prozess durch den Austausch eines Teilchens mit Spin $\hbar$ erzeugt, das der Träger der schwachen Wechselwirkung ist: das $W^{\pm}$-Boson, das positive oder negative elektrische Ladung tragen kann (siehe Abb. 7.1); das W^--Boson ist das Antiteilchen des W^+-Bosons.

Im Falle der starken Wechselwirkung existieren drei „Farben" q_i^s ($i = 1, 2, 3$), und ein Quark einer bestimmten Farbe kann durch einen dreikomponentigen Vektor im Farbraum dargestellt werden. Eine Änderung der Farbe (durch die Emission oder Absorption eines Gluons) entspricht einer Drehung dieses Vektors. Sämtliche anderen Eigenschaften eines Quarks wie seine Masse und seine elektrische Ladung sind jedoch unabhängig von der Richtung dieses Vektors im Farbraum.

Im Falle der schwachen Wechselwirkung existiert eine den drei Farben analoge Größe, die man aus historischen Gründen den *schwachen Isospin* nennt. Der schwache Isospin kann nur zwei verschiedene Werte annehmen, die als „up" und „down" bezeichnet werden. Im Gegensatz zur starken Wechselwirkung sind die physikalischen Eigenschaften von Teilchen, die sich durch ihren Wert des schwachen Isospins unterscheiden, verschieden: Die elektrische Ladung eines Teilchens mit Isospin „up" ist immer um +e größer als die Ladung des entsprechenden Teilchens mit Isospin „down", und auch die Massen sind nicht dieselben.

Quarks *und* Leptonen tragen einen schwachen Isospin: Die Quarks u und d sind zwei Teilchen mit Isospin „up" und Isospin „down". Auch das Elektron und das Neutrino sind zwei Teilchen, von denen das Neutrino einen Isospin „up" und das Elektron einen Isospin „down" trägt.

Wie im Falle der starken Wechselwirkung, wo die Emission oder Absorption eines Gluons die Farbe eines Quarks verändert, wird der Isospin eines Teilchens durch die Emission oder Absorption eines $W^{\pm}$-Bosons verändert. Dies erklärt den

© Springer-Verlag Berlin Heidelberg 2015
U. Ellwanger, *Vom Universum zu den Elementarteilchen*, DOI 10.1007/978-3-662-46646-9_7

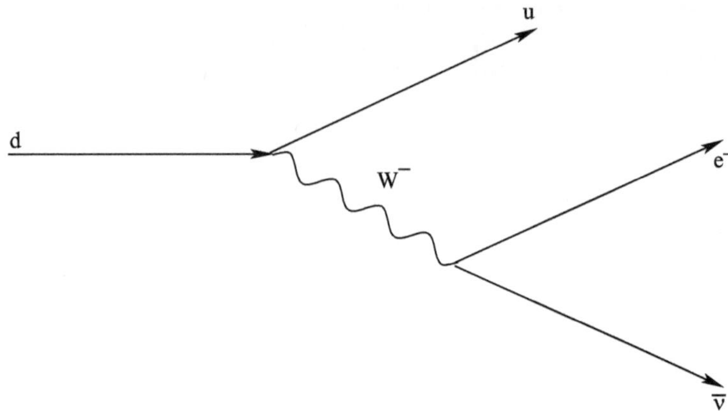

Abb. 7.1 Zerfall eines d-Quarks durch die schwache Wechselwirkung

ersten Teil der Abb. 7.1, wo sich ein d-Quark durch die Emission eines W^--Bosons in ein u-Quark verwandelt. Den zweiten Teil der Abb. 7.1, den Zerfall eines W^--Bosons in ein Elektron und ein (Anti-)Neutrino, erhält man aus einem Vertex, wo ein Neutrino ein W^--Boson absorbiert und sich in ein Elektron verwandelt, und anschließend die zeitliche Richtung der Neutrino-Linie umgekehrt wird (siehe die Transformation der Abb. 5.4 in die Abb. 5.9 in Kap. 5). Dies ist der Grund, warum im Endzustand das Neutrino durch sein Antiteilchen $\bar{\nu}$ zu ersetzen ist.

Tatsächlich sind nicht nur die Quarks u und d zwei Teilchen mit Isospin „up" und „down": Auch die Quarks c und s, sowie die Quarks t und b bilden Paare mit Isospin „up" und „down", die man alle als zweikomponentige Vektoren im Isospinraum darstellen kann:

$$\begin{pmatrix} u \\ d \end{pmatrix} \quad \begin{pmatrix} c \\ s \end{pmatrix} \quad \begin{pmatrix} t \\ b \end{pmatrix} \tag{7.1}$$

Diese drei Quark-Paare werden auch die drei Quark-Familien genannt. Parallel dazu gibt es ebenfalls drei Familien von Lepton-Paaren. Bis jetzt haben wir nur das Elektron und sein Neutrino erwähnt, da das Elektron das einzige stabile geladene Lepton ist. Man kennt jedoch drei geladene Leptonen, das Elektron e^-, das Myon μ^- und das τ^--Lepton. Ihre Massen sind

$$m_{\mathrm{e}^-} \simeq 0{,}511\,\mathrm{MeV/c}^2\,,$$
$$m_{\mu^-} \simeq 106\,\mathrm{MeV/c}^2\,, \tag{7.2}$$
$$m_{\tau^-} \simeq 1{,}78\,\mathrm{GeV/c}^2\,.$$

Zu jedem geladenen Lepton existiert auch ein Neutrino. (Für die Entdeckung des Myon-Neutrinos ν_μ erhielten L. M. Ledermann, M. Schwartz und J. Steinberger 1988 den Nobelpreis, und M. L. Perl 1995 für die Entdeckung des τ-Leptons.)

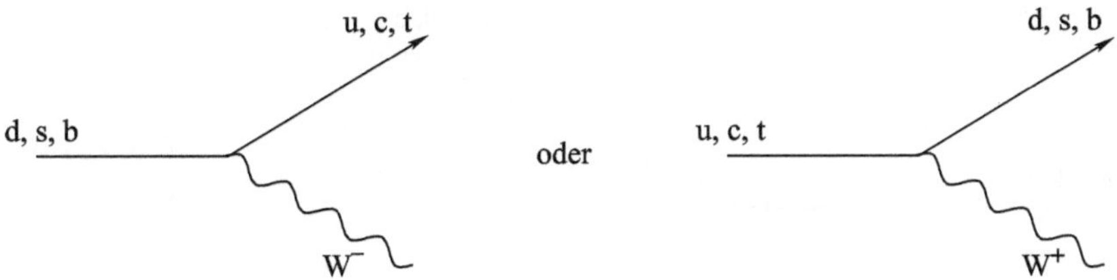

Abb. 7.2 Mögliche Emissionen von W^-- und W^+-Bosonen durch Quarks

Abb. 7.3 Mögliche Zerfälle eines W^--Bosons in Quarks

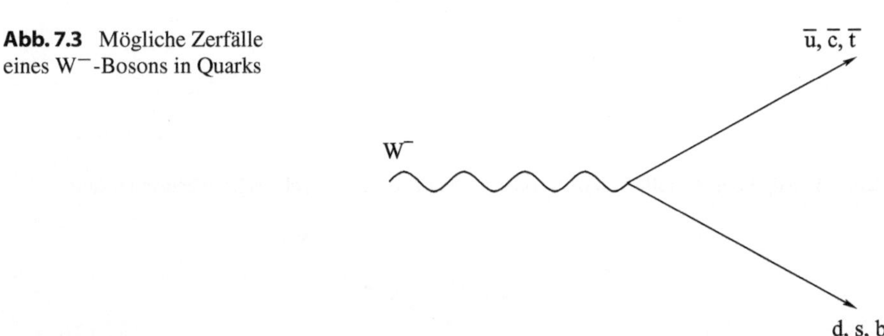

Die Neutrinomassen sind sehr klein, das Elektron-Neutrino ist auf jeden Fall leichter als ca. $2\,\mathrm{eV/c^2}$. Man weiß erst seit einigen Jahren, dass ihre Massen nicht exakt Null sein können: Man hat Prozesse beobachtet, wo ein Neutrino einer Familie sich in ein Neutrino einer anderen Familie umwandelt. Dies ist nur möglich, wenn sie leicht verschiedene Massen besitzen (siehe Abschn. 7.5); man hat aber zur Zeit praktisch keine Informationen (bis auf obere Schranken) über die Absolutwerte dieser Massen.

Die drei Lepton-Paare mit Isospin „up" und „down" können wie folgt dargestellt werden:

$$\begin{pmatrix} \nu_e \\ e^- \end{pmatrix} \quad \begin{pmatrix} \nu_\mu \\ \mu^- \end{pmatrix} \quad \begin{pmatrix} \nu_\tau \\ \tau^- \end{pmatrix} \tag{7.3}$$

Die Emission oder Absorption eines $W^\pm$-Bosons durch ein Lepton wandelt das Lepton immer in das entsprechende Lepton derselben Familie um. Im Falle der Quarks ist dies nicht immer richtig: Ein Quark einer Familie kann sich in ein Quark einer anderen Familie umwandeln, was eine große Zahl von möglichen Vertizes wie in Abb. 7.2 ergibt. Die relativen Stärken der Kopplungen von Quarks verschiedener Familien an $W^\pm$-Bosonen werden durch die Elemente der sogenannten *Cabibbo-Kobayashi-Maskawa-Matrix* beschrieben.

Dementsprechend kann ein W^--Boson (wenn es die Energieerhaltung erlaubt) wie in Abb. 7.3 auf $3 \cdot 3 = 9$ verschiedene Art und Weisen in ein Quark und ein Antiquark zerfallen.

Zusätzlich sind leptonische Zerfälle der W^-- und W^+-Bosonen möglich. Die Vertizes in Abb. 7.2 erlauben Zerfälle schwerer Quarks (s, c, b, t) in leichtere

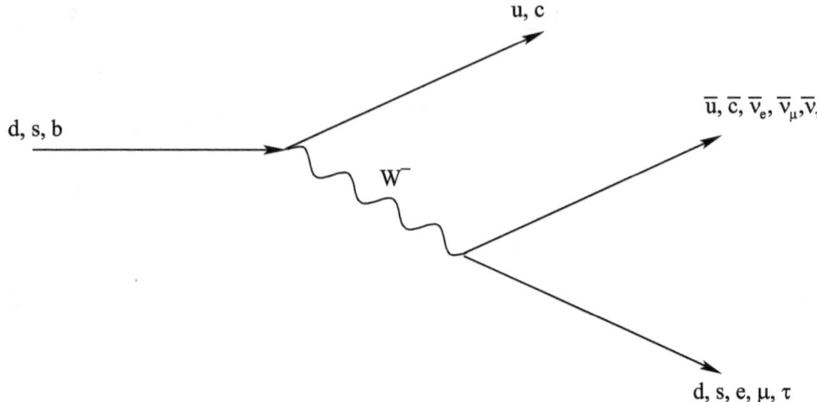

Abb. 7.4 Mögliche Zerfälle von d-, s- oder b-Quarks durch die schwache Wechselwirkung

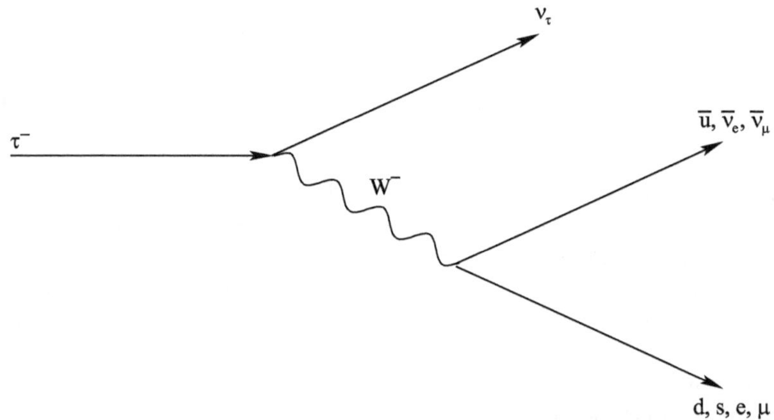

Abb. 7.5 Mögliche Zerfälle eines τ-Leptons durch die schwache Wechselwirkung

Quarks, begleitet von dem Zerfall eines $W^\pm$-Bosons in ein Quark-Antiquark- oder Lepton-Paar wie in Abb. 7.4 (oder u, c, t $\rightarrow$ d, s, b + W^+ usw.), und Zerfälle schwerer Leptonen (μ, τ) in ihre Neutrinos, begleitet von dem Zerfall eines W^--Bosons in ein Quark-Antiquark- oder Lepton-Paar wie in Abb. 7.5.

Alle diese Prozesse finden dann (aber nur dann) statt, wenn sie durch die Energieerhaltung erlaubt sind. Deshalb können bei Zerfällen wie in den Abb. 7.4 und 7.5 nur solche Teilchen im Endzustand auftreten, deren Gesamtmasse kleiner als die Masse des zerfallenden Quarks oder Leptons ist: b-Quarks können nie in t oder $\bar{\text{t}}$-Quarks (und auch nicht in andere b-Quarks) zerfallen, und τ^--Leptonen nur entweder „leptonisch" in Elektronen oder Myonen (und ihre Neutrinos), oder „hadronisch" in ein $\bar{\text{u}}$- und d- oder s-Quark, die sich dann zu Hadronen formieren. Myonen können nur in Elektronen und entsprechende Neutrinos zerfallen.

Letztendlich bleiben daher nur die leichten Quarks u und d sowie das Elektron stabil. (Die d-Quarks bleiben in Protonen und in Neutronen innerhalb von Kernen stabil, wenn der Endzustand nach einem Zerfall d $\to$ u $+$ e$^-$ $+$ $\bar{v}$ eine größere Masse als der Ausgangszustand besitzen würde.)

Ein wesentlicher Unterschied zwischen der schwachen Wechselwirkung und den elektromagnetischen und starken Wechselwirkungen besteht darin, dass die W$^\pm$-Bosonen massiv sind:

$$M_W \simeq 80{,}4\,\mathrm{GeV}/\mathrm{c}^2 \,. \tag{7.4}$$

Aus dieser Tatsache kann man die „Schwäche" der schwachen Wechselwirkung herleiten. Historisch gesehen wurde die Masse des W$^\pm$-Bosons zunächst postuliert, um diese „Schwäche" zu erklären; erst 1983 wurde die Masse der W$^\pm$-Bosonen durch Experimente mit Hilfe des UA1-Detektors am Proton-Antiproton-Speicherring SPS am CERN, Genf, bestätigt, wofür C. Rubbia und S. Van der Meer 1984 den Nobelpreis erhielten.

Betrachten wir zunächst die schwache Ladung, oder besser die schwache Feinstrukturkonstante α_w („w" für „weak"); diese ist sogar etwas größer als die elektromagnetische Feinstrukturkonstante α. Da die schwache Wechselwirkung einen Einfluss auf die elektrischen Eigenschaften der Teilchen hat (sie verändert ihre elektrische Ladung), sind die schwachen und elektromagnetischen Kopplungen nicht unabhängig. Ihr Verhältnis wird durch einen *schwachen Mischungswinkel* θ_w (oder *Weinbergwinkel*, Einzelheiten diskutieren wir in Abschn. 9.3) angegeben:

$$\alpha_w = \alpha/\sin^2\theta_w \simeq 3{,}4 \cdot 10^{-2} \,, \tag{7.5}$$

wobei das Quadrat des Sinus des schwachen Mischungswinkels

$$\sin^2\theta_w \simeq 0{,}22 \tag{7.6}$$

beträgt.

Wie kann dann die schwache Wechselwirkung schwächer als die elektromagnetische Wechselwirkung sein? Der Grund hierfür findet sich in der Berechnung von Wahrscheinlichkeiten von Prozessen, die durch den Austausch von W$^\pm$-Bosonen induziert werden. Unter den verschiedenen Faktoren, die bei der Berechnung der Wahrscheinlichkeit $P(\theta)$ im Falle der Elektron-Elektron-Streuung im Kap. 5 eine Rolle gespielt hatten, war der Propagator des Photons. Dieser hängt vom Unterschied zwischen der tatsächlichen Energie E^{ph} des Photons und ihrem klassischen Wert in Abhängigkeit des Impulses $E^{\mathrm{ph}}_{\mathrm{kl}}(\vec{p}^{\,\mathrm{ph}}) = \mathrm{c}\,|\vec{p}^{\,\mathrm{ph}}|$ ab:

$$\mathcal{P}(E^{\mathrm{ph}}, \vec{p}^{\,\mathrm{ph}}) = \frac{-\hbar}{(E^{\mathrm{ph}\,2} - E^{\mathrm{ph}\,2}_{\mathrm{kl}}(\vec{p}^{\,\mathrm{ph}}))} \,. \tag{7.7}$$

Je größer dieser Unterschied ist, desto kleiner ist der Propagator, und desto kleiner ist die Wahrscheinlichkeit des entsprechenden Prozesses.

Bei der Berechnung der Wahrscheinlichkeit eines durch den Austausch von W$^-$-Bosonen induzierten Prozesses wie in Abb. 7.1 erscheint der Propagator des W$^-$-Bosons (zum Quadrat). Die Form dieses Propagators ist ebenfalls durch

$$\mathcal{P}(E^{\mathrm{W}}, \vec{p}^{\,\mathrm{W}}) = \frac{-\hbar}{(E^{\mathrm{W}\,2} - E_{\mathrm{kl}}^{\mathrm{W}\,2}(\vec{p}^{\,\mathrm{W}}))} \tag{7.8}$$

gegeben, wobei für $E_{\mathrm{kl}}^{\mathrm{W}\,2}(\vec{p}^{\,\mathrm{W}})$ die Formel (3.22)

$$E_{\mathrm{kl}}^{\mathrm{W}\,2}(\vec{p}^{\,\mathrm{W}}) = M_{\mathrm{W}}^2 \mathrm{c}^4 + \vec{p}^{\,\mathrm{W}2} \mathrm{c}^2 \tag{7.9}$$

zu verwenden ist. Die Energie E^{W} und der Impuls $\vec{p}^{\,\mathrm{W}}$ des W$^-$-Bosons sind über die Energie- und Impulserhaltung durch die Energien und Impulse der d- und u-Quarks vor und nach der Emission des W$^-$-Bosons bestimmt.

Nun sieht man rasch, dass der Term $M_{\mathrm{W}}^2 \mathrm{c}^4$ im Nenner des Propagators (7.8) dominiert. Dafür genügt es, die Größenordnungen der verschiedenen Terme im W$^-$-Propagator zu betrachten: Die d- und u-Quarks befinden sich in einem Neutron (vor der Emission) oder einem Proton (nach der Emission). Ihre Energien, sowie ihre mit c multiplizierten Impulse sind alle von der Größenordnung $m_{\mathrm{p}} \mathrm{c}^2 \sim 1\,\mathrm{GeV}$. Demnach sind sowohl die (tatsächliche) Energie E^{W} des W$^-$-Bosons als auch $\left| \vec{p}^{\,\mathrm{W}} \right| \mathrm{c}$ von der Ordnung $m_{\mathrm{p}} \mathrm{c}^2$, und vernachlässigbar klein verglichen mit $M_{\mathrm{W}} \mathrm{c}^2$. Damit vereinfacht sich dieser Popagator zu

$$\mathcal{P}(E^{\mathrm{W}}, \vec{p}^{\,\mathrm{W}}) \sim \frac{\hbar}{M_{\mathrm{W}}^2 \mathrm{c}^4} \, . \tag{7.10}$$

Sämtliche anderen dimensionsbehafteten Größen wie die Impulse und Energien der Leptonen sind ebenfalls von der Größenordnung der Protonmasse (multipliziert mit entsprechenden Potenzen von c). Das Endergebnis für die Wahrscheinlichkeit – proportional zum Quadrat des W$^-$-Propagators – ist deswegen notwendigerweise proportional zu $m_{\mathrm{p}}^4 / M_{\mathrm{W}}^4 \sim 10^{-7}$.

Diese Überlegung ist für sämtliche durch den Austausch von W$^{\pm}$-Bosonen erzeugte Prozesse gültig, falls sie sich bei Energien sehr viel kleiner als $M_W \mathrm{c}^2$ abspielen. Deswegen sind diese Prozesse relativ unwahrscheinlich, d. h. langsam, und die Lebensdauern τ der Teilchen, die durch die schwache Wechselwirkung zerfallen, sind relativ groß. Für das Neutron, das Myon und das τ-Lepton betragen sie

$$\tau_{\mathrm{n}} \simeq 885{,}7\,\mathrm{s}\,, \qquad \tau_{\mu} \sim 2{,}2 \cdot 10^{-6}\,\mathrm{s}\,, \qquad \tau_{\tau} \sim 2{,}9 \cdot 10^{-13}\,\mathrm{s}\,. \tag{7.11}$$

Obwohl sich diese Lebensdauern wegen der verschiedenen Teilchenmassen um mehrere Größenordnungen unterscheiden, sind sie alle relativ groß verglichen mit den Lebensdauern von Teilchen, die durch die starke Wechselwirkung zerfallen, wie $\tau_{\Delta} \sim 5 \cdot 10^{-24}\,\mathrm{s}$ im vorhergehenden Kapitel.

Im Rahmen der schwachen Wechselwirkung existiert ein weiteres massives Boson, das neutrale Z^0-Boson, dessen Austausch „schwache" Prozesse erzeugen kann.

Die Masse des Z^0-Bosons konnte in Abhängigkeit von der Masse der $W^\pm$-Bosonen und dem schwachen Mischungswinkel θ_w vorhergesagt werden, und dieser Wert wurde nach seiner Entdeckung bestätigt:

$$M_Z \simeq M_W / \cos \theta_w \simeq 91{,}2 \, \mathrm{GeV}/c^2 \, . \tag{7.12}$$

Die Emission oder Absorption eines Z^0-Bosons ändert (wie im Falle des Photons) die Natur des entsprechenden Teilchens nicht. Neutrinos, die nicht an das Photon koppeln, können jedoch Z^0-Bosonen absorbieren oder emittieren, da alle Teilchen mit schwachem Isospin an die Z^0-Bosonen koppeln.

7.2 Die Paritätsverletzung

Im Abschn. 5.4 hatten wir ausgeführt, dass Quarks und Leptonen Fermionen sind, die einen Spin (inneren Drehimpuls) vom Betrag $\hbar/2$ besitzen.

Auch die Fermionen lassen sich am ehesten als eine zirkular polarisierte Welle wie in Abb. 5.12 bzw. Abb. 5.13 vorstellen, deren Polarisationsvektor in einer Ebene senkrecht zur Ausbreitungsrichtung der Welle rotiert. Die Wellengleichung für Fermionen lässt zunächst rechtshändig und linkshändig polarisierte Lösungen zu. Man bezeichnet die entsprechenden Teilchen als rechtshändige bzw. linkshändige Fermionen.

Diese Fermionen können erstaunlicherweise unterschiedliche Eigenschaften besitzen, in Form von unterschiedlichen Ladungen bzw. in Form von unterschiedlichen Kopplungen an Bosonen, deren Austausch für Wechselwirkungen verantwortlich ist.

Hier zeigt sich noch einmal, dass das Bild eines Elementarteilchens mit Spin als eine rotierende Kugel nicht richtig sein kann: Eine um eine Achse rotierende Kugel kann immer um 180° gekippt werden, so dass sie in entgegengesetzter Richtung um dieselbe Achse rotiert, ohne dass sich ihre Ladung verändert. Im Falle von Fermionen muss man die Zustände mit Spin parallel oder anti-parallel zur Flugrichtung jedoch als im Allgemeinen verschiedene Teilchenarten interpretieren.

Die einzige Wechselwirkung, die zwischen rechtshändigen und linkshändigen Fermionen unterscheidet, ist die schwache Wechselwirkung: W-Bosonen (sowohl W^+ als auch W^-) koppeln ausschließlich an linkshändige und nicht an rechtshändige Fermionen. Dies gilt für sämtliche Quarks und Leptonen (geladen oder Neutrinos). Nur im Falle von Antiquarks und Antileptonen lautet die Regel gerade umgekehrt: W-Bosonen koppeln ausschließlich an rechtshändige Antifermionen. Sämtliche in den Abb. 7.1 bis 7.5 gezeigten Prozesse finden nur für entsprechend linkshändig polarisierte Quarks bzw. Leptonen und rechtshändig polarisierte Antiquarks bzw. Antileptonen statt.

Auch die Zusammenfassung der Quarks und Leptonen in zweikomponentige Vektoren mit Isospin „up" und „down" wie in (7.1) und (7.3) gilt nur für die linkshändig polarisierten Teilchen; die rechtshändig polarisierten Quarks und geladenen

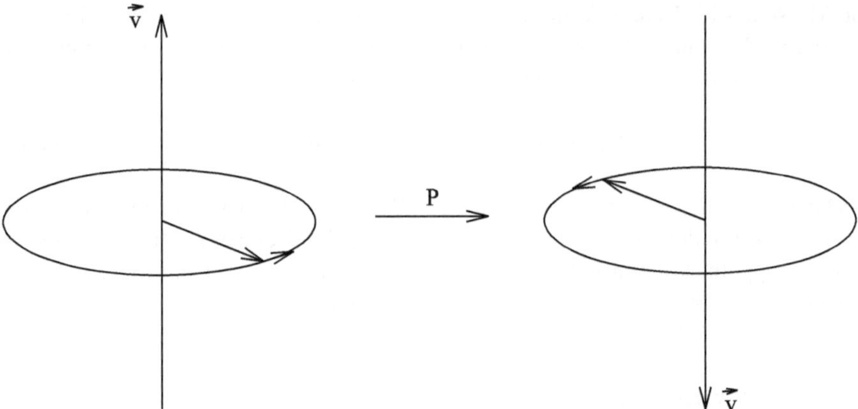

Abb. 7.6 Sämtliche Vektoren – einschließlich der mit $\vec{v}$ bezeichneten Flugrichtung – zeigen nach einer Paritätstransformation P in die entgegengesetzte Richtung

Leptonen besitzen keinen schwachen Isospin, und rechtshändig polarisierte Neutrinos sind bis heute nicht nachgewiesen.

Dieses Verhalten der schwachen Wechselwirkung verletzt eine Symmetrie, die man als Paritätsinvarianz bezeichnet. Zunächst ist eine *Paritätstransformation* P dadurch definiert, dass man die Richtungen sämtlicher drei (x-, y- und z-) Achsen umkehrt. Man sieht leicht, dass die Klein-Gordon-Gleichung (4.1) unter dieser Transformation der Variablen x, y und z invariant ist, da die entsprechenden Ableitungen nur zum Quadrat erscheinen. Wenn sämtliche fundamentalen Gleichungen und Größen unter Paritätstransformationen invariant wären, würde sich diese Symmetrie als eine Symmetrie sämtlicher beobachtbarer Prozesse manifestieren.

Die nach einer Paritätstransformation entstandene Welt entspricht einer durch einen Spiegel betrachteten Welt: Man kann eine Paritätstransformation aufteilen in eine Drehung um 180° um die z-Achse (die die Richtungen der x- und y-Achsen umkehrt), und eine letzte Spiegelung an der x-y-Ebene, die die Richtung der z-Achse umkehrt. Da Drehungen immer Symmetrien sowohl von fundamentalen Gleichungen als auch von beobachteten Prozessen sind (siehe Kap. 9), bleibt als einzige fragwürdige Operation die Spiegelung an der x-y- (oder einer beliebigen anderen) Ebene. Oft wird deshalb eine Paritätstransformation mit einer Spiegelung gleichgesetzt.

Was wird nach einer Paritätstransformation P aus rechtshändig bzw. linkshändig polarisierten Fermionen? Man sieht leicht, wie in Abb. 7.6 skizziert, dass nach einer Paritätstransformation die Händigkeiten vertauscht werden: Hier haben sich die Richtungen sämtlicher Vektoren umgekehrt. Zunächst bleibt die Drehrichtung des Polarisationsvektors (entsprechend dem Drehimpulsvektor $\vec{L}$ in Abb. 5.11) dieselbe, letztlich kehrt sich aber auch noch die mit $\vec{v}$ bezeichnete Flugrichtung um. Deshalb kehrt sich die Händigkeit um, die gleich der Drehrichtung des Polarisationsvektors entlang der Flugrichtung ist.

Aus rechtshändig polarisierten Fermionen werden daher nach einer Paritätstransformation linkshändig polarisierte Fermionen, und umgekehrt. Deshalb unterscheidet sich die nach einer Paritätstransformation entstandene Welt von der unsrigen: In einer nach einer Paritätstransformation entstandenen Welt würden W-Bosonen an rechtshändige Fermionen koppeln. Unsere Welt ist wegen dieser Eigenschaft der schwachen Wechselwirkung *nicht* spiegelsymmetrisch!

1956–57 wurde die Paritätsverletzung beim β-Zerfall des Kobalt 60-Kernes in einem von C.-S. Wu geleiteten Experiment zum ersten Mal beobachtet. Für die theoretische Interpretation dieses Befundes erhielten C. N. Yang und T.-D. Lee 1957 den Nobelpreis.

7.3 Das Higgs-Boson

Zunächst wurden die Massen der $W^{\pm}$- und Z^0-Bosonen als ein ernstes Problem betrachtet: Im Prinzip sollten in der Quantenfeldtheorie alle Träger von Wechselwirkungen mit Spin $\hbar$ (wie das Photon und die Gluonen) masselose Teilchen sein (siehe Abschn. 9.3). Die Lösung dieses Problems war die Entdeckung, dass man Massen von Teilchen auf indirektem Weg erzeugen kann. Dies macht allerdings die Einführung eines zusätzlichen Bosons mit Spin 0 notwendig, das als *Higgs-Boson* bezeichnet wird. (Nach P. W. Higgs [12, 13, 14]; der entsprechende Mechanismus wurde aber auch unabhängig von F. Englert, R. Brout [15], G. S. Guralnik, C. R. Hagen und T. W. B. Kibble [16, 17] entwickelt. Für den Beweis der mathematischen Konsistenz einer derartigen Theorie erhielten G. t'Hooft und M. J. Veltmann [18, 19, 20] 1999 den Nobelpreis.)

In der Quantenfeldtheorie entspricht ein Teilchen immer einem Feld: das Photon dem elektrischen und magnetischen Feld, und das Gluon einem „gluonischen“ Feld (das nur innerhalb von Hadronen existiert) usw. Genauso entspricht ein Higgs-Boson einem Higgs-Feld. Die elektrischen und magnetischen Felder sind Vektorfelder (die in eine bestimmte Richtung zeigen), da das Photon einen Spin $\hbar$ trägt. Dagegen ist das Feld, das dem Higgs-Boson entspricht, ein skalares Feld.

Betrachten wir zunächst die Bewegung eines geladenen Teilchens in einem konstanten elektrischen Feld: Auf Grund der Lorentzkraft (5.1), die auf dieses Teilchen wirkt, verändern sich seine Energie und sein Impuls verglichen mit einer Bewegung in Abwesenheit eines elektrischen Feldes. Diese Veränderungen sind klarerweise proportional zur elektrischen Ladung des Teilchens, da die Lorentzkraft proportional zu dieser Ladung ist.

Was wäre der Einfluss eines konstanten Higgs-Feldes auf die Bewegung eines Teilchens? Hier bleibt der Impuls unverändert, nur die Energie nimmt um einen (zeitunabhängigen) Betrag zu, der proportional zum Wert H des Higgs-Feldes und proportional zu einer Kopplungskonstante g_H (einer Art Ladung) des Teilchens an das Higgs-Boson ist:

$$\Delta E = g_H H \qquad (7.13)$$

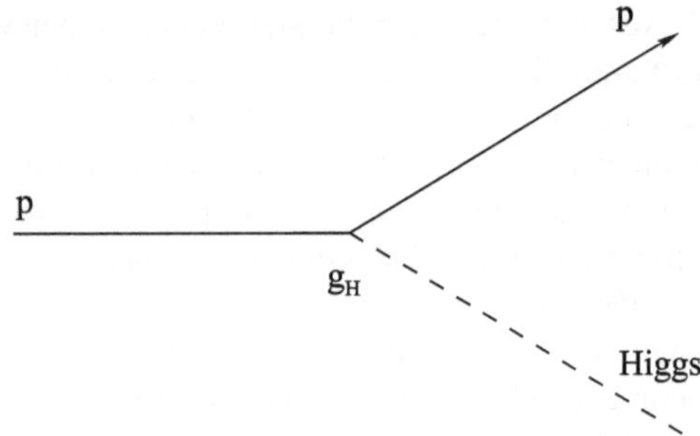

Abb. 7.7 Der Vertex eines mit p bezeichneten Teilchens und einem Higgs-Boson

Die Kopplungskonstante g_H ist wie die Kopplungskonstante g in (5.26) mit einem Teilchen-Higgs-Boson-Vertex verknüpft (siehe Abb. 7.7), ihr numerischer Wert hängt von dem betrachteten Teilchen p ab.

Nehmen wir nun an, dass es sich um ein (in der Abwesenheit eines Higgs-Feldes) masseloses Teilchen handelt. Seine Energie ist dann durch $E^2 = \vec{p}\,^2 c^2$ gegeben. In Anwesenheit eines Higgs-Feldes ist dieser Ausdruck durch

$$E^2 = \vec{p}\,^2 c^2 + g_H^2 H^2 \qquad (7.14)$$

zu ersetzen. Diese Formel kann man mit (3.22) für die Energie eines massiven Teilchens vergleichen: Die entsprechenden Ausdrücke sind identisch, wenn man $m^2 c^4$ mit $g_H^2 H^2$ gleichsetzt. Tatsächlich verhält sich das Teilchen innerhalb eines Higgs-Feldes in jeder Hinsicht wie ein Teilchen mit Masse

$$m = g_H H/c^2 \ ! \qquad (7.15)$$

Auf diese Art und Weise kann man für jedes Teilchen eine Masse „erzeugen", wenn es überall ein konstantes Higgs-Feld H gibt.

Warum existiert kein überall konstantes elektrisches Feld $\vec{E}$? Der Grund ist, dass dies Energie kosten würde; diese Energie wird auch potentielle Energie E_{pot} genannt, und ist proportional zum Quadrat $|\vec{E}|^2$ des elektrischen Feldes. (Dies folgt aus den Feldgleichungen der Elektrodynamik.) Ein Feld befindet sich normalerweise ähnlich wie ein Punktteilchen in dem stabilen Zustand, dessen Energie so niedrig wie möglich ist, und der stabile Zustand niedrigster Energie eines elektrischen Feldes ist $\vec{E} = 0$.

Diese Überlegung kann ein überall konstantes Higgs-Feld begründen – allerdings unter der Voraussetzung, dass die potentielle Energie E_{pot} vom Higgs-Feld H anders als vom elektrischen Feld abhängt. In der Tat lassen die Feldgleichungen für ein skalares Feld zunächst eine beliebige Abhängigkeit der potentiellen Energie vom entsprechenden Feld zu; man kann zum Beispiel annehmen, dass

$$E_{\text{pot}}(H) = \frac{1}{(\hbar c)^3} \left(-\frac{\mu^2}{2} H^2 + \frac{\lambda_H^2}{4} H^4 \right) \qquad (7.16)$$

gilt, was der in Abb. 7.8 angegebenen Form entspricht.

Abb. 7.8 Schematische
Darstellung der Abhängigkeit
der potentiellen Energie vom
Higgs-Feld H nach (7.16)

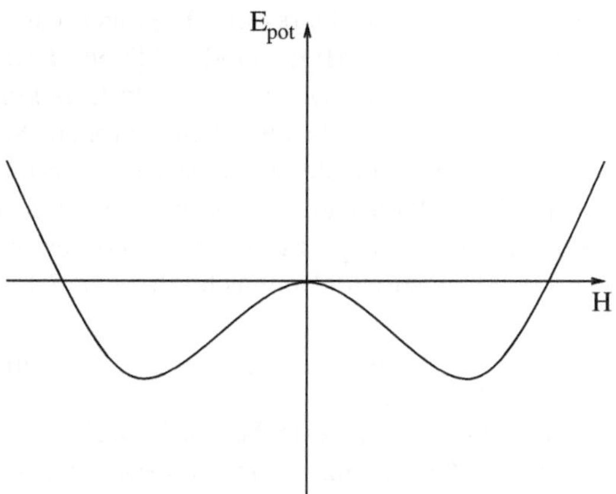

(Im Grunde genommen ist das Higgs-Feld, wie die Quarks und Leptonen in (7.1)
und (7.3), ein Vektor im Isospinraum mit zwei Komponenten. Wir betrachten hier
nur die neutrale Komponente H, die – wegen des hier nicht diskutierten Higgs-
Kibble-Mechanismus – als einzige einem physikalischen Teilchen entspricht.)

Die Koeffizienten in (7.16) sind so gewählt, dass $E_{\mathrm{pot}}(H)$ die Dimension einer
Energiedichte (Energie pro Kubikmeter) besitzt, μ in GeV gemessen wird, und λ_{H}
eine dimensionslose Konstante ist. Das Minimum dieser Funktion von H befindet
sich bei $H = \pm\mu/\lambda_{\mathrm{H}}$, und nicht bei $H = 0$. Das Higgs-Feld wird überall im
Universum einen der Werte (z. B. den positiven) mit minimaler potentieller Energie
annehmen; jeder andere Wert würde einem instabilen Zustand entsprechen.

Eine mögliche Erklärung – und zwar die einzige kohärente in der Quantenfeldtheorie – für die Masse der $W^{\pm}$- und der Z^0-Bosonen ist demzufolge die Existenz eines Higgs-Feldes, eine Abhängigkeit der potentiellen Energie von H wie in (7.16),
und eine „schwache" Ladung des Higgs-Bosons: Diese führt zu einer Kopplung g_{H}
des $W^{\pm}$-Bosons an das Higgs-Boson, die durch $g_{\mathrm{H}} = g_{\mathrm{w}}/2$ gegeben ist. (g_{w} ist mit
α_{w} in (7.5) über $\alpha_{\mathrm{w}} = g_{\mathrm{w}}^2/(4\pi)$ verknüpft, d. h. wir haben hier g_{w} dimensionslos
gewählt. Die Kopplung des Z^0-Bosons an das Higgs-Boson ist durch $g_{\mathrm{w}}/2\cos\theta$
gegeben.) Aus (7.15) erhält man dann

$$M_{\mathrm{W}} = \frac{g_{\mathrm{w}}}{2\mathrm{c}^2}\,H\,, \tag{7.17}$$

was (mit $g_{\mathrm{w}} \sim 0.65$) den Wert (7.4) für M_{W} ergibt, falls der Wert H des Higgs-
Feldes

$$H \simeq 248\,\mathrm{GeV} \tag{7.18}$$

beträgt.

Für das Photon und die Gluonen erhält man keine durch das Higgs-Feld erzeugte
Massen, da die Kopplungen des Photons und des Gluons an das Higgs-Feld ver-
schwinden, weil das Higgs-Boson weder elektrische noch eine starke Ladung (d. h.
Farbe) trägt.

In den Fällen der Quarks und Leptonen kann man die Massen ebenfalls durch Kopplungen an das Higgs-Feld erklären. Diese Kopplungen werden Yukawa-Kopplungen genannt. (H. Yukawa hatte Kopplungen von Fermionen mit Spin $\hbar/2$ an skalare Felder, damals zwischen Protonen, Neutronen und Pionen, erstmals um 1935 eingeführt, um die starke Wechselwirkung zwischen Baryonen durch den Austausch von Pionen zu beschreiben. Dafür erhielt er 1949 den Nobelpreis.) Man bezeichnet diese Kopplungen mit λ_i, wo der Index i dem entsprechenden Quark oder Lepton entspricht. Demnach gilt nach (7.15)

$$m_{\mathrm{e}} = \lambda_{\mathrm{e}} H/\mathrm{c}^2 \qquad \ldots \qquad m_{\mathrm{top}} = \lambda_{\mathrm{top}} H/\mathrm{c}^2 \,. \tag{7.19}$$

Unglücklicherweise erlauben es diese Formeln nicht, die Massen der Quarks und Leptonen zu berechnen: Wir kennen zwar den Wert des Higgs-Feldes H aus (7.18), aber wir können die numerischen Werte der Yukawa-Kopplungen λ_i nicht vorhersagen. Man kann lediglich die Yukawa-Kopplungen aus den bekannten Quark- und Lepton-Massen bestimmen, was

$$\lambda_{\mathrm{e}} \simeq 2 \cdot 10^{-6} \qquad \ldots \qquad \lambda_{\mathrm{top}} \simeq 0.7 \tag{7.20}$$

ergibt. Bis heute existiert keine zufriedenstellende Erklärung für die enormen Unterschiede zwischen den Yukawa-Kopplungen.

Wir sollten hinzufügen, dass es noch einen weiteren Beitrag zu den Massen der Quarks gibt: Im Inneren der Hadronen existiert ein Gluon-Feld, das zur Energie der Quarks einen ähnlichen Beitrag wie das Higgs-Feld in (7.14) liefert. Dieser Beitrag des Gluon-Feldes zu den Quarkmassen beträgt etwa $300\,\mathrm{MeV/c}^2$; er erklärt fast die gesamten Massen der u- und d-Quarks, zu denen das Higgs-Feld nur einen Beitrag von einigen $\mathrm{MeV/c}^2$ liefert.

Obwohl ansonsten die Erklärung der Massen fast aller Teilchen (im Besonderen der $\mathrm{W}^{\pm}$- und Z^0-Bosonen) die Anwesenheit eines Higgs-Bosons vorhersagt, erlaubt sie keine Vorhersage der Masse M_{H} dieses Teilchens: Einerseits ist in der Quantenfeldtheorie die Masse (zum Quadrat) eines skalaren Teilchens proportional zur zweiten Ableitung der potentiellen Energie $E_{\mathrm{pot}}(H)$ am Minimum, was nach (7.16) $M_{\mathrm{H}} = \sqrt{2}\mu/\mathrm{c}^2$ ergibt. Andererseits erlaubt es der bekannte Wert von $H = \mu/\lambda_{\mathrm{H}}$ nicht, den Parameter μ unabhängig von dem unbekannten Parameter λ_{H} zu berechnen.

Man konnte daher lediglich versuchen, Higgs-Bosonen in Teilchenbeschleunigern zu produzieren, und anschließend ihre Masse zu messen. In Beschleunigern kann man jedoch nur Teilchen produzieren, deren Massen kleiner als die zur Verfügung stehende Gesamtenergie sind. Zunächst hatte der Beschleuniger LEP am CERN (Genf) den Bereich von Higgs-Massen $M_{\mathrm{H}} \leq 114\,\mathrm{GeV/c}^2$ untersucht, aber kein Signal eines Higgs-Bosons entdeckt (s. Kap. 8). 2009 wurde der neue energiereichere Beschleuniger am CERN in Betrieb genommen, der LHC (Large Hadron Collider). Hier wurde 2012 das Higgs-Boson mit einer Masse von $125\,\mathrm{GeV/c}^2$ entdeckt. Demnach beträgt der Parameter λ_{H} in (7.16) $\lambda_{\mathrm{H}} \sim 0{,}36$. Einzelheiten der Suche nach dem Higgs-Boson am LHC diskutieren wir im Kap. 8.

Schließlich wollen wir noch auf einen möglichen Konflikt zwischen dem Ausdruck (7.16) für die potentielle Energie und der im Kap. 2 behandelten Entwicklung des Universums eingehen: Die letzten Bestimmungen der kosmologischen Konstante Λ (oder der „dunklen Energie") ergaben einen in (2.18) angegebenen Wert von der Größenordnung von einigen $10^{-10}\,\mathrm{kg\,s^{-2}\,m^{-1}}$. Die in (7.16) eingeführte potentielle Energie trägt zur kosmologischen Konstante bei; der entsprechende Beitrag ist für ein Higgs-Feld H am Minimum der potentiellen Energie zu berechnen. Mit $\lambda_\mathrm{H} \sim 0{,}36$ kann man diesen Beitrag abschätzen, und man erhält

$$E_\mathrm{pot}(H = 248\,\mathrm{GeV}) \simeq -2{,}5 \cdot 10^{45}\,\mathrm{kg\,s^{-2}\,m^{-1}}\,. \tag{7.21}$$

Dieser Beitrag hat zum einen das falsche Vorzeichen, vor allem aber ist sein Absolutwert um 55 Größenordnungen größer als der gemessene Wert!

Es ist zwar richtig, dass man den Ausdruck (7.16) für die potentielle Energie durch

$$E_\mathrm{pot}(H) = \frac{1}{(\hbar c)^3} \left(-\frac{\mu^2}{2} H^2 + \frac{\lambda_\mathrm{H}^2}{4} H^4 \right) + C \tag{7.22}$$

ersetzen kann: Die Konstante C verändert den Wert von H am Minimum nicht, und der von Null verschiedene Wert von H am Minimum ist die einzige wichtige Eigenschaft dieses Ausdrucks für die potentielle Energie. Im Prinzip kann man einen Wert für C finden, so dass der neue Wert von $E_\mathrm{pot}(H = 248\,\mathrm{GeV})$ mit (2.18) übereinstimmt. Niemand hat jedoch eine vernünftige Idee für einen Ursprung einer Konstanten C, der dazu führt, dass C – auf 55 Dezimalstellen genau! – gerade diesen Wert annimmt. (Die Situation wird noch zusätzlich durch die Tatsache verkompliziert, dass es weitere Quantenbeiträge zur potentiellen Energie gibt, die nichts mit dem Higgs-Feld zu tun haben, aber mindestens von derselben Größenordnung sind, und die ebenfalls durch einen entsprechenden Wert von C kompensiert werden müssen.)

Dieses „Problem der kosmologischen Konstante", das zu den offenen Fragen der Kosmologie gehört (siehe Abschn. 2.5), beschäftigt gleichzeitig Kosmologen und theoretische Elementarteilchenphysiker.

Wenn man nun die Existenz einer Konstanten C annimmt, so dass das Minimum der Funktion $E_\mathrm{pot}(H)$ praktisch bei $E_\mathrm{pot}(H_\mathrm{min}) = 0$ liegt, erlaubt dies eine interessante Spekulation bezüglich eines Ursprungs der Inflation, die im Abschn. 2.4 diskutiert wurde: Inflation bedeutet eine extrem schnelle exponentielle Ausdehnung des Universums (siehe (2.20)), die die gleichmäßige Verteilung der Galaxien und der kosmischen Hintergrundstrahlung im heutigen Universum erklärt. Inflation findet statt, wenn der Parameter Λ ($= E_\mathrm{pot}$) in den Friedmann-Robertson-Walker-Gleichungen (2.6) und (2.7) sehr viel größer als $\varrho(t)c^2$ und $\mathrm{p}(t)$ ist, aber eine inflationäre Phase muss auch wieder zu ihrem Ende gekommen sein. Dies wäre der Fall, wenn E_pot zeitweilig sehr groß war, und erst später auf ihren heutigen mit (2.18) verträglichen Wert abgefallen ist. Da E_pot von sämtlichen im Universum vorhandenen (räumlich konstanten) Feldern abhängt, kann sich E_pot verändern, wenn sich diese Felder im Laufe der Zeit verändert haben.

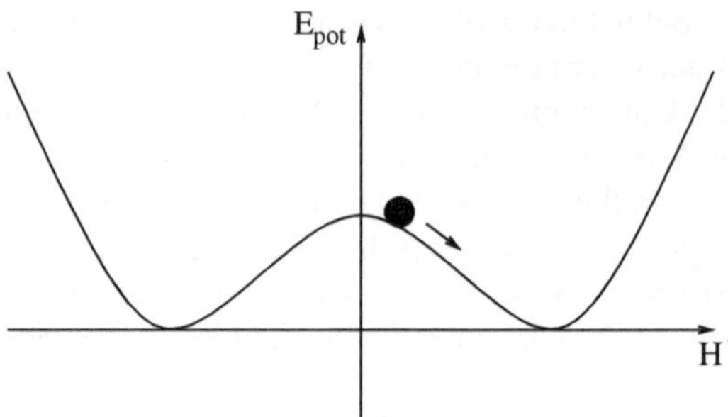

Abb. 7.9 Schematische Darstellung der Ursache einer Zeitabhängigkeit eines Feldes H und damit einer Zeitabhängigkeit seiner potentiellen Energie $E_{\text{pot}}(H)$

Wir hatten oben erwähnt, dass Felder normalerweise den stabilen Wert annehmen, der die potentielle Energie minimiert. Der Wert von Feldern zu Beginn des Universums kann jedoch ein anderer gewesen sein, z. B. kann man annehmen, dass der Wert des Higgs-Feldes H zu Beginn des Universums nahe 0 war. Dann wird der Wert H des Higgs-Feldes sich wie in Abb. 7.9 skizziert verändern; H wird in das Minimum der Funktion $E_{\text{pot}}(H)$ „hineinrollen".

Dabei verringert sich die potentielle Energie, bis sie am Ende praktisch verschwindet (wegen des hier angenommenen Wertes der Konstanten C) – dies ist im Prinzip das Verhalten, das in einem Modell der Inflation erwünscht wird.

Leider stellt sich jedoch heraus, dass für eine potentielle Energie wie in Abb. 7.9 die Zeitdauer der inflationären Phase nicht lange genug ist: Im Abschn. 2.4 hatten wir unterhalb von (2.20) erwähnt, dass die Zeitdauer Δt der inflationären Phase die Ungleichung

$$\sqrt{\frac{\kappa\Lambda}{3}}\, \Delta t \gtrsim 60 \tag{7.23}$$

erfüllen sollte, damit sich ein Gebiet mit Durchmesser Δd, innerhalb dessen das ursprüngliche Gas gleichmäßig verteilt war, zu einem Gebiet größer als das heute bekannte Universum ausdehnt. (In (7.23) wäre Λ durch $E_{\text{pot}}(H)$ zu ersetzen.) In Abb. 7.9 fällt das Higgs-Feld jedoch zu schnell in das Minimum hinein, so dass die Ungleichung (7.23) nicht erfüllt ist.

Damit die Ungleichung (7.23) erfüllt werden kann, müsste die potentielle Energie derartig von einem Feld Φ abhängen, dass die Verweildauer von Φ bei einem großen Wert von $E_{\text{pot}}(\Phi)$ (der dann die Rolle von Λ spielt) verlängert wird. Dies wäre zum Beispiel bei einer Form von $E_{\text{pot}}(\Phi)$ wie in Abb. 7.10 der Fall.

Ein Feld Φ, dessen potentielle Energie eine Form wie in Abb. 7.10 hat (mit Parametern, so dass die Ungleichung (7.23) erfüllt ist), kann aber leider nicht mit dem Higgs-Feld der schwachen Wechselwirkung identifiziert werden – viele Kosmologen glauben deshalb an die Existenz weiterer skalarer Felder, deren potentielle Energie wie in Abb. 7.10 für eine inflationäre Phase des frühen Universums verantwortlich war.

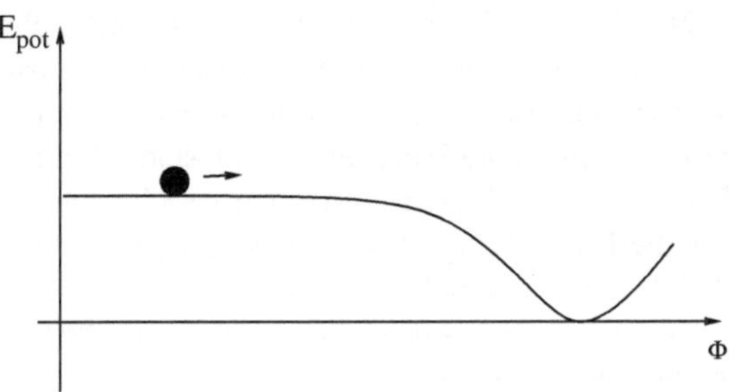

Abb. 7.10 Schematische Darstellung der Ursache einer Zeitabhängigkeit eines Feldes Φ, die zur Erfüllung der Ungleichung (7.23) führen kann

7.4 Die CP-Verletzung

Neben der in Abschn. 7.2 diskutierten Paritätstransformation P gibt es eine weitere Transformation, die man als *Ladungskonjugation* C (charge conjugation) bezeichnet: Unter einer Ladungskonjugation versteht man die Ersetzung aller Teilchen durch ihre Antiteilchen (mit entgegengesetzten Ladungen) und umgekehrt. Zunächst scheinen alle Wechselwirkungen unter dieser Ersetzung invariant zu sein, bei genauerem Hinsehen trifft dies jedoch nicht auf die schwache Wechselwirkung zu: Aus einem linkshändigen Fermion, das an W-Bosonen koppelt, wird nach einer Ladungskonjugation ein linkshändiges Antifermion, das *nicht* an W-Bosonen koppelt. Daher ist die Ladungskonjugation C keine Symmetrie der schwachen Wechselwirkung.

Wir können jedoch das Produkt von zwei Transformationen betrachten, einer Ladungskonjugation C und einer Paritätstransformation P; dieses Produkt nennt man CP-Transformation.

Nach einer CP-Transformation wird aus einem linkshändigen Fermion ein rechtshändiges Antifermion, das genauso wie linkshändige Fermionen an W-Bosonen koppelt. Daher war man lange Zeit der Ansicht, dass alle fundamentalen Wechselwirkungen unter einer CP-Transformation invariant sind.

Diese Ansicht hat sich als falsch herausgestellt, wie man durch das Studium der Zerfälle der K^0-Mesonen gelernt hat: K^0-Mesonen sind elektrisch neutrale Mesonen mit Spin 0. Sie sind durch Felder K_1 und K_2 zu beschreiben, die unter einer CP Transformation entweder invariant sind ($K_1 \rightarrow K_1$), oder in ihr Negatives übergehen ($K_2 \rightarrow -K_2$). Felder K_1 heißen gerade, und Felder K_2 ungerade unter CP – man kann dieses Verhalten durch eine Art CP-Ladung charakterisieren. (K_1 und K_2 sind verschiedene Überlagerungen der Quarkzustände $d\bar{s}$ und $\bar{d}s$.)

Wenn alle fundamentalen Wechselwirkungen unter einer CP-Transformation invariant wären, dürften die Felder K_1 nur in einen Zustand zerfallen, der ebenfalls gerade unter CP ist, wie in zwei Pionen. Dies geht relativ leicht, weswegen die mittlere Lebensdauer von K_1 relativ kurz ist. (K_1 wird auch als K_{short} bezeichnet.) Die Felder K_2 dürften nur in einen Zustand zerfallen, der ebenfalls ungerade unter CP ist, wie in drei Pionen. Dies geht relativ schwer, weswegen die mittlere Lebensdauer von K_2 relativ lang ist. (K_2 wird auch als K_{long} bezeichnet.)

Nun hat man jedoch beobachtet, dass K_{long} ebenfalls – wenn auch sehr selten – in zwei Pionen zerfallen kann. Da sich der Endzustand dann verschieden vom Anfangszustand unter CP-Transformationen verhält bzw. sich die CP-Ladung verändert hat, muss eine Wechselwirkung stattgefunden haben, die *nicht* unter einer CP-Transformation invariant ist; man spricht von einer beobachteten *CP-Verletzung*. Für die Entdeckung dieses Phänomens im Jahre 1964 erhielten J. W. Cronin und V. L. Fitch den Nobelpreis 1980.

Die einzigen Größen, die in der bisher beschriebenen Theorie der schwachen Wechselwirkung eine Symmetrie unter CP-Transformationen verletzen können, sind die in (7.20) aufgeführten Yukawa-Kopplungen. Auf die entsprechenden Einzelheiten können wir hier nicht eingehen; wir möchten lediglich erwähnen, dass eine Verletzung der Symmetrie unter CP-Transformationen damit zusammenhängt, dass diese Yukawa-Kopplungen komplexe Größen sein können (siehe Kap. 9), womit auch die Quarkmassen und letztlich die Kopplungen der Quarks an W-Bosonen (die Cabibbo-Kobayashi-Maskawa-Matrixelemente) komplexe Größen sein können. Bis heute sieht es so aus, dass dieser Ursprung der CP-Verletzung das Verhalten der K-Mesonen (sowie weiterer wie der B-Mesonen, die zur Zeit untersucht werden) erklären kann.

Eine Verletzung der Symmetrie unter CP-Transformationen durch fundamentale Wechselwirkungen hat auch wichtige kosmologische Konsequenzen: Nach der Big-Bang-Theorie würde man zunächst erwarten, dass nach den zahlreichen Streu- und Zerfallsprozessen von Elementarteilchen zu Beginn des Universums (in der sehr heißen und komprimierten Phase) genauso viele Teilchen wie Antiteilchen jeder Art übrigbleiben oder sich praktisch vollständig gegenseitig vernichten. Dies stimmt nicht mit den Beobachtungen überein, nach denen es fast keine Antiteilchen im heutigen Universum gibt. Nun kann man zeigen, dass Streu- und Zerfallsprozesse von Elementarteilchen nur dann spontan ein Teilchen-Antiteilchen-Ungleichgewicht erzeugen können, wenn zumindest eine fundamentale Wechselwirkung *nicht* unter CP-Transformationen invariant ist.

Daher schließt sich der Kreis: Die beobachtete CP-Verletzung kann für das Teilchen-Antiteilchen-Ungleichgewicht im heutigen Universum verantwortlich sein; ohne dieses Ungleichgewicht hätten sich gegen Ende des Big Bang sämtliche Teilchen mit Antiteilchen vernichtet, wodurch unsere Existenz unmöglich gemacht worden wäre. Zur Zeit versucht man, die gemessene Zahl von übrig gebliebenen Teilchen aus Streu- und Zerfallsprozessen von Elementarteilchen zu Beginn des Universums unter Berücksichtigung der CP-Verletzung zu berechnen; es zeigt sich jedoch, dass man hierfür wohl annehmen muss, dass es noch weitere bisher unbekannte Elementarteilchen gibt.

7.5　Neutrino-Oszillationen

Wir hatten in Abschn. 7.1 gesehen, dass jedes geladene Lepton (Elektron, Myon und τ) sein eigenes Neutrino besitzt. Neutrinos entstehen bei durch die schwache Wechselwirkung induzierten Zerfällen. Dabei tragen sie Energie und Impuls fort, was zur Postulierung ihrer Existenz geführt hat. Durch den Vergleich ihrer Energie und ihres Impulses mit der relativistischen Formel (3.22) kann man Informationen über ihre Massen erhalten. Bis heute hat man auf diese Art und Weise jedoch nur gefunden, dass diese Massen sehr viel kleiner als ihre Energien und Impulse (multipliziert mit den entsprechenden Potenzen von c) sind; die oberen Schranken sind wie folgt:

$$m_{\nu_e} \lesssim 2\,\mathrm{eV}/\mathrm{c}^2\,, \qquad m_{\nu_\mu} \lesssim 190\,\mathrm{keV}/\mathrm{c}^2\,, \qquad m_{\nu_\tau} \lesssim 18\,\mathrm{MeV}/\mathrm{c}^2\,. \tag{7.24}$$

Lange Zeit war man deshalb der Ansicht, dass die Neutrinomassen exakt Null sind.

Neutrinos sind sehr schwer nachzuweisen. Alle anderen Elementarteilchen wie Quarks (in Hadronen) oder geladene Leptonen stoßen sich entweder an den Atomkernen oder den Elektronen der Atomhüllen über die starke oder elektrische Wechselwirkung; die Neutrinos sind die einzigen Elementarteilchen, die ausschließlich der schwachen Wechselwirkung unterliegen, und die Wahrscheinlichkeiten für derartige Prozesse sind sehr klein. Deswegen kann ein einzelnes Neutrino mit einer großen Wahrscheinlichkeit enorme Massen an Materie (wie die gesamte Erde) durchqueren, ohne dass es zu einem Streuprozess kommt. Andererseits können Abermillionen von Neutrinos einen Körper durchdringen, wobei nur sehr wenige mit einzelnen Atomen reagieren. Deshalb muss man zum Nachweis von Neutrinos buchstäblich tausende Tonnen von Eisen oder Wasser mit Hilfe von Detektoren genau beobachten, um wenige durch Neutrinos induzierte Prozesse nachweisen zu können – und die müssen auch noch von anderen Prozessen wie der natürlichen Radioaktivität und der Höhenstrahlung unterschieden werden.

Neutrinos können künstlich erzeugt werden, wie durch den β-Zerfall (siehe Abschn. 1.3) von in Kernreaktoren erzeugten Neutronen, oder durch den Zerfall von in Beschleunigerexperimenten (siehe Kap. 8) erzeugten Mesonen wie Pionen und K-Mesonen, die in Elektronen und Myonen sowie ihre zugehörigen Neutrinos zerfallen.

Es gibt jedoch auch mehrere „natürliche" Neutrinoquellen: So wird unsere Atmosphäre permanent von sehr energiereicher sogenannter *kosmischer Strahlung* getroffen, die zu ca. 90 % aus Protonen, aber auch aus α-Teilchen (Heliumkernen), Elektronen und Photonen besteht. (Für die Entdeckung der kosmischen Strahlung erhielt V. Hess 1936 den Nobelpreis.) Wenn diese Teilchen auf die Atmosphäre treffen, entstehen zunächst ganze Lawinen von Photonen, Elektronen und Hadronen (hauptsächlich Pionen), von denen die Letzteren dann weiter in sogenannte atmosphärische Neutrinos zerfallen, die die Erdoberfläche erreichen.

Weiter finden im Inneren der Sonne Kernprozesse statt, deren Energie die Sonne am Leuchten hält, und die ebenfalls sogenannte solare Neutrinos erzeugen. Schließlich ist zu erwarten, dass Neutrinos während des Big Bang entstanden sind, seitdem nicht absorbiert wurden und ähnlich wie die kosmische Hintergrundstrahlung das Universum durchqueren. Auch astrophysikalische Prozesse wie Supernovaexplosionen tragen zur Erzeugung von kosmischen Neutrinos bei.

Zu den überraschenden Entdeckungen der letzten Jahre gehört, dass die verschiedenen Neutrinoarten ν_e, ν_μ und ν_τ sich ineinander umwandeln, d. h. oszillieren. Der erste Hinweis auf solche sogenannte Neutrino-Oszillationen stammt von Versuchen, die solaren Neutrinos nachzuweisen:

Man kennt die Kernreaktionen, die sich im Inneren der Sonne abspielen, und man weiß relativ genau, mit welcher Häufigkeit sie Elektron-Neutrinos welcher Energie erzeugen. Daher weiß man, mit welcher Rate sie auf der Erde nachgewiesen werden sollten. Diese Nachweisrate ist aber etwa um die Hälfte zu klein; statt dessen findet man zu viele Myon-Neutrinos entsprechender Energien.

Eine weitere Anomalie findet man für die atmosphärischen Neutrinos: Die durch die kosmische Strahlung entstandenen Pionen zerfallen im Mittel in etwa doppelt so viele Myonen und ihre Neutrinos als in Elektronen und ihre Neutrinos, wie man in Beschleunigerexperimenten nachprüfen kann. Das gemessene Verhältnis der ν_μ-zur ν_e-Rate ist jedoch kleiner; dies bedeutet, dass Myon-Neutrinos verschwunden sind. Da die Zahl der Elektron-Neutrinos nicht zugenommen hat, nimmt man an, dass sich die Myon-Neutrinos in τ-Neutrinos umgewandelt haben. Diese Interpretation stimmt mit dem Verhalten von in Beschleunigerexperimenten erzeugten Myon-Neutrinos überein.

So scheinen sich sämtliche drei Neutrinoarten ineinander umzuwandeln; interessanterweise verlangt eine theoretische Beschreibung dieses Phänomens, dass Neutrinos nicht exakt masselos sein können. Diese theoretische Beschreibung verwendet wieder die Gleichsetzung eines Neutrinostrahls mit einer Wellenlösung der Klein-Gordon-Gleichung, wie wir sie in Abschn. 4.2 diskutiert haben.

Im Folgenden werden wir die theoretische Beschreibung dieses Phänomens skizzieren, indem wir uns auf zwei Neutrinoarten beschränken. Diese zwei Neutrinoarten sollen den Feldern $\Psi_1(x,t)$ und $\Psi_2(x,t)$ entsprechen; wir nehmen wieder an, dass es sich um zwei entlang der x-Achse gerichtete (von y und z unabhängigen) Wellen handelt.

Falls Neutrinos masselos wären, würden beide Felder $\Psi_1(x,t)$ und $\Psi_2(x,t)$ die masselose Klein-Gordon-Gleichung (4.1) bzw. die vereinfachte Version (4.2) erfüllen. Neutrino-Oszillationen entstehen allerdings erst, wenn die beiden Felder $\Psi_1(x,t)$ und $\Psi_2(x,t)$ Gleichungen mit Massentermen erfüllen, die die Felder vermischen, wie zum Beispiel

$$\left(\frac{\partial^2}{\partial t^2} - c^2\frac{\partial^2}{\partial x^2} + \frac{m^2c^4}{\hbar^2}\right)\Psi_1 + \frac{\Delta m^2c^4}{2\hbar^2}\Psi_2 = 0,$$
$$\left(\frac{\partial^2}{\partial t^2} - c^2\frac{\partial^2}{\partial x^2} + \frac{m^2c^4}{\hbar^2}\right)\Psi_2 + \frac{\Delta m^2c^4}{2\hbar^2}\Psi_1 = 0. \tag{7.25}$$

Hier handelt es sich um ein System von zwei gekoppelten partiellen Differentialgleichungen. Dieses System kann entkoppelt werden, wenn wir die Felder

$$\Psi_+ = \Psi_1 + \Psi_2, \qquad \Psi_- = \Psi_1 - \Psi_2 \tag{7.26}$$

einführen, und die Summe und die Differenz der obigen Gl. 7.25 bilden. Dann sieht man, dass die Felder Ψ_+ und Ψ_- massive Klein-Gordon-Gleichungen mit $m_+^2 =$

$m^2 + \Delta m^2/2,\ m_-^2 = m^2 - \Delta m^2/2$ erfüllen, d. h.

$$\Delta m^2 = m_+^2 - m_-^2\,. \tag{7.27}$$

Die Felder Ψ_1 und Ψ_2 sind jedoch diejenigen, die jeweils einer bestimmten Art von Neutrinos entsprechen (z. B. dem Elektron-Neutrino und dem Myon-Neutrino): Bei Prozessen der schwachen Wechselwirkung werden sie immer zusammen mit dem entsprechenden geladenen Lepton erzeugt oder gehen, bei ihrem Nachweis durch Streuprozesse durch den Austausch von $W^\pm$-Bosonen, in das entsprechende geladene Lepton über – auf diese Art und Weise kann die Neutrinoart experimentell bestimmt werden.

Eine interessante exakte Lösung der beiden Gl. 7.25 ist durch folgende Ausdrücke gegeben:

$$\begin{aligned}
\Psi_1(x,t) &= \cos(kx - \omega t)\cos\left(\frac{\Delta m^2 c^2}{4k\hbar^2}\,x\right), \\
\Psi_2(x,t) &= \sin(kx - \omega t)\sin\left(\frac{\Delta m^2 c^2}{4k\hbar^2}\,x\right),
\end{aligned} \tag{7.28}$$

wo ω folgende Beziehung erfüllt:

$$\omega^2 = k^2 c^2 + \frac{m^2 c^4}{\hbar^2} + \frac{\Delta m^4 c^6}{16 k^2 \hbar^4}\,. \tag{7.29}$$

Wir erinnern daran, dass jetzt $\Psi_i(x,t)^2$ der Wahrscheinlichkeit entspricht, ein Neutrino vom Typ i am Ort x zur Zeit t zu finden. An einem festen Ort x sind die zeitlichen Oszillationen normalerweise so schnell, dass die Messungen einer Mittelung über die Zeit t entsprechen. Die beiden t-abhängigen Funktionen $\cos^2(kx - \omega t)$ und $\sin^2(kx - \omega t)$ in $\Psi_i(x,t)^2$ (die beide zwischen 0 und 1 oszillieren) ergeben dieselben Mittelwerte über die Zeit t, die man mit einem Querstrich bezeichnet:

$$\overline{\cos^2(kx - \omega t)} = \overline{\sin^2(kx - \omega t)} = 1/2\,. \tag{7.30}$$

Daher erhalten wir für die Lösungen (7.28)

$$\overline{\Psi_1^2}(x) = \frac{1}{2}\cos^2\left(\frac{\Delta m^2 c^2}{4k\hbar^2}\,x\right), \qquad \overline{\Psi_2^2}(x) = \frac{1}{2}\sin^2\left(\frac{\Delta m^2 c^2}{4k\hbar^2}\,x\right). \tag{7.31}$$

Zunächst sehen wir, dass die Summe der beiden zeitgemittelten Wahrscheinlichkeiten nicht von x abhängt:

$$\overline{\Psi_1^2}(x) + \overline{\Psi_2^2}(x) = \frac{1}{2}\,. \tag{7.32}$$

Der Faktor $1/2$ ist nur eine Konvention, die durch eine Multiplikation der Felder mit einer beliebigen Konstanten verändert werden könnte. Wichtig ist jedoch, dass demnach keine Teilchen verloren gehen, sondern die Wahrscheinlichkeit, irgend eine Teilchenart zu messen, entlang der x-Achse konstant bleibt.

Am Ursprung $x = 0$ der x-Achse gilt $\overline{\Psi_1^2}(x) = 1/2$ und $\overline{\Psi_2^2}(x) = 0$. Deswegen kann man diese Lösung zur Beschreibung des Falles verwenden, wo Neutrinos der Art Ψ_1 in $x = 0$ erzeugt werden, und zunächst keine Neutrinos der Art Ψ_2 vorliegen. Für zunehmende Werte von x nimmt dann $\overline{\Psi_1^2}(x)$ ab und $\overline{\Psi_2^2}(x)$ zu, bis bei

$$x = \frac{L}{2} = \frac{2\pi k \hbar^2}{\Delta m^2 c^2} \tag{7.33}$$

$\overline{\Psi_1^2}(x) = 0$ und $\overline{\Psi_2^2}(x) = 1/2$ gilt: Dann haben sich, wegen des Mischungstermes $\sim \Delta m^2$ in (7.25), sämtliche Neutrinos der Art Ψ_1 in Neutrinos der Art Ψ_2 umgewandelt. Weiter oszillieren beide Wahrscheinlichkeiten als Funktion von x mit einer Wellenlänge L hin und her, die aus (7.33) erhalten werden kann. In der Praxis sind die Massenterme in (7.29) meistens vernachlässigbar; dann gilt für k in (7.33) $k \simeq \omega/c \simeq E/(\hbar c)$, wobei wir (4.8) verwendet haben, und E die Energie einzelner Neutrinos bedeutet. Wenn wir dies für k einsetzen, erhalten wir für die Oszillationswellenlänge L

$$L \simeq \frac{4\pi E \hbar}{\Delta m^2 c^3} \,. \tag{7.34}$$

Klarerweise führt diese Beschreibung von Neutrino-Oszillationen dazu, dass nicht alle Neutrinos masselos sein können: Die beiden Größen m_+^2 und m_-^2 in (7.27), die im Prinzip messbaren Neutrinomassenquadraten entsprechen, können nicht beide gleich 0 sein, wenn die Oszillationswellenlänge L (und damit $1/\Delta m^2$) kleiner als unendlich ist. Andererseits erlauben die Messungen von Neutrino-Oszillationsraten prinzipiell nur die Bestimmung von Parametern wie Δm^2, aber nicht die eigentlichen Neutrinomassen wie m_+ und m_-. (m_+ und m_- sind die Massen von Teilchen, die den Feldern Ψ_+ und Ψ_- mit entkoppelten Gleichungen entsprechen. Ψ_+ und Ψ_- sind im Allgemeinen Mischungen aus Ψ_1 und Ψ_2, siehe (7.26). Der sogenannte Mischungswinkel beträgt hier 90°, da wir dieselben Massenterme m^2 in beiden Gl. 7.25 angenommen haben. Wenn m^2 in den Gl. 7.25 verschieden ist, ist auch der Mischungswinkel verschieden von 90°.)

Die Oszillationswellenlänge L kann durchaus große Werte annehmen: Die Differenz der Massenquadrate der Elektron- und Myon-Neutrinos ist mit der Größenordnung $\Delta m^2 \sim 8 \cdot 10^{-5}\,\mathrm{eV}^2/\mathrm{c}^4$ verträglich; wenn man für ihre Energie E ein MeV (wie für Kernreaktionen üblich) einsetzt, findet man

$$L \simeq 30\,\mathrm{km}\,. \tag{7.35}$$

In der Natur haben wir es mit drei anstatt mit zwei Neutrinoarten zu tun, weswegen in den drei entsprechenden Gl. 7.25 Massenterme in der Form von 3 × 3-Matrizen vorkommen können (und es wohl auch tun). Zur Zeit besitzen wir nur bruchstückhafte Informationen über diese Massenterme. Zahlreiche weitere Experimente zur Bestimmung der Eigenschaften der Neutrinos sind im Gange, im Aufbau oder in Planung: Experimente an Kernreaktoren, an Teilchenbeschleunigern, und großflächige Unterwasser- (Antares und Baikal) und sogar Untereis-Experimente (Amanda in der Antarktis).

Theorien zum Ursprung dieser Massenterme unterscheiden sich unter anderem darin, ob es auch rechtshändige Neutrinos, und damit eine möglicherweise noch komplizierte Struktur der Neutrino-Massenterme gibt. Aus den Ergebnissen der Experimente erhofft man zu lernen, welche dieser verschiedenen Theorien die Natur zur Erzeugung der Neutrinomassen gewählt hat.

7.6 Übungsaufgaben

7.1 Geben Sie die vollständige Liste der Quarks und Leptonen (leichter als ein $\bar{s}$-Quark) an, in die ein $\bar{s}$-Quark durch die schwache Wechselwirkung zerfallen kann.

7.2 Leiten Sie daraus – und unter der Berücksichtigung einer möglichen Vernichtung des $u\bar{s}$-Paares – die vollständige Liste der Hadronen und Leptonen her, in die ein K^+-Meson (= $u\bar{s}$) mit einer Masse von $\sim 494\,\text{MeV/c}^2$ durch die schwache Wechselwirkung (und weitere Prozesse der starken Wechselwirkung) zerfallen kann.

Die Produktion von Elementarteilchen und die Suche nach dem Higgs-Boson

Experimente in der Elementarteilchenphysik werden zu folgenden Zwecken durchgeführt:

a) neue Teilchen zu entdecken, und/oder die Existenz von in Modellen vorhergesagten Teilchen zu überprüfen;
b) ihre Eigenschaften zu messen, d. h. ihre Massen, Ladungen, Spins und Wechselwirkungen (stark? schwach? neue Wechselwirkungen?) über ihre Produktions- und Zerfallsprozesse.

Dazu werden meistens zwei möglichst energiereiche Strahlen stabiler Teilchen benutzt, wie Elektronen, Positronen, Protonen und Antiprotonen. Man beschleunigt diese Teilchen heutzutage in Ringbeschleunigern, in denen die beiden Strahlen in entgegengesetzter Richtung zirkulieren. Die Strahlen kreuzen sich wie in Abb. 8.1 in sogenannten Wechselwirkungspunkten.

Die meisten Teilchen eines Strahls durchqueren den Wechselwirkungsbereich ohne Streuung an einem Teilchen des anderen Strahls. Diese Teilchen können für spätere Wechselwirkungen wiederverwendet werden – diese Möglichkeit ist einer der großen Vorteile der Ringbeschleuniger. (Diese werden deshalb auch als Speicherringe bezeichnet.) Wenn ein Teilchen eines Strahls an einem Teilchen des anderen Strahls streut, entstehen oft zahlreiche neue Teilchen. Zunächst sind folgende Arten von Streuungen zu unterscheiden:

Elastische Streuung: Man spricht von elastischer Streuung, wenn die Teilchen im Endzustand (nach der Streuung) dieselben wie vor der Streuung sind. Allerdings haben sich ihre Flugrichtungen durch den Streuwinkel verändert, siehe die Elektron-Elektron-Streuung in Kap. 5. Im Falle einer Elektron–Positron-Streuung beschreibt man eine elastische Streuung durch $e^+ + e^- \rightarrow e^+ + e^-$. Wenn man sich auf die elektromagnetische Wechselwirkung beschränkt, tragen die beiden Feynmandiagramme in Abb. 8.2 mit zwei Vertizes zu diesem Prozess bei (zusätzlich gibt es Diagramme der schwachen Wechselwirkung, wo das Photon durch ein Z-Boson zu ersetzen ist).

© Springer-Verlag Berlin Heidelberg 2015

U. Ellwanger, *Vom Universum zu den Elementarteilchen*, DOI 10.1007/978-3-662-46646-9_8

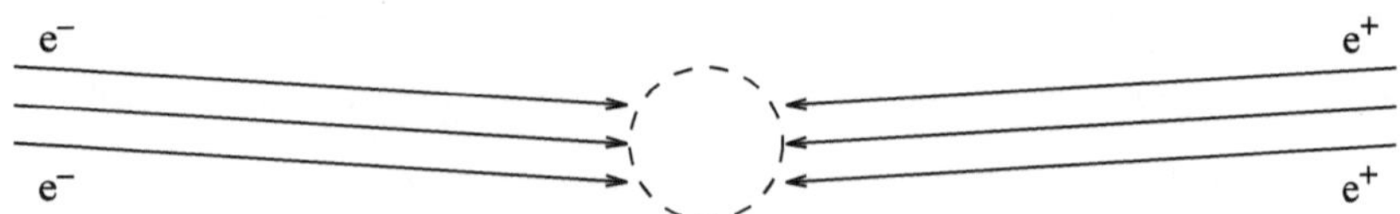

Abb. 8.1 Zwei sich kreuzende Elektron- und Positronstrahlen

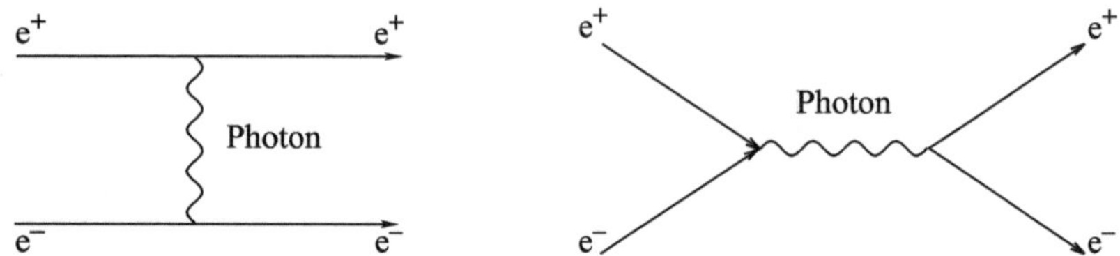

Abb. 8.2 Zwei Diagramme, die zur elastischen Elektron-Positron-Streuung beitragen

Inelastische Streuung: Sie bedeutet, dass die Teilchen im Endzustand verschieden von den Teilchen vor der Streuung sind. Beispiele sind Prozesse der Art $e^+ + e^- \rightarrow p + \bar{p}$, wo p und $\bar{p}$ (von Elektron und Positron verschiedene) Teilchen und Antiteilchen bedeuten. Wenn die Teilchen p und $\bar{p}$ elektrische Ladung tragen, trägt das Feynmandiagramm in Abb. 8.3 zu einem derartigen Prozess bei.

Welche Teilchen p und $\bar{p}$ können so erzeugt werden? Zur Beantwortung dieser Frage ist eine Grundregel der Quantenmechanik (und demnach auch der Quantenfeldtheorie) heranzuziehen: Alle Prozesse, die nach den Gesetzen der Energieerhaltung, Impulserhaltung und der Erhaltung der elektrischen Ladung (und evtl. der Farbe oder weiterer Ladungen) erlaubt sind, sind im Prinzip möglich. Die verschiedenen Prozesse unterscheiden sich jedoch durch ihre relativen Wahrscheinlichkeiten, d. h. ihre relativen Häufigkeiten.

Vor der Berechnung von Wahrscheinlichkeiten ist zu überprüfen, unter welcher Bedingung die Energie erhalten ist. Die Energie eines Teilchens ist nach (3.22) durch $E = \sqrt{m^2 c^4 + |\vec{p}|^2 c^2}$ gegeben. Aus dem Energieerhaltungsgesetz folgt $E(e^+) + E(e^-) = E(p) + E(\bar{p})$, wo $E(p)$ die Energie des produzierten Teilchens und $E(\bar{p})$ die Energie des Antiteilchens ist. Wegen $E(p) > m_p c^2$, wo m_p die

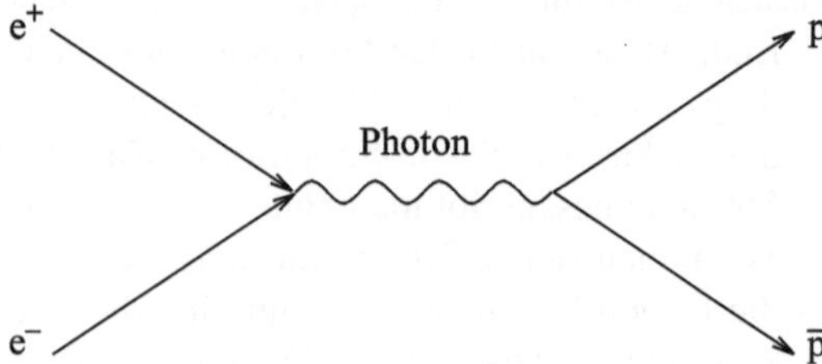

Abb. 8.3 Die Erzeugung eines Teilchen–Antiteilchen-Paares durch eine Elektron-Positron-Vernichtung

Teilchenmasse (gleich der Antiteilchenmasse) bedeutet, gilt

$$E(e^+) + E(e^-) = E = E(p) + E(\bar{p}) > 2\,m_p c^2\,. \tag{8.1}$$

Hier ist E die Gesamtenergie des Prozesses, die diese Ungleichung erfüllen muss, damit Teilchen–Antiteilchen-Paare der Masse m_p erzeugt werden können.

Zunächst müssen wir ein kleines Paradox klären: Die Energie hängt vom Impuls bzw. der Geschwindigkeit ab, die wiederum vom Bezugssystem abhängen. Die Ungleichung (8.1) muss in jedem Bezugssystem erfüllt sein, aber in welchem Bezugssystem kann E so klein wie möglich sein, damit Teilchen-Antiteilchen-Paare der Masse m_p erzeugt werden können? Dies ist das sogenannte Schwerpunktsystem, in dem die Impulse der beiden einlaufenden Teilchen und, wegen der Erhaltung des Gesamtimpulses, die Impulse der auslaufenden Teilchen entgegengesetzt gerichtet sind. (Die Rechnungen in Abschn. 5.2 und 5.3 wurden bereits im Schwerpunktsystem durchgeführt.) Nur im Schwerpunktsystem können die Impulse beider produzierter Teilchen gleichzeitig minimal (praktisch gleich 0) sein; daher können beide Energien $E(p)$, $E(\bar{p})$ minimal (praktisch gleich $m_p c^2$) sein, und die Gesamtenergie E muss kaum größer als $2\,m_p c^2$ sein. Anders gesagt: Es reicht nicht aus, dass die Gesamtenergie E in irgendeinem Bezugssystem größer als $2\,m_p c^2$ ist; es ist notwendig und hinreichend, dass diese Ungleichung im Schwerpunktsystem gilt.

Dadurch lässt sich auch erklären, warum heutzutage fast alle Experimente an Ringbeschleunigern mit zwei entgegengesetzt gerichteten Strahlen durchgeführt werden, und nicht an Beschleunigern mit nur einem Teilchenstrahl, der auf ein ruhendes Ziel („fixed target") trifft. Dazu berechnen wir die Gesamtenergie E_{ft} im Schwerpunktsystem eines fixed-target-Experiments, die sich stark von der Gesamtenergie E_{lab} im Laborsystem (dem Bezugssystem des ruhenden Ziels) unterscheidet.

Wir nehmen an, dass ein Teilchenstrahl von Teilchen mit Impuls $\vec{p}_1$, Masse m und entsprechender Energie $E_1 = \sqrt{m^2 c^4 + \left|\vec{p}_1\right|^2 c^2}$ auf ein ruhendes Teilchen von derselben Masse und entsprechender Energie $E_2 = mc^2$ trifft. Im Laborsystem gilt daher $E_{lab} = E_1 + E_2 = \sqrt{m^2 c^4 + \left|\vec{p}_1\right|^2 c^2} + mc^2$, und für den Gesamtimpuls im Laborsystem $\vec{P}_{lab} = \vec{p}_1$. Die einfachste Möglichkeit, die Gesamtenergie E_{ft} im Schwerpunktsystem zu berechnen, besteht in der Ausnutzung der Tatsache dass die Kombination $E^2 - c^2 \vec{P}^2$ in jedem Bezugssystem dieselbe ist (siehe (3.24)). Im Schwerpunktsystem gilt für den Gesamtimpuls per Definition $\vec{P} = 0$, daher erhalten wir

$$\begin{aligned}
E_{ft}^2 &= E_{lab}^2 - |\vec{P}_{lab}|^2 c^2 \\
&= \left(\sqrt{\vec{p}_1^2 c^2 + m^2 c^4} + mc^2\right)^2 - \vec{p}_1^2 c^2 \\
&= 2\left(mc^2\sqrt{\vec{p}_1^2 c^2 + m^2 c^4} + mc^2\right)
\end{aligned} \tag{8.2}$$

Heutzutage sind die Impulse $|\vec{p}_1|$ typischerweise sehr groß,

$$|\vec{p}_1| \gg mc\,.\tag{8.3}$$

Dann gilt

$$E_{\text{ft}}^2 \simeq 2m|\vec{p}_1|c^3\,.\tag{8.4}$$

Im Falle eines Ringbeschleunigers mit zwei entgegengesetzt gerichteten Strahlen findet man dagegen für die Energie E_{Rb} im Schwerpunktsystem, wieder im Falle sehr großer Impulse (wo (3.28) gilt),

$$E_{\text{Rb}}^2 \simeq 4|\vec{p}_1|^2 c^2\,.\tag{8.5}$$

Wegen (8.3) findet man daher

$$E_{\text{Rb}}^2 \gg E_{\text{ft}}^2\,.\tag{8.6}$$

Aus der relativistischen Beziehung zwischen Energie und Impuls folgt, dass die Schwerpunktsenergie entgegengesetzt gerichteter Strahlen sehr viel größer ist als in einem fixed-target-Experiment. Dementsprechend ist die Produktion neuer (schwerer) Teilchen–Antiteilchen-Paare bei gegebenem Maximalimpuls $|\vec{p}|$ der Strahlteilchen in einem Ringbeschleuniger viel einfacher.

8.1 Der Aufbau von Ringbeschleunigern und Detektoren

In diesem Kapitel wollen wir die Funktionsweise von Ringbeschleunigern und Detektoren skizzieren. Man sollte jedoch erwähnen, dass fixed-target-Experimente immer noch von Bedeutung sind: In fixed-target-Experimenten können Strahlen von instabilen, aber langlebigen Teilchen wie geladene Pionen und Myonen erzeugt werden, die dann auf ein zweites Ziel („secondary target") geschossen und ihre Streuungen studiert werden können. Außerdem können in fixed-target-Experimenten Strahlen von stabilen Antiteilchen wie Positronen und Antiprotonen erzeugt werden, die dann in Ringbeschleuniger eingebracht werden können.

Bisher wurden Experimente an Elektron–Positron-, Elektron–Proton-, Proton–Proton- und Proton–Antiproton-Ringbeschleunigern durchgeführt. Der leistungsstärkste Proton–Antiproton-Ringbeschleuniger war das Tevatron am Fermilab in der Nähe von Chicago, in dem Proton- und Antiproton-Strahlen bis zu einer Energie von je 980 GeV (d. h. einer Gesamtenergie von 1,96 TeV) beschleunigt wurden. An diesem Beschleuniger wurde das t-Quark mit seiner Masse von ca. 173 GeV/c^2 entdeckt, und die Existenz der W-Bosonen bestätigt. Der leistungsstärkste Elektron–Positron-Ringbeschleuniger war der Large Electron Positron Collider (LEP) am CERN in einem Tunnel mit einem Umfang von 27 km in 50–175 m Tiefe und einer Maximalenergie von zuletzt 104 GeV pro Elektron und Positron (d. h. einer Gesamtenergie von 208 GeV). Der Tunnel des LEP wird heute für den LHC verwendet, dem zur Zeit leistungsstärksten Proton–Proton-Ringbeschleuniger, dessen Gesamtenergie im Schwerpunktsystem einmal 14 TeV (7 TeV pro Strahl) betragen soll; 2010–2011 lief er mit der Hälfte der vorhergesehenen Gesamtenergie von 7 TeV, 2012 mit einer Gesamtenergie von 8 TeV.

In Ringbeschleunigern müssen zweierlei Kräfte auf die Teilchen wirken:

i)   die Teilchen müssen beschleunigt werden, und
ii) die Teilchenbahn muss innerhalb des Ringbeschleunigers zu einer näherungsweisen Kreisbahn gekrümmt werden.

Für beide Kräfte wird die Lorentzkraft (5.1) benutzt, weswegen nur elektrisch geladene Teilchen verwendet werden können. Zur Beschleunigung wird in sogenannten Cavities ein elektrisches Feld $\vec{E}$ im Wesentlichen parallel zur Strahlrichtung eingerichtet. Am LHC befinden sich 8 derartige Cavities entlang der näherungsweise kreisförmigen Röhre, die ein elektrisches Feld von ca. 5 MV/m ($5 \cdot 10^6$ Volt pro Meter!) erzeugen.

Die Strahlen sind nicht kontinuierlich; die Teilchen werden in Bunches genannten Paketen beschleunigt. Ein Bunch ist einige cm lang, im Wechselwirkungspunkt nur einige 10^{-2} mm dick, und enthält am LHC ca. 10^{11} Protonen. Die Cavities dienen auch der Komprimierung des Querschnittes der Bunches. Das Ziel ist, jeden Strahl mit 2808 Bunches zu füllen. Das elektrische Feld der Cavities oszilliert mit einer Frequenz von ca. 400 MHz ($4 \cdot 10^8$ mal pro Sekunde), damit es die Bunche immer in die richtige Richtung beschleunigt: Ein Proton erhält bei jedem Durchgang durch eine Cavity einen Energieschub von bis zu 2 MeV.

Allerdings verlieren Teilchen in Ringbeschleunigern wieder Energie durch Synchrotronstrahlung: Teilchen, die sich auf einer Kreisbahn befinden, unterliegen einer gegen den Kreismittelpunkt gerichteten Beschleunigung. Beschleunigte elektrisch geladene Teilchen strahlen immer Photonen, d. h. elektromagnetische Wellen ab; im Falle von elektrisch geladenen Teilchen auf Kreisbahnen nennt man diese Strahlung die *Synchrotronstrahlung* (Synchrotronen waren die ersten kreisförmigen Teilchenbeschleuniger). Dadurch verlieren elektrisch geladenen Teilchen auf Kreisbahnen permanent Energie.[1] Für ein Teilchen der Ladung $\pm e$, Masse m und Energie E auf einer Kreisbahn mit Radius R beträgt dieser Energieverlust pro Zeiteinheit (d. h. die abgestrahlte Leistung P)

$$P = \frac{c\,e^2}{6\pi\,\varepsilon_0 R^2} \left(\frac{E}{m\,c^2}\right)^4 , \tag{8.7}$$

wo ε_0 die in (5.8) angegebene Permittivität des Vakuums ist.

---

[1] Die Tatsache, dass die Elektronen der Atomhüllen keine Synchrotronstrahlung emittieren, zeigt auch, dass die Vorstellung eines punktförmigen Elektrons aus Abschn. 5.5 so nicht richtig sein kann. Die Beschreibung eines Elektrons durch eine stehende Welle im Rahmen des Bohr'schen Atommodells wie in Abb. 5.15, für die nur bestimmte Energiewerte erlaubt sind, beseitigt dieses Problem.

Unglücklicherweise nimmt demnach der Energieverlust mit der vierten Potenz der Teilchenenergie zu, was bei gegebenem Kreisradius R die maximal erreichbare Energie begrenzt. Um diesen Energieverlust zu reduzieren, ist man gezwungen, den Kreisradius R so groß wie irgend möglich zu wählen; dies erklärt den enormen Umfang von heutigen Ringbeschleunigern. Der Verlust ist auch um so größer, je kleiner die Masse der beschleunigten Teilchen ist, und demnach besonders groß für Elektron–Positron-Ringbeschleuniger (siehe die Übungsaufgabe am Ende dieses Kapitels) wie des Large Electron Positron Colliders LEP am CERN. Der Bau von noch größeren Elektron–Positron-Ringbeschleunigern ist jedoch praktisch unmöglich; wenn man in Zukunft Elektron–Positron-Kollisionen bei noch höheren Energien studieren will, muss man geradlinige Beschleunigeranlagen in Betracht ziehen. Ein derartiges Projekt, der International Linear Collider ILC von wohl ca. 35 km Länge, wird zur Zeit diskutiert.

Die notwendige Krümmung der Teilchenbahnen in Ringbeschleunigern wird durch senkrecht angelegte Magnetfelder $\vec{B}$ erreicht: Innerhalb eines Magnetfeldes wirkt die Lorentzkraft (5.1) in eine Richtung, die sowohl senkrecht zur Geschwindigkeit als auch senkrecht zum Magnetfeld steht; natürlich wird das Magnetfeld so gepolt, dass die entsprechende Kraft nach Innen der horizontalgelegenen Kreisbahn gerichtet ist. Hierzu benötigt man am LHC ca. 5000 supraleitende Magnete, in denen Magnetfelder von bis zu 8,4 Tesla $= 8{,}4\,\mathrm{kg/(C\ s)}$ erzeugt werden. (Zum Vergleich: Das Magnetfeld der Erde hat eine Stärke von ca. $5 \cdot 10^{-5}$ Tesla.) Zur Erzeugung dieser Magnetfelder benötigt man Ströme von $\sim 11.700\,\mathrm{A}$, die in supraleitenden Kabeln bei einer Temperatur von $\sim 1{,}9\,°$Kelvin ($\sim 1{,}9$ Grad über dem absoluten Nullpunkt) fließen. Zur Kühlung der insgesamt 7600 km der supraleitenden Kabel benötigt man ca. 700.000 l flüssiges Helium! Im September 2008 hat eine Schweißnaht eines dieser Kabel der Belastung nicht standgehalten. Sie ist explodiert, hat dabei einen Heliumtank zerstört, dessen Explosion wiederum einen Magneten verschoben hat.

Die Teilchenstrahlen kreuzen sich in Wechselwirkungspunkten, die von Detektoren umgeben sind. Am LHC gibt es vier derartige Wechselwirkungspunkte mit den vier Detektoren ALICE, ATLAS, CMS und LHCb (die auf verschiedene Aufgaben spezialisiert sind); daher ähnelt sein Aufbau der Abb. 8.4, wo wir die Magnete weggelassen haben. Die Kreise in Abb. 8.4 stehen für die Wechselwirkungspunkte, und die Rechtecke für die Cavities.

Als nächstes wollen wir uns der Funktionsweise von Detektoren zuwenden. Hier macht man sich folgendes Phänomen zunutze: Wenn Teilchen Materie durchqueren, streuen sie an den Atomen; geladene Teilchen und Photonen streuen an den Elektronen der Atomhüllen, oder auch – besonders stark wechselwirkende Teilchen, d. h. Hadronen – an den Atomkernen. Dabei wird Energie und Impuls auf die Elektronen bzw. Atomkerne übertragen, und die Atome werden zerstört. Entlang der Flugbahn eines Teilchens durch Materie entsteht so eine Spur ungebundener Elektronen; die Zahl dieser freien Elektronen ist proportional zum Energieverlust des Teilchens, und damit proportional zu seiner Energie.

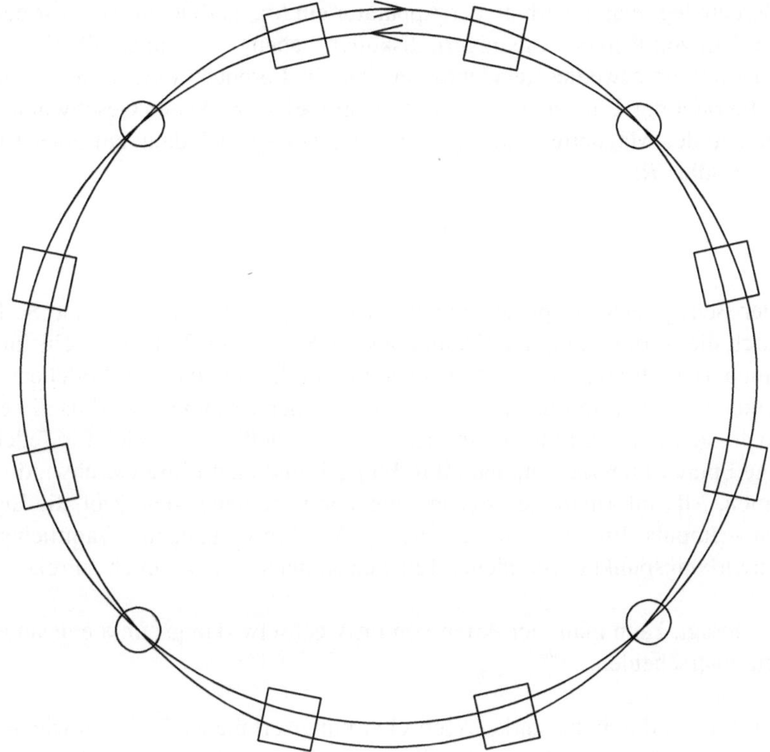

Abb. 8.4 Schematischer Aufbau eines Ringbeschleunigers

In Detektoren werden diese freien Elektronen aufgesammelt: Oft werden gasgefüllte Detektoren aus schichtförmig angeordneten Metallplatten verwendet, zwischen denen sich Schichten paralleler Drähte befinden. Zwischen den Platten und den Drähten liegt eine elektrische Spannung im Kilovoltbereich; dadurch wandern die freien Elektronen auf die Drähte und erzeugen einen Stromimpuls. Man versucht ihre ursprüngliche Zahl, den Ort und den Zeitpunkt ihrer Entstehung so genau wie möglich zu bestimmen, um so die Teilchenspur und die Energie des Teilchens zu rekonstruieren. Im Falle sogenannter (Vieldraht-)Proportionalkammern wird die angelegte elektrische Spannung so gewählt, dass der gemessene Stromimpuls proportional zur Energie der zu vermessenen Teilchen ist; für deren Entwicklung erhielt G. Charpak 1992 den Nobelpreis. Außer gasgefüllten Detektoren gibt es auch Detektoren aus festen Materialien; so können auch Halbleiter dazu verwendet werden, um freie Elektronen aufzusammeln. In sogenannten Szintillatoren (oft aus Plastik) erzeugen geladene Teilchen zahlreiche Photonen (Lichtquanten), die in Photokathoden nachgewiesen werden können.

Außerdem legt man innerhalb der Apparatur ein Magnetfeld an. Wie wir bereits beim Aufbau von Ringbeschleunigern diskutiert haben, wirkt innerhalb eines Magnetfeldes auf ein bewegtes geladenes Teilchen die Lorentzkraft (5.1) senkrecht zu seiner Flugrichtung. Ein geladenes Teilchen mit Ladung q, dessen Geschwindigkeit senkrecht zu den Magnetfeldlinien gerichtet ist, bewegt sich dann auf einer Kreisbahn mit Radius R,

$$R = \frac{p}{qB} \, , \tag{8.8}$$

wo p der Betrag seines Impulses und B der Betrag des Magnetfeldes ist. So lässt sich durch die Vermessung der Krümmung der Spur eines Teilchens sein Impuls bestimmen. (Durch Streuungen an Atomen nimmt der Impuls eines Teilchens entlang seiner Bahn ab, und nach (8.8) damit auch der Krümmungsradius R seiner Bahn, d. h. die Bahn krümmt sich immer mehr.) Schließlich lässt sich für Teilchen, die lange Spuren hinterlassen, auch ihre Flugzeit und damit ihre Geschwindigkeit bestimmen. Alle Informationen zusammengenommen dienen dem Ziel, die Eigenschaften – Impuls, Energie, Masse, Ladung, Wechselwirkungen – sämtlicher im Wechselwirkungspunkt entstandener Teilchen so genau wie möglich zu rekonstruieren.

Grob gesagt, kann man vier Arten von im Wechselwirkungspunkt entstandener Teilchen unterscheiden:

i)   Sehr schnell durch die starke Wechselwirkung zerfallende Teilchen wie die Δ-Baryonen in Kap. 6; von diesen sieht man im Detektor nur die Zerfallsprodukte.

ii) Langsam durch die schwache Wechselwirkung zerfallende Teilchen wie Myonen, τ-Leptonen und Hadronen, die instabile s-, c-, b- und t-Quarks enthalten; diese zerfallen oft erst abseits der Wechselwirkungspunkte (mit Ausnahme der zu schnell zerfallenden t-Quarks), aber noch innerhalb des Detektors (mit Ausnahme der relativ langlebigen Myonen).

iii) Stabile Teilchen wie Elektronen, Positronen, Protonen, Neutronen und Photonen.

iv) Unsichtbare Teilchen, die weder stark noch elektromagnetisch wechselwirken; unter den bekannten Teilchen sind dies die Neutrinos.

Ein Detektor besteht daher aus verschiedenen Komponenten bzw. Modulen: Direkt um den Wechselwirkungspunkt herum liegt ein hochauflösender sogenannter Vertex-Detektor (oder Tracker), oft ein Halbleiterdetektor. Er ermöglicht es, Teilchenspuren mit einer Genauigkeit von einigen 10^{-2} mm zu vermessen und daher auch Vertizes festzustellen, die von relativ langlebigen etwas abseits des Wechselwirkungspunktes zerfallenden Teilchen herrühren. Darum herum liegen sogenannte Kalorimeter, die vor allem der Energiebestimmung dienen: Weiter innen die sogenannten elektromagnetischen Kalorimeter, die vor allem auf Elektronen und Photonen empfindlich sind, weiter außen die Hadrokalorimeter, die vor allem auf stark wechselwirkende Teilchen (Hadronen) empfindlich sind. Alle diese Module sind

Abb. 8.5 Möglicher Endzustand nach einer inelastischen Streuung

in zylinderförmigen Schichten um den Wechselwirkungspunkt und die Strahlachse angelegt. Außerdem sind sie in extrem starke Magnete (mit Magnetfeldern von 2 bis 4 Tesla am LHC) eingepackt, um neben den Energien auch die Impulse der Teilchen zu messen. Fast keine geladenen Teilchen dringen durch all diese Materialien; eine Ausnahme sind Myonen, die nicht stark wechselwirken und wegen ihrer größeren Masse mehr Material als Elektronen durchqueren können. Daher befinden sich als äußerste Schicht die sogenannten Myonkammern: wenn in ihnen eine Teilchenspur gefunden wird, handelt es sich mit großer Wahrscheinlichkeit um ein Myon. Heutzutage ist das Ausmaß der gesamten Apparatur von der Größenordnung eines Mehrfamilienhauses. (Der ATLAS-Detektor am LHC ist 46 m lang und 25 m hoch.)

Ein Streuereignis kann dann zum Beispiel zu den in Abb. 8.5 gezeigten Spuren führen, wo wir die einfallenden Teilchenstrahlen weggelassen haben; man weiß nur, dass sie im als schwarzen Kreis dargestellten Wechselwirkungspunkt aufeinander getroffen sind.

In Abb. 8.5 kann man die Teilchen mit den am Ende stark gekrümmten Spuren als zwei nach rechts und links gerichtete Strahlen von Hadronen identifizieren (solche Strahlen von Hadronen werden als *Jets* bezeichnet), die wahrscheinlich von einem Quark-Antiquark-Paar herrühren. Bei dem Teilchen mit der sehr langen Spur rechts handelt es sich wahrscheinlich um ein Myon, das aus dem Zerfall über die schwache Wechselwirkung z. B. eines b-Quarks (siehe Abb. 7.4) herrühren kann. Hier sieht man zehn Teilchenspuren; am LHC kann ein Ereignis zu bis zu 1000 Teilchenspuren führen!

In den Wechselwirkungspunkten kreuzen sich alle ca. 25 ns ($2{,}5 \cdot 10^{-8}$ s) zwei Bunche, wobei es jedes Mal zu bis zu 20 Kollisionen einzelner Protonen kommen kann. Meistens interessiert man sich nur für die interessanteren inelastischen Streuungen, aber selbst hiervon finden bis zu $6 \cdot 10^8$ pro Sekunde statt!

Klarerweise führt dies zu einem enormen Problem der Datenverarbeitung: Jedes der bis zu $6 \cdot 10^8$ Streuereignisse pro Sekunde erzeugt eine große Anzahl von Informationen in den verschiedenen Modulen der Detektoren, die unmöglich alle gespeichert werden können. Der einzige Ausweg besteht darin, Daten je nach der Natur des Ereignisses frühzeitig auszusortieren. Dazu verwendet man sogenannte Trigger-Systeme: Trigger untersuchen nur die groben Eigenschaften eines Ereignisses und entscheiden dann automatisch, ob es interessant genug ist, um sämtliche Daten zu speichern. Dazu muss man Triggern Kriterien in die Hand geben, die es erlauben, interessante Ereignisse von uninteressanten zu trennen. Typische derartige Kriterien sind

i)   die Anwesenheit von Jets oder Leptonen mit sehr großem Impuls, die vom Zerfall sehr massiver Teilchen wie W-, Z- oder Higgs-Bosonen, aber auch anderer neuartiger Teilchen herrühren können;
ii) die Impulsbilanz sämtlicher Impulskomponenten senkrecht zur Strahlachse: Die Summe dieser Impulskomponenten muss aus Gründen der Impulserhaltung eigentlich gleich Null sein. Wenn dies nicht der Fall ist, sind wohl unsichtbare Teilchen wie Neutrinos, aber möglicherweise auch neuartige unsichtbare Teilchen entstanden – aus neuartigen unsichtbaren Teilchen soll ja die dunkle Materie unseres Universums bestehen!

Obwohl solche Trigger oft nur eines unter ca. 10^7 Ereignissen zur vollständigen Speicherung sämtlicher Daten freigeben, fallen am LHC ca. 1,8 Gigabyte an Daten pro Sekunde an, die selbstverständlich nicht sofort analysiert werden können. Man rechnet damit, mit Hilfe von Computer-Clustern ca. 10^9 Ereignisse pro Jahr analysieren zu können; dementsprechend kann es Monate dauern, bis in Messergebnissen versteckte Entdeckungen wahrgenommen (und überprüft worden) sind. Dieses Phänomen ist allerdings aus früheren Experimenten der Teilchenphysik wohlbekannt.

8.2   Die Entdeckung neuer Elementarteilchen

Bevor wir uns der Suche nach neuen Teilchen an Proton–Proton-Ringbeschleunigern wie dem LHC zuwenden, wollen wir skizzieren, wie neue Teilchen in Elektron–Positron-Kollisionen gesucht werden. Hier ist der zugrunde liegende Prozess relativ einfach und in Abb. 8.3 dargestellt. Wir haben bereits die Bedingung an die Schwerpunktsenergie ($E > 2\,m_\mathrm{p}\mathrm{c}^2$) diskutiert, die erfüllt sein muss, damit ein Teilchen-Antiteilchen-Paar der Masse m_p produziert werden kann. Wenn diese Bedingung erfüllt ist, ist die Berechnung der Wahrscheinlichkeit der Produktion eines Teilchen–Antiteilchen-Paares entsprechend den in Kap. 5 skizzierten Feynmanregeln durchzuführen.

Nach diesen Regeln ist die Amplitude, deren Quadrat die Wahrscheinlichkeit ergibt, das Produkt mehrerer Faktoren. Jeder Vertex, der ein Photon mit einem geladenen Teilchen verbindet, trägt mit einer Potenz der Kopplungskonstante g bzw. der Ladung q des entsprechenden Teilchens (siehe (5.26)) zu diesen Faktoren bei. Daraus folgt, dass die Wahrscheinlichkeit der Produktion eines bestimmten Teilchen–Antiteilchen-Paares durch eine inelastische Elektron–Positron-Streuung proportional ist zu

i)   dem Quadrat der Elektronladung e^2,
ii)   dem Quadrat der Ladung des erzeugten Teilchens p, d. h. q_p^2,
iii) dem Quadrat einer Funktion $f(E, m_\mathrm{e}, m_\mathrm{p})$, die vom Photonpropagator (d. h. von der Photon-Energie $E = E(\mathrm{e}^+) + E(\mathrm{e}^-)$) und den Massen der Teilchen

im Anfangs- und Endzustand abhängt. (Hier interessieren wir uns nicht für den Winkel θ, unter dem die Teilchen p und $\bar{\text{p}}$ emittiert werden; wir nehmen an, dass über alle möglichen Winkel θ integriert wurde.)

Die Funktion $f(E, m_e, m_p)$ verschwindet für $m_p > E/(2c^2)$, da die Energie dann nicht erhalten bleiben könnte. Für $m_p \ll E/(2c^2)$ ist sie dagegen praktisch unabhängig von der Masse m_p der produzierten Teilchen. Man erhält dann für die Wahrscheinlichkeit der Produktion eines Teilchen–Antiteilchen-Paares in der Elektron–Positron-Streuung

$$P(\text{e}^+ + \text{e}^- \to \text{p} + \bar{\text{p}}) \simeq \text{e}^2 \cdot q_p^2 \cdot f^2(E) \,, \tag{8.9}$$

wo wir die Abhängigkeit von f von der Elektron/Positron-Masse im Anfangszustand, die hier immer dieselbe ist, weggelassen haben.

Wir finden demnach für die Produktion von μ- und τ-Leptonen wegen $q_\mu = q_\tau = -\text{e}$ (und für eine Gesamtenergie E sehr viel größer als die Massen der μ- und τ-Leptonen)

$$P(\text{e}^+ + \text{e}^- \to \mu^+ + \mu^-) \simeq P(\text{e}^+ + \text{e}^- \to \tau^+ + \tau^-) = \text{e}^2 \cdot \text{e}^2 \cdot f^2(E) \,. \tag{8.10}$$

(Das Ergebnis für $P(\text{e}^+ + \text{e}^- \to \text{e}^+ + \text{e}^-)$ ist etwas verschieden, da hier zusätzlich das erste der Diagramme in Abb. 8.2 beiträgt.)

In Elektron–Positron-Kollisionen können auch Hadronen produziert werden. Wir wissen, dass Hadronen aus Quarks bestehen. Die Produktion von Hadronen findet in zwei Etappen statt: Zunächst wird ein Quark–Antiquark-Paar wie in Abb. 8.6 produziert. Anschließend emittieren die Quarks und Antiquarks (virtuelle) Gluonen, die in weitere Quark–Antiquark-Paare zerfallen, und am Ende bilden die Quarks und Antiquarks Hadronen wie Pionen, Protonen oder Neutronen. (Wegen des Confinements existieren keine freien Quarks.) Diese zweite Etappe wird als *Hadronisierung* bezeichnet. Wenn die ursprünglichen Quarks und Antiquarks sehr energiereich waren, fliegen die erzeugten Hadronen in Form von gebündelten Strahlen (Jets) entlang der Richtungen der ursprünglichen Quarks und Antiquarks.

Um die Wahrscheinlichkeit der Produktion von Hadronen zu berechnen, kann man die vereinfachende Annahme machen, dass sie nur von der Wahrscheinlichkeit der Produktion des ersten Quark–Antiquark-Paares abhängt; die Wahrscheinlichkeit der Hadronisierung ist immer gleich 1, wenn man über alle Möglichkeiten summiert, verschiedene Hadronen zu erzeugen.

Diese Annahme erlaubt die Verwendung von (8.9) zur Berechnung der Wahrscheinlichkeit der Produktion von Hadronen – unter der Bedingung, dass die Massen der zuerst erzeugten Quarks kleiner als $E/(2c^2)$ sind, und dass man über alle Quarks mit dieser Eigenschaft summiert.

Aus mehreren Gründen ist es nützlich, das Verhältnis der Wahrscheinlichkeiten der Produktion von Hadronen zu der Produktion von Myonen zu betrachten. Im Gegensatz zu Elektronen sind Myonen relativ leicht zu identifizieren, und Messungen

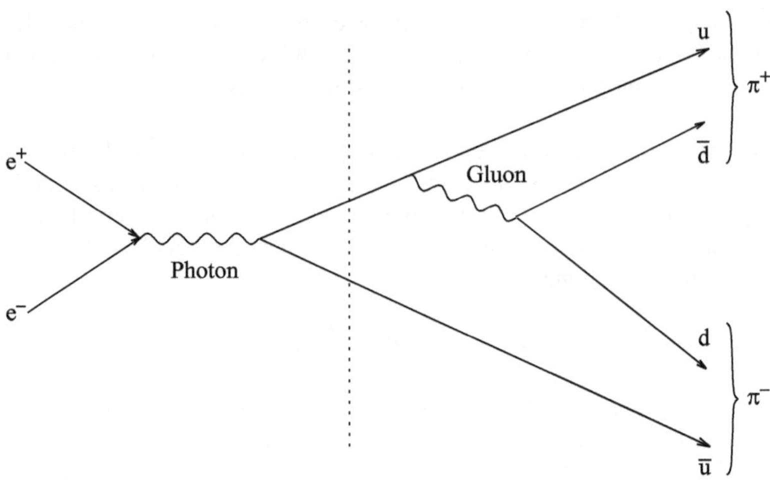

Abb. 8.6 Die Erzeugung von Hadronen über ein Quark–Antiquark-Paar durch eine Elektron–Positron-Vernichtung

von Verhältnissen sind unabhängig von der Teilchendichte der Strahlen, der Dauer der Messung, und vielen Eigenschaften der Teilchendetektoren. Außerdem ergibt (8.9) einen einfachen Ausdruck für dieses Verhältnis, das man als R bezeichnet:

$$R = \frac{P(\text{e}^+ + \text{e}^- \to \text{Hadronen})}{P(\text{e}^+ + \text{e}^- \to \mu^+ + \mu^-)} = \sum_i \frac{\text{e}^2 \cdot q_\text{i}^2 \cdot f^2(E)}{\text{e}^2 \cdot \text{e}^2 \cdot f^2(E)} = \sum_i \left(\frac{q_\text{i}}{\text{e}}\right)^2, \quad (8.11)$$

wobei man über alle Quarks leichter als $E/(2\text{c}^2)$ zu summieren hat. Dies führt zu einer Abhängigkeit von R von der Gesamtenergie E.

Das Verhältnis $R(E)$ wurde in zahlreichen Elektron–Positron-Kollisionsexperimenten für verschiedene Bereiche der Gesamtenergie E gemessen. In Abb. 8.7 zeigen wir Messergebnisse für den Bereich 2 GeV < E < 15 GeV – zusammen mit ihren Fehlerbalken – folgender Experimente:

2 GeV < E < 4,8 GeV: BES Collaboration [21], die am BEPC (Beijing Electron-Positron Collider) in Beijing Daten genommen hat (Kreise)

5 GeV < E < 7,4 GeV: Crystal Ball Collaboration [22] am SPEAR Speicherring bei Stanford, USA (Sterne)

7,4 GeV < E < 9,4 GeV: LENA Collaboration [23] am DORIS Speicherring am DESY, Hamburg (Quadrate)

7,3 GeV < E < 10,4 GeV: MD-1-Detektor [24] am VEPP-4 Kollisionsexperiment in Novosibirsk, UdSSR (Kreise)

12 GeV < E < 15 GeV: Fünf verschiedene Detektoren am PETRA Speicherring am DESY, Hamburg: Tasso [25, 26] (Quadrate), Jade [27] (Kreise), Pluto [28] (gekippte Quadrate), Mark J [29] (Dreiecke) und Cello [30] (Stern).

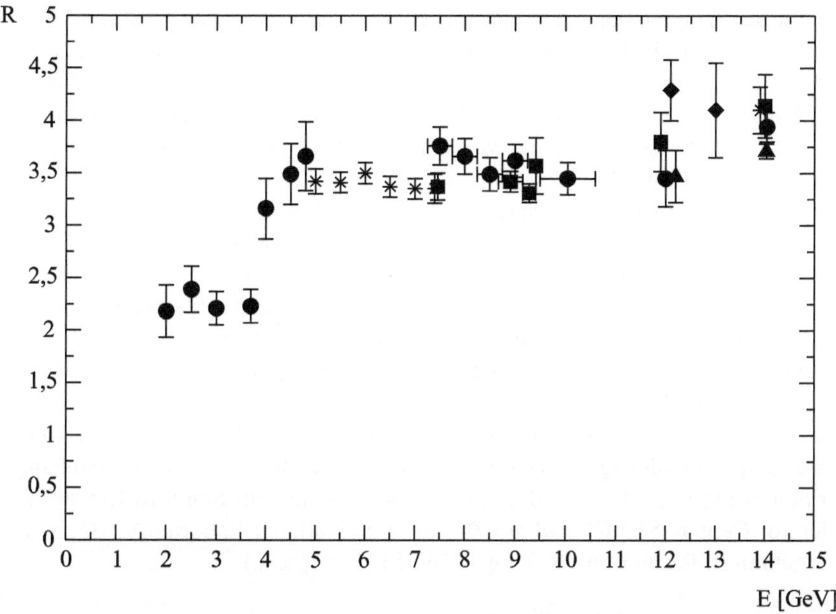

Abb. 8.7 Messergebnisse des in (8.11) definierten Verhältnisses R in Abhängigkeit von der Energie E

Was wäre das Ergebnis der Formel (8.11)? Betrachten wir zuerst den Bereich $2\,\text{GeV} \lesssim E \lesssim 4\,\text{GeV}$. Hier sind folgende Quarks leichter als $E/(2c^2)$: das u-Quark (mit $q_\text{u} = \frac{2}{3}\text{e}$), das d-Quark (mit $q_\text{d} = -\frac{1}{3}\text{e}$) und das s-Quark (mit $q_\text{s} = -\frac{1}{3}\text{e}$). Das c-Quark ist für eine Paarproduktion zu schwer. Die Summe über die Quadrate der Ladungen ergibt demnach $R = (2/3)^2 + (1/3)^2 + (1/3)^2 = 6/9 = 2/3$.

Der gemessene Wert für R liegt jedoch etwas oberhalb von 2, was um etwa einen Faktor 3 zu groß ist! Diese Diskrepanz setzt sich für $4\,\text{GeV} \lesssim E \lesssim 10\,\text{GeV}$ fort, wo zusätzlich das c-Quark (mit $q_\text{c} = \frac{2}{3}\text{e}$) produziert werden kann, und im Bereich $E \gtrsim 12\,\text{GeV}$, wo zusätzlich das b-Quark (mit $q_\text{b} = -\frac{1}{3}\text{e}$) zu R beiträgt.

Wir haben jedoch bei unserer Berechnung von R die Farbe der Quarks vergessen: Nach der QCD kann jedes Quark u, d, s usw. eine der drei möglichen Farben tragen, und in der Summe über i in (8.11) muss jede der drei Farben eines Quarks getrennt berücksichtigt werden – jedes Quark einer bestimmten Farbe trägt getrennt zu dieser Summe bei. Deswegen ist die Vorhersage für R dreimal größer als im Falle „farbloser" Quarks: $R \sim 2$ im Bereich $2\,\text{GeV} \lesssim E \lesssim 4\,\text{GeV}$, $R \sim 3\frac{1}{3}$ im Bereich $4\,\text{GeV} \lesssim E \lesssim 9\text{--}10\,\text{GeV}$, und $R \sim 3\frac{2}{3}$ im Bereich $E \gtrsim 12\,\text{GeV}$.

Jetzt stimmt die Rechnung in etwa mit den Messergebnissen überein. Zwei Punkte sollten jedoch noch erwähnt werden:

a) Die Messergebnisse für R sind systematisch etwas größer als unsere Vorhersage, wo wir den Effekt der Hadronisierung vernachlässigt haben. Tatsächlich kann man zeigen, dass die Hadronisierung – zumindest die Abstrahlung eines Gluons durch eines der beiden erzeugten Quarks – zu einer leichten Zunahme von R führen sollte, was der Beobachtung entspricht. Diese Zunahme von R hängt in berechenbarer Art und Weise von der starken Feinstrukturkonstanten α_s ab, und kann daher zu Messungen von α_s verwendet werden, siehe die Abb. 11.5 in Kap. 11.

b) In Abb. 8.7 haben wir Messergebnisse in den Bereichen $3\,\mathrm{GeV} \lesssim E \lesssim 4\,\mathrm{GeV}$ und $9{,}5\,\mathrm{GeV} \lesssim E \lesssim 10{,}5\,\mathrm{GeV}$ weggelassen, wo R stark variiert: Wenn die Gesamtenergie E sehr nahe an einer Mesonmasse liegt, nimmt R stark zu, da die beiden erzeugten Quarks dann erst einen gebundenen Zustand (das entsprechende Meson) bilden, das anschließend zerfällt. Im Bereich $3\,\mathrm{GeV}\ E \lesssim 4\,\mathrm{GeV}$ sind dies die J/Ψ-Mesonen, die aus einem c- und einem $\bar{\mathrm{c}}$-Quark bestehen, und für $9{,}5\,\mathrm{GeV} \lesssim E \lesssim 10{,}5\,\mathrm{GeV}$ sind es die Υ-Mesonen, die aus einem b- und einem $\bar{\mathrm{b}}$-Quark bestehen. Durch die Produktion dieser Mesonen konnten die entsprechenden Quarks entdeckt werden. (Für die voneinander unabhängige Entdeckung der c-Quarks durch die J/Ψ-Mesonen am Stanford Linear Accelerator Center (SLAC) und am Brookhaven National Laboratory (BNL) 1974 erhielten B. Richter und S. Ting 1976 den Nobelpreis.)

Vor allem hat jedoch der oben genannte Farb-Faktor 3 in der Berechnung von R zu dem Beweis beigetragen, dass jedes Quark in dreifacher Ausführung – mit jeweils einer von drei möglichen Farben – vorkommt, was anders nur sehr schwierig zu überprüfen ist.

Die zur Zeit energiereichsten Elektron–Positron-Streuexperimente wurden am Large Electron Positron Collider (LEP) am CERN durchgeführt. Dort konnte zwar weder ein weiteres Quark, noch ein weiteres Lepton entdeckt werden, aber die Eigenschaften des Z-Bosons – seine Masse, seine Kopplungen und seine Zerfallswahrscheinlichkeiten in die verschiedenen Quarks und Leptonen – wurden mit sehr hoher Präzision gemessen. Die Ergebnisse dieser Messungen stimmen sehr gut mit den Berechnungen im Rahmen der Theorie der schwachen Wechselwirkung aus Kap. 7 überein. Ein weiteres Ziel der Experimente am LEP war die Entdeckung des Higgs-Bosons. Einzelheiten der Higgs-Produktionsprozesse und Higgs-Zerfälle werden wir im nächsten Unterkapitel diskutieren. Am LEP wurde kein Higgs-Boson nachgewiesen; daraus schloss man, dass es schwerer als ca. $114\,\mathrm{GeV/c}^2$ ist.

Nun wenden wir uns der Suche nach neuen Teilchen an Proton–Proton- und Proton–Antiproton-Ringbeschleunigern zu. Wegen der größeren Masse der Protonen ist ihr Energieverlust durch die Synchrotronstrahlung (8.7) sehr viel kleiner, daher können sie auf wesentlich höhere Energien als Elektronen und Positronen gebracht werden.

Der Nachteil von Proton–Proton- oder Proton–Antiproton-Streuungen ist jedoch, dass diese Prozesse komplizierter als die in Abb. 8.3 dargestellten sind, da Protonen aus drei Quarks (und Antiprotonen aus drei Antiquarks) bestehen. Bei einer energiereichen Proton–Antiproton-Streuung kann sich lediglich ein Quark eines Protons mit einem Antiquark eines Antiprotons in ein Boson (Gluon, Photon, W-

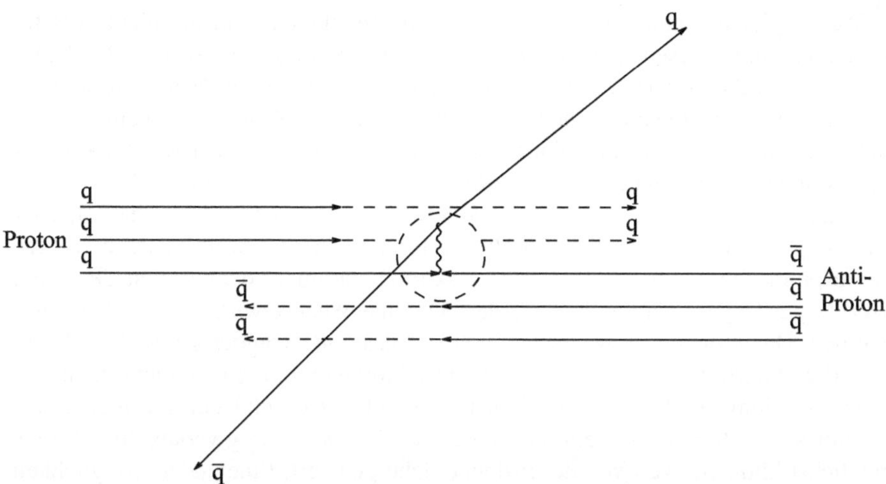

Abb. 8.8 Schematische Abbildung einer Proton–Antiproton-Kollision, wo sich (innerhalb des gestrichelten Kreises, der eine Lupe darstellt) lediglich ein Quark eines Protons mit einem Antiquark eines Antiprotons in ein Boson vernichtet, das hier wiederum in ein Quark–Antiquark-Paar zerfällt

oder Z-Boson) vernichten, das anschließend in ein Teilchen–Antiteilchen-Paar zerfällt; s. Abb. 8.8, wo wir den Prozess der Hadronisierung weggelassen haben. Die anderen Quarks tragen praktisch nichts zur Energie dieses Unterprozesses innerhalb des gestrichelten Kreises bei.

Ein Quark innerhalb eines energiereichen Protons trägt nicht notwendigerweise ein Drittel seiner kinetischen Energie: Es stimmt zwar, dass die Summe der Energien der drei Quarks gleich der Protonenergie sein muss, die Energie eines einzelnen Quarks kann jedoch zwischen 0 und der Gesamtenergie des Protons schwanken. Im Gegensatz zu den Energien der Elektronen und Positronen in Abb. 8.3 sind deswegen die Energien der am Unterprozess im Kreis in Abb. 8.8 beteiligten Quarks und Antiquarks vor der Streuung nicht bekannt. Dies – und die große Zahl der Hadronen im Endzustand durch die „übriggebliebenen" Quarks und Antiquarks – macht das Studium und die Interpretation von Proton- oder Antiproton-Kollisionen sehr viel schwieriger. Trotzdem konnte in Proton–Proton-Kollisionen am LHC das Higgs-Boson entdeckt werden, und man erhofft bei der größeren Gesamtenergie der Protonen ab 2015 von 13-14 TeV die Entdeckung weiterer neuer Teilchen, zum Beispiel solche, die in noch spekulativen supersymmetrischen Erweiterungen des Standardmodells (s. Abschn. 12.2) vorhergesagt werden.

Neben diesen Experimenten an den energiereichsten Beschleunigern werden auch noch Experimente an Beschleunigern geringerer Energie, aber mit besonders hoher Teilchenzahl durchgeführt. Diese dienen dem Ziel, seltene Zerfälle von bekannten Teilchen wie den b-Quarks (an sogenannten „B-Factories") zu vermessen. Seltene Zerfälle können durch virtuelle neuartige Teilchen induziert werden, die zu schwer sind, um sie in den heutigen Beschleunigern direkt zu sehen.

Weiter gibt es zahlreiche Experimente der Teilchenphysik, die nicht auf Beschleuniger angewiesen sind. So haben wir bereits am Ende von Abschn. 7.5 darauf hingewiesen, dass manche Experimente die Eigenschaften von Neutrinos untersuchen, insbesondere die mögliche Umwandlung von einer Neutrinoart in eine andere. Dabei können die Neutrinos einen kosmischen Ursprung haben wie Supernovaexplosionen (kosmische Neutrinos), Kernreaktionen in der Sonne (solare Neutrinos), als Zerfallsprodukte von Myonen auftreten, die wiederum aus inelastischer Streuung von Teilchen der kosmischen Strahlung in der Atmosphäre herrühren (atmosphärische Neutrinos), aus Kernreaktoren stammen, oder gezielt durch ein fixed-target-Experiment erzeugt werden. Da eine Wechselwirkung von Neutrinos in einem Detektor sehr unwahrscheinlich ist (da sie nur von der schwachen Wechselwirkung herrühren kann), müssen die Detektoren extrem gut von anderer natürlicher Strahlung geschützt werden, um auf die seltenen durch Neutrinos induzierten Ereignisse empfindlich zu sein. Deswegen werden sie in Bergwerken oder Tunnel möglichst kilometerweit von der Erdoberfläche platziert. Eine andere Möglichkeit besteht darin, das Wasser der Tiefsee (in ca. 1 km Tiefe) als Detektor zu verwenden, wo Wechselwirkungen von Neutrinos zu schwachen Lichtblitzen führen können, die durch an langen Seilen hängenden Fotodetektor nachgewiesen werden.

In den letzten Jahren haben zunehmend Experimente der Astroteilchenphysik an Bedeutung gewonnen, die auf die Untersuchung der kosmischen Strahlung spezialisiert sind. Kosmische Strahlung besteht aus Photonen, Elektronen, Positronen, Protonen und Antiprotonen, die extrem energiereich (bis zu $10^{20}\,\mathrm{eV} = 10^{11}\,\mathrm{GeV}$) sein können – derartige Energien sind für Beschleuniger unerreichbar. Zu ihrem Studium kann man Detektoren mit Ballonen bis in die Stratosphäre aufsteigen lassen, an Satelliten oder in der internationalen Raumstation platzieren. Weiter können die besonders energiereichen (aber auch besonders seltenen) Teilchen schwache Lichtblitze in der Atmosphäre erzeugen, die mit Teleskopen oder gar kilometerweiten Netzwerken von Teleskopen (wie bei den Pierre Auger-Observatorien in Wüsten in Argentinien und Colorado) gesucht werden.

Die kosmische Strahlung kann von Supernovaexplosionen, Pulsaren, schwarzen Löchern und anderen astrophysikalischen Phänomenen herrühren. Ein weiterer möglicher Ursprung hängt mit der dunklen Materie zusammen: Wenn die dunkle Materie aus Teilchen besteht, können diese Teilchen inelastisch aneinander streuen und dabei andere Teilchen erzeugen, die zur kosmischen Strahlung beitragen. Derartige Prozesse wären besonders häufig nahe der Zentren von Galaxien, wo die Dichte der dunklen Materie besonders groß ist, und würde zu Teilchen wohldefinierter Energie führen. Falls andere astrophysikalische Phänomene für derartige noch zu entdeckenden Komponenten der kosmischen Strahlung ausgeschlossen werden können, würde man von einem indirekten Nachweis von dunkler Materie sprechen.

Schließlich versucht man auch, dunkle Materie direkt auf der Erde nachzuweisen. Die entsprechenden Teilchen wären ja überall zu finden, wären aber wie Neutrinos neutral und würden nur sehr selten wechselwirken. Diese Teilchen könnten an Atomkernen streuen, und dabei Energie (ca. 10 keV) übertragen; man erwartet jedoch nur ca. ein Streuereignis pro kg Material alle zehn Tage! In extrem empfindlichen Detektoren aus großen Mengen (bis zu 1 t) schwerer Kerne (z. B. Germanium oder Xenon) versucht man, diesen Energieübertrag zu messen. Wie im Falle von Neutrinoexperimenten müssen diese Detektoren gut vor natürlicher Strahlung geschützt werden, und befinden sich an denselben unzugänglichen Orten. Manche Neutrinoexperimente können gleichzeitig zur Suche nach der dunklen Materie verwendet werden.

Da die Teilchen der dunklen Materie ja auch an Beschleunigern produziert werden können, erhofft man ihren mehrfachen Nachweis durch entsprechende Detektoren, indirekt in der kosmischen Strahlung und durch Experimente der Teilchenphysik. Auf jeden Fall wird in Zukunft die „Wechselwirkung" der traditionellen Teilchenphysik mit der relativ jungen Astroteilchenphysik eine große Rolle spielen.

8.3 Die Suche nach dem Higgs-Boson

Zunächst beschreiben wir die Suche nach dem Higgs-Boson am Elektron–Positron-Speicherring LEP, wo der Higgs-Produktionsprozess relativ einfach gewesen wäre. In Elektron–Positron-Streuexperimenten können Higgs-Bosonen über das Feynmandiagramm in Abb. 8.9 erzeugt werden. In Abb. 8.9 steht Z^* für ein virtuelles Z-Boson, und Z und Higgs für reelle Teilchen, für die die Energie–Impuls-Beziehung (3.22) gilt.

Das Feynmandiagramm in Abb. 8.9 ist nicht ganz vollständig, da sowohl das reelle Z-Boson als auch das reelle Higgs-Boson instabil sind: Ein Z-Boson kann in sämtliche Lepton–Antilepton- oder Quark–Antiquark-Paare zerfallen (bis auf Top–Antitop-Quarks, die zu schwer sind). Ebenso kann ein Higgs-Boson in sämtliche Lepton–Antilepton-, Quark–Antiquark- oder Boson–Antiboson-Paare zerfallen, die leicht genug sind. Die relativen Zerfallswahrscheinlichkeiten sind jedoch immer proportional zum Quadrat der entsprechenden Kopplungen. Die Kopplungen eines Higgs-Bosons an Quarks und Leptonen sind die Yukawa-Kopplungen (7.20), die proportional zu den Massen der Quarks und Leptonen sind. Demnach zerfällt das Higgs-Boson bevorzugt (d. h. mit der größten Wahrscheinlichkeit) in das schwerste Teilchenpaar; falls diese Teilchen reell (d. h. nicht virtuell) sind, muss die Masse dieser Teilchen wegen der Energieerhaltung jedoch kleiner als die halbe Higgs-Masse sein. Im Falle einer Higgs-Masse kleiner als ca. $140\,\mathrm{GeV/c^2}$ zerfällt das Higgs-Boson deswegen bevorzugt in ein b-$\bar{\mathrm{b}}$-Paar. Selbst im Falle einer Higgs-Masse von ca. $125\,\mathrm{GeV/c^2}$, die später gemessen wurde, kann das Higgs-Boson jedoch immer noch in ein W^+-W^--Paar oder ein Z-Z-Paar zerfallen, auch wenn die Summe der W^+-W^--Massen oder der Z-Z-Massen eigentlich größer ist: Dann muss allerdings mindestens eines der $W^\pm$-Bosonen oder der Z-Bosonen virtuell sein, d. h. seine Energie muss kleiner als $\sqrt{M^2 c^4 + |\vec{p}|^2 c^2}$ sein (und es zerfällt sofort nach seiner Produktion durch einen Higgs-Zerfall), damit die im Higgs-Boson gespeicherte Energie von $125\,\mathrm{GeV}$ erhalten bleibt. Die Wahrscheinlichkeit für Higgs-Zerfälle in virtuelle W^+-W^-- oder Z-Z-Paare ist jedoch kleiner als es die Wahrscheinlichkeit für Higgs-Zerfälle in reelle W^+-W^-- oder Z-Z-Paare gewesen wäre.

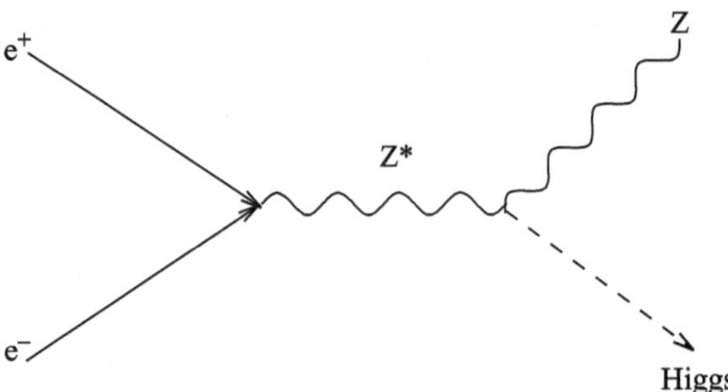

Abb. 8.9 Mögliche Produktion eines Higgs-Bosons (zusammen mit einem Z-Boson) über ein virtuelles Z-Boson durch eine Elektron–Positron-Vernichtung

Kehren wir zum Higgs-Produktionsprozess in Abb. 8.9 zurück: Aus der Energieerhaltung für diesen Prozess folgt ähnlich wie bei der Herleitung der Ungleichung (8.1), dass er nur möglich ist, falls die Summe der Higgs-Masse und der Z-Boson-Masse kleiner als die Gesamtenergie E/c^2 ist. Für $E \sim 208\,\text{GeV}$ und mit $M_\text{Z} \sim 91\,\text{GeV/c}^2$ hätte deswegen ein Higgs-Boson am LEP nur entdeckt werden können, wenn es leichter als ca. $114\,\text{GeV/c}^2$ wäre. (Die Higgs- und Z-Bosonen im Endzustand müssen für ihren Nachweis in den Detektoren auch noch etwas kinetische Energie besitzen.)

Es wurde jedoch kein Higgs-Boson am LEP nachgewiesen; daraus schloss man, dass es schwerer als ca. $114\,\text{GeV/c}^2$ ist. Dieser Schluss galt allerdings nur unter der Annahme, dass die Kopplung des Higgs-Bosons an das Z-Boson, die in Abb. 8.9 vorkommt, sowie die Higgs-Zerfallswahrscheinlichkeiten in b-Quarks den üblichen Erwartungen entsprechen; falls diese Größen sehr viel kleiner sind, hätte auch ein leichteres Higgs-Boson in den LEP-Experimenten nicht unbedingt nachgewiesen werden können.

Deshalb richtete sich das Augenmerk in den nächsten Jahren auf den LHC mit seiner sehr viel größeren Schwerpunktsenergie. Die Produktionsprozesse eines Higgs-Bosons in Proton–Proton-Kollisionen sind jedoch komplizierter als in Elektron-Positron-Kollisionen wie in Abb. 8.9. Ähnlich wie bei Proton–Antiproton-Kollisionen in Abb. 8.8 tragen jetzt nur zwei Quarks q (eines aus jedem Proton) zum eigentlichen Prozess bei. In den Abb. 8.10, 8.11 und 8.12 haben wir die drei dominanten Prozesse auf dem „Quark-Niveau" skizziert, die für die Produktion eines Higgs-Bosons am LHC wichtig sind. (Im Gegensatz zu Abb. 8.8, wo die horizontale Achse der Strahlachse entspricht, läuft in Abb. 8.10, 8.11 und 8.12 die Zeitachse von links nach rechts.)

Die direkten Kopplungen von u- und d-Quarks an das Higgs-Boson sind vernachlässigbar klein, da diese Kopplungen proportional zu den hier sehr kleinen Quark-Massen sind. Deshalb strahlt in Abb. 8.10 zunächst jedes der Quarks q (u- oder d-Quark) ein Gluon ab. Gluonen koppeln auch nicht direkt an Higgs-Bosonen (die keine Farbe tragen), sondern nur an Quarks wie das t-Quark. Die Kopplung von t-Quarks an Higgs-Bosonen ist besonders stark, da t-Quarks besonders schwer sind.

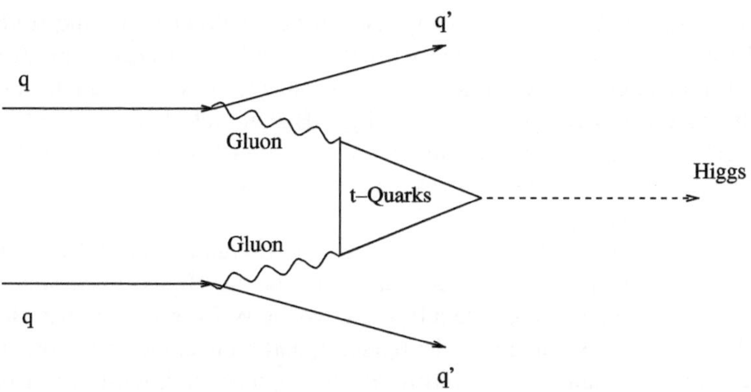

Abb. 8.10 Produktion eines Higgs-Bosons aus zwei Quarks q durch Gluon-Fusion

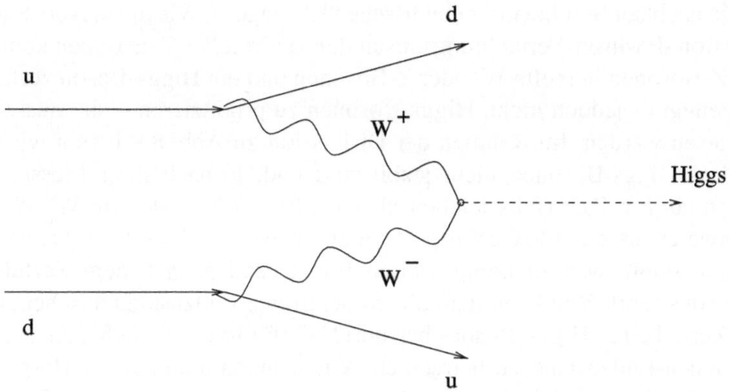

Abb. 8.11 Produktion eines Higgs-Bosons aus zwei Quarks u und d durch Vektor–Boson-Fusion, womit die Fusion von W-Bosonen gemeint ist

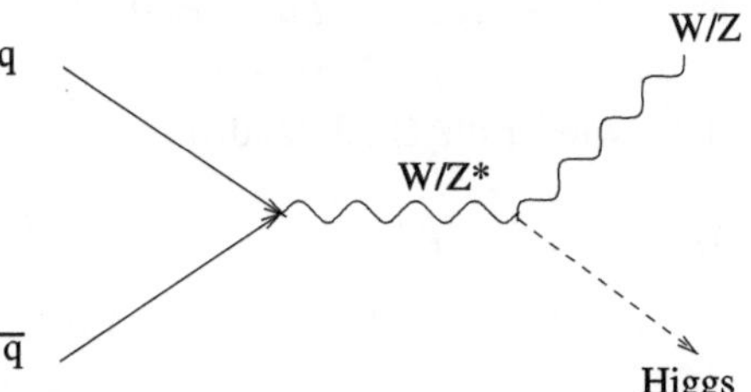

Abb. 8.12 Produktion eines Higgs-Bosons durch virtuelle W- oder Z-Bosonen, die aus der Vernichtung von einem Quark q mit einem Antiquark q̄ herrühren. Die mit einem Stern * gekennzeichneten virtuellen W- oder Z-Bosonen zerfallen wie in Abb. 8.9 in reelle W- oder Z-Bosonen und ein Higgs-Boson

Daher können zwei Gluonen ein Higgs-Boson nur indirekt über eine sogenannte „Schleife" (hier: ein Dreieck) von virtuellen t- und Anti-t-Quarks produzieren. Beiträge von anderen Quarks in der Schleife existieren im Prinzip auch, sind aber wegen ihrer kleineren Kopplung an das Higgs-Boson viel kleiner. Die Quarks q' sind dieselben wie die Quarks q, nur mit veränderten Farben nach der Abstrahlung der Gluonen. Der gesamte Prozess in Abb. 8.10 wird Higgs-Produktion durch „Gluon-Fusion" genannt.

In Abb. 8.11 strahlt zunächst jedes der u- und d-Quarks ein W-Boson ab. Im Gegensatz zu Gluonen koppeln W-Bosonen direkt an das Higgs-Boson. Im Prinzip gibt es auch einen weiteren ähnlichen Prozess, wo die W-Bosonen durch Z-Bosonen ersetzt sind (und die Natur der einlaufenden Quarks unverändert bleibt). Da W- und Z-Bosonen sogenannte Vektor-Bosonen mit Spin $\hbar$ sind, wird der Prozess in Abb. 8.11 Higgs-Produktion durch „Vektor–Boson-Fusion" genannt.

In Abb. 8.12 macht man sich zunutze, dass Protonen auch (wenige) Antiquarks enthalten, die wiederum von in Quark–Antiquark-Paare zerfallende Gluonen herrühren. Quarks und Antiquarks können sich in virtuelle W- oder Z-Bosonen vernichten (je nach der Summe ihrer elektrischen Ladungen). Wie die in Abb. 8.9 durch eine Elektron–Positron-Vernichtung entstandenen virtuellen Z-Bosonen können die W- oder Z-Bosonen in reelle W- oder Z-Bosonen und ein Higgs-Boson zerfallen.

Nun genügt es jedoch nicht, Higgs-Bosonen zu produzieren – sie müssen auch nachgewiesen werden. Im Rahmen der Diskussion zu Abb. 8.9 hatten wir bereits betont, dass Higgs-Bosonen nicht stabil sind und, je nach ihrer Masse, hauptsächlich in ein b-$\bar{\text{b}}$-Paar (falls leichter als ca. $140\,\text{GeV/c}^2$) oder ein W^+-W^--Paar (falls schwerer als ca. $140\,\text{GeV/c}^2$) zerfallen. Weiter sind weder b-Quarks noch W-Bosonen stabil, was zu komplizierten Endzuständen nach dem Zerfall eines Higgs-Bosons führt. Wie kann man einem derartigen Endzustand ansehen, dass er aus dem Zerfall eines Higgs-Bosons herrührt? Hierfür ist es nützlich, zunächst einen Zwei-Teilchen-Endzustand zu betrachten: Wir nehmen an, dass ein Higgs-Boson der Masse M_H in zwei Teilchen zerfällt, von denen die Energien E_1, E_2 und Impulse $\vec{P}_1$, $\vec{P}_2$ gemessen werden können. Daraus können wir auf Grund der Energie- und Impulserhaltung auf die Energie E_H und den Impuls $\vec{P}_\text{H}$ des Higgs-Bosons schließen:

$$E_\text{H} = E_1 + E_2\,, \qquad \vec{P}_\text{H} = \vec{P}_1 + \vec{P}_2\,. \tag{8.12}$$

Nun erfüllen E_H und $\vec{P}_\text{H}$ wieder die Gl. 3.22, d. h.

$$\begin{aligned}
M_\text{H}^2 c^4 &= E_\text{H}^2 - \vec{P}_\text{H}^2 c^2 \\
&= (E_1 + E_2)^2 - (\vec{P}_1 + \vec{P}_2)^2 c^2\,.
\end{aligned} \tag{8.13}$$

Daher erfüllen die Energien E_1, E_2 und Impulse $\vec{P}_1$, $\vec{P}_2$ der beiden Teilchen immer die Beziehung (8.13), wenn sie aus dem Zerfall eines Higgs-Bosons herrühren. Wichtig ist, dass zwei derartige Teilchen auch aus völlig anderen Prozessen kommen können, die nichts mit dem Zerfall eines Higgs-Bosons zu tun haben.

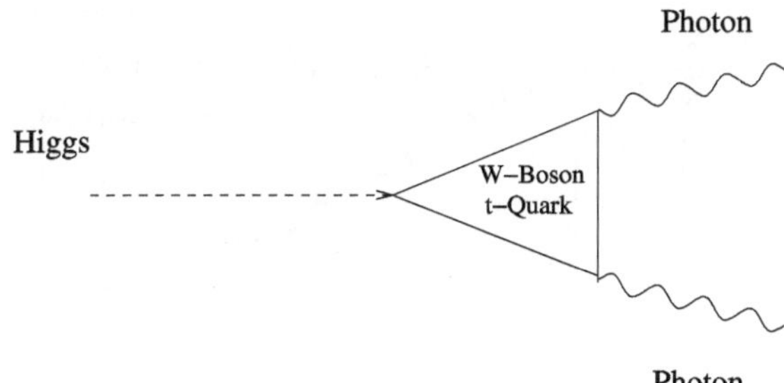

Abb. 8.13 Zerfall eines Higgs-Bosons in zwei Photonen über Schleifendiagramme

Dann werden ihre Energien und Impulse im Allgemeinen jedoch *nicht* die Beziehung (8.13) erfüllen! Diese Überlegung lässt sich leicht auf kompliziertere Endzustände mit mehreren Teilchen verallgemeinern, falls man alle ihre Energien und Impulse messen kann. Da man ja die Higgs-Boson-Masse im voraus nicht kannte, ging man wie folgt vor:

a) Man konzentrierte sich auf zwei Teilchen, die im Prinzip aus dem Zerfall eines Higgs-Bosons herrühren konnten. Wenn sie in einem Ereignis auftauchten, maß man ihre Energien und Impulse, aus denen man wiederum die Größe $M_{12}^2 = (E_1 + E_2)^2 c^{-4} - (\vec{P}_1 + \vec{P}_2)^2 c^{-2}$ berechnete. Diese Größe wird auch als „invariante Masse" bezeichnet, da sie nicht vom verwendeten Bezugssystem abhängt.

b) Man trage auf, mit welcher Häufigkeit welche Werte von M_{12} gemessen wurden.

Nun werden die Ereignisse, die nichts mit dem Zerfall eines Higgs-Bosons zu tun haben, der sogenannte Untergrund, zu einer gleichmäßigen (oft abfallenden) Verteilung der Häufigkeit mit M_{12} führen. Diejenigen Ereignisse, die aus einem Higgs-Boson-Zerfall herrühren, werden jedoch immer denselben Wert von M_{12} ergeben ($\pm$ Messungenauigkeiten).

Im konkreten Fall der Suche nach einem Higgs-Boson am LHC wird die Situation durch die Tatsache verkompliziert, dass die invarianten Massen der Zerfallsprodukte b-$\bar{\text{b}}$ oder W$^+$-W$^-$ schwer zu bestimmen sind. Zusätzlich werden b-$\bar{\text{b}}$-Paare besonders häufig durch Prozesse der starken Wechselwirkung produziert. Dies macht es sehr schwierig, den einem Higgs-Boson entsprechenden Überschuss in der Verteilung der invarianten Masse von b-$\bar{\text{b}}$-Paaren zu finden.

Ein Ausweg bestand darin, sich auf seltenere Higgs-Zerfälle zu konzentrieren, deren Endzustände dafür sehr einfach zu analysieren sind. Dies ist der Zerfall von Higgs-Bosonen in zwei Photonen. Zunächst erscheint dieser Zerfall unmöglich, da ein Higgs-Boson nicht an Photonen koppelt; wie im Falle der Produktion von Higgs-Bosonen durch Gluonen in Abb. 8.10 kann eine derartige Kopplung jedoch durch Schleifendiagramme wie in Abb. 8.13 erzeugt werden. (Die dominanten Beiträge kommen jetzt von t-Quarks und W-Bosonen in der Schleife.)

Die Wahrscheinlichkeit für einen derartigen Zerfall ist zwar sehr klein – nur jedes ca. tausendste Higgs-Boson wird so in zwei Photonen zerfallen – aber die Energien und Impulse der Photonen sind besonders sauber zu messen. Daher war eine Analy-

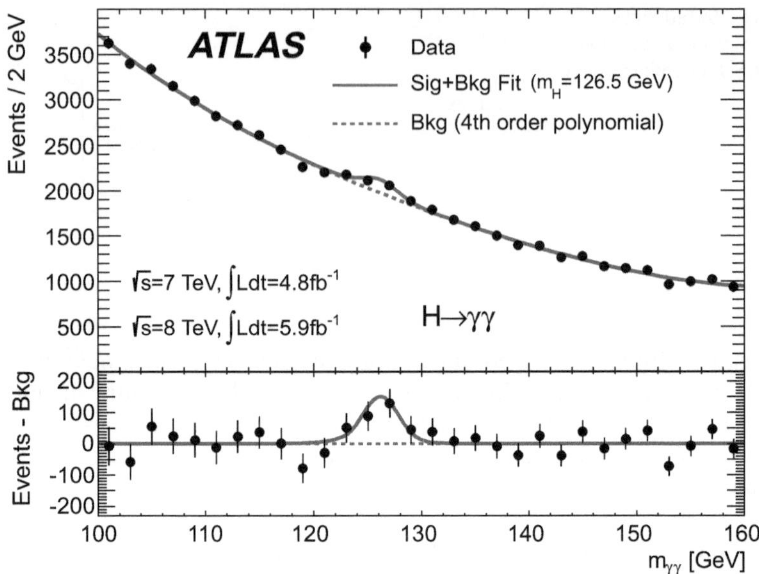

Abb. 8.14 Häufigkeiten von Ereignissen mit zwei Photonen γ im ATLAS-Detektor bis Juni 2012 in Abhängigkeit von den invarianten Massen $m_{\gamma\gamma}$, aus [31]

se der invarianten Masse von zwei Photonen die vielversprechendste Methode, ein Higgs-Boson zu entdecken und seine Masse zu messen.

In Abb. 8.14 zeigen wir die Ergebnisse der Messungen durch den ATLAS Detektor bis Juni 2012 (eine Kombination von Daten bei 7 TeV und 8 TeV Gesamtenergie) von Häufigkeiten von invarianten Massen $m_{\gamma\gamma}$ von zwei Photonen. (Die Ergebnisse des CMS Detektors waren sehr ähnlich.) Die Häufigkeiten (Events) sind auf der senkrechten Achse aufgetragen, die Werte von $m_{\gamma\gamma}$ in GeV/c² auf der horizontalen Achse. Die Messwerte sind als Punkte aufgetragen, und die vom Untergrund (Background, Bkg) erwarteten Werte als durchgezogene Linie. Im Bereich von $m_{\gamma\gamma} \sim 126\,\text{GeV/c}^2$ sieht man einen Überschuss oberhalb der vom Untergrund erwarteten Werte, die hier als gestrichelte Linie dargestellt sind. Im unteren Teil der Abb. 8.14 ist noch einmal die Differenz zwischen den Daten und dem erwarteten Untergrund aufgetragen, zusammen mit den aus statistischen Schwankungen und abgeschätzten Messungenauigkeiten herrührenden Fehlerbalken der Daten. Hier sieht man noch deutlicher den Überschuss von $m_{\gamma\gamma}$ bei $\sim 126\,\text{GeV/c}^2$: Auch wenn dieser Überschuss nicht um Größenordnungen über den Untergrund herausragt ist die Wahrscheinlichkeit dafür, dass es sich nur um eine zufällige statistische Schwankung von gleichzeitig mehreren Messpunkten handelt (das Inverse der sogenannte Signifikanz), kleiner als $\sim 3 \cdot 10^{-7}$; dies ist das in der Teilchenphysik übliche Kriterium für die Entdeckung eines neuen Teilchens (oder Phänomens).

Mit zunehmender Datenmenge wird die Wahrscheinlichkeit dafür, dass es sich nur um eine zufällige statistische Schwankung von gleichzeitig mehreren Mess-

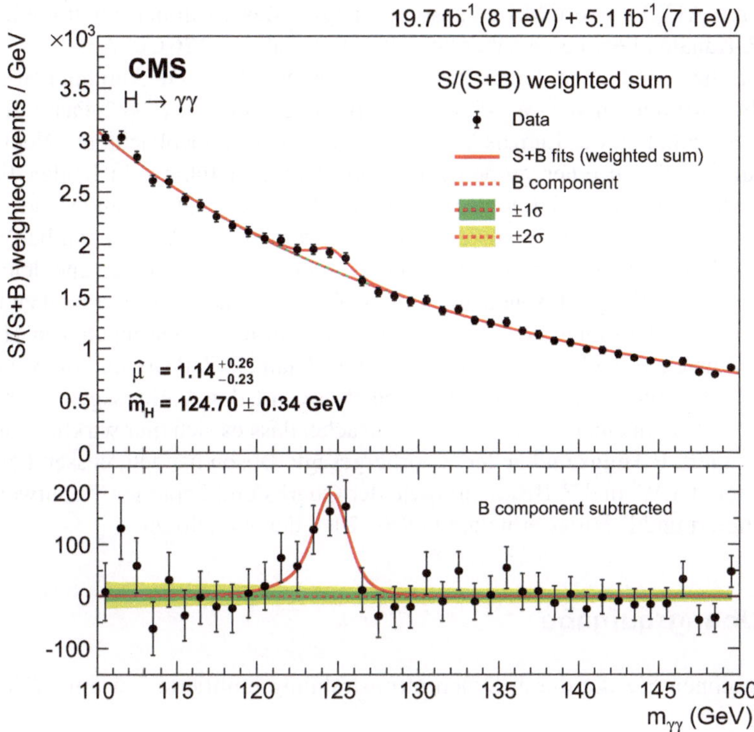

Abb. 8.15 Häufigkeiten von Ereignissen mit zwei Photonen γ im CMS-Detektor bis Oktober 2012 in Abhängigkeit von den invarianten Massen $m_{\gamma\gamma}$, aus [32]

punkten handelt, immer kleiner – vorausgesetzt, es handelt sich wirklich um einen physikalischen Effekt. In Abb. 8.15 zeigen wir die Ergebnisse der Messungen durch den CMS Detektor bis Oktober 2012, die auf mehr als doppelt so vielen Daten wie in Abb. 8.14 basieren. Die Signifikanz des Überschusses war dann noch wesentlich größer geworden.

Außer im Zerfallskanal in zwei Photonen wurde das Higgs-Boson auch im Zerfallskanal in zwei Z-Bosonen nachgewiesen. Jedoch sind nicht alle Zerfälle der instabilen Z-Bosonen hierfür nützlich: Nur wenn beide Z-Bosonen in e^+-e^--Paare oder in μ^+-μ^--Paare zerfallen, können die Energien und Impulse sämtlicher Higgs-Zerfallsprodukte (zwei e^+-e^--Paare, ein e^+-e^--Paar und ein μ^+-μ^--Paar, oder zwei μ^+-μ^--Paare) mit genügender Genauigkeit gemessen werden, um durch eine entsprechende Verallgemeinerung der Formel (8.13) auf vier Teilchen die Higgs-Masse zu bestimmen. Die Wahrscheinlichkeit für Zerfälle beider Z-Bosonen in e^+-e^--Paare oder in μ^+-μ^--Paare ist zwar sehr klein, aber wegen des kleinen Untergrunds in diesem Kanal genügten wenige Dutzend Ereignisse dieser Art, um das Higgs-Boson auch in diesem Endzustand zu entdecken. Der Mittelwert der von den

Detektoren ATLAS und CMS gemessenen Higgs-Massen in den Photon–Photon- und Z-Z-Kanälen liegt heute näher bei $125\,\text{GeV/c}^2$ als bei $126\,\text{GeV/c}^2$.

Inzwischen sind auch Higgs-Zerfälle in andere Teilchen–Antiteilchen-Paare beobachtet worden: in W^+-W^--Paare, in b-$\bar{\text{b}}$-Paare, sowie in τ^+-τ^--Paare. In diesen Fällen enthalten die Endzustände jedoch entweder unbeobachtbare Neutrinos oder Quarks, die zu einer großen Zahl von Hadronen führen; in beiden Fällen können die Energien und Impulse sämtlicher Higgs-Zerfallsprodukte und daher die Higgs-Masse nur sehr ungenau bestimmt werden. Die Wahrscheinlichkeiten dieser Zerfälle sind jedoch messbar, und sollten sich stark unterscheiden: Die Kopplungen von Higgs-Bosonen an all diese Teilchen sind ja proportional zu ihren Massen und vorhersagbar! Bis heute stimmen sämtliche Messungen von Higgs-Zerfallswahrscheinlichkeiten in Photon–Photon-Paare, Z-Z-Paare und die weiteren drei hier genannten Teilchen–Antiteilchen-Paare mit den Vorhersagen überein – daher gibt es kaum einen Zweifel an der Tatsache, dass es sich hier wirklich um das von F. Englert, P. Higgs und anderen vorhergesagte Boson handelt, dessen Feld für die Massen der W- und Z-Bosonen sowie der Quarks und Leptonen verantwortlich ist. F. Englert und P. Higgs erhielten hierfür 2013 den Nobelpreis.

8.4   Übungsaufgabe

8.1 Berechnen Sie die durch Synchrotronstrahlung emittierte Leistung P (siehe (8.7))

a) eines Elektrons am LEP ($E \simeq 104\,\text{GeV}$, Umfang ca. 27 km),
b) eines Protons am LHC ($E \simeq 7\,\text{TeV}$, derselbe Umfang).

Geben Sie das Ergebnis in Watt = Joule/s und in eV/s an. Vergleichen Sie den Energieverlust eines Elektrons bzw. Protons pro Sekunde mit der jeweiligen Gesamtenergie E.

9.1 Äußere Symmetrien

In der Physik spricht man von einer *Symmetrie*, wenn nach einer Transformation (siehe unten) alle beobachtbaren oder messbaren Größen unverändert bleiben.

Die geläufigsten derartigen Transformationen sind Transformationen im Raum und in der Zeit (sogenannte äußere Transformationen): Zumindest im leeren Raum bleiben die Gesetze (d. h. die Gleichungen und daher die Messergebnisse) der Physik unverändert

a) nach einer Verschiebung im Raum,
b) nach einer Verschiebung in der Zeit,
c) nach einer Drehung um eine der drei möglichen Achsen,
d) nach einer Transformation in ein Bezugssystem, das sich mit konstanter Geschwindigkeit in eine der drei möglichen Richtungen bewegt.

Eine Transformation vom Typ a) hat sowohl eine formale Bedeutung für die Gleichungen der Physik, sowie eine konkrete Bedeutung für Ergebnisse von Messprozessen:

Die formale Bedeutung für die Gleichungen der Physik besteht darin, dass überall in den Gleichungen der Ortsvektor $\vec{r}$ durch $\vec{r}\,' = \vec{r} + \vec{a}$ ersetzt werden kann, wo $\vec{a}$ ein beliebiger konstanter Vektor ist. Eine derartige Ersetzung bedeutet lediglich eine neue Wahl des Ursprungs des Koordinatensystems. Felder $\phi(\vec{r}, t)$ sind also durch $\phi(\vec{r}\,', t)$ zu ersetzen, und Ableitungen nach den Komponenten x, y, z von $\vec{r}$ durch Ableitungen nach den Komponenten x', y', z' von $\vec{r}\,'$. Hier ist wichtig, dass diese Ableitungen dieselben bleiben. Da die fundamentalen Gleichungen (wie die Klein-Gordon-Gleichung (4.1) und die Gl. 5.4, 5.5 der Elektrodynamik) nur Ableitungen nach den Komponenten von $\vec{r}$ enthalten, aber sonst $\vec{r}$ nicht explizit auftritt, ändern sich die fundamentalen Gleichungen bis auf die Argumente der Felder nicht. (Natürlich ist es oft bequem, den Ursprung eines Koordinatensystems in den Mittelpunkt eines Körpers zu setzen, so dass die von diesem Körper erzeugten gravitationellen oder elektrischen Felder und Kräfte nur vom Abstand zum Ursprung $|\vec{r}|$ abhängen. Trotzdem kann der Ursprung des Koordinatensystems

© Springer-Verlag Berlin Heidelberg 2015

U. Ellwanger, *Vom Universum zu den Elementarteilchen*, DOI 10.1007/978-3-662-46646-9_9

um $\vec{a}$ verschoben werden, woraufhin die gravitationellen oder elektrischen Felder und Kräfte von $|\vec{r}\,'| = |\vec{r} + \vec{a}|$ abhängen.)

Die konkrete Bedeutung einer derartigen Transformation für Ergebnisse von Messprozessen besteht darin, dass die Verschiebung einer gesamten experimentellen Apparatur um einen konstanten Vektor $\vec{a}$ dieselben Ergebnisse liefert. Dies folgt direkt aus der Symmetrie der fundamentalen Gleichungen. (Bei Messprozessen innerhalb eines Feldes wie dem Gravitationsfeld muss natürlich darauf geachtet werden, dass das Feld am neuen Ort dasselbe ist; ansonsten müsste das gesamte Feld mitverschoben werden.)

Nun kann man sich leicht überlegen, dass die drei weiteren Transformationen b), c) und d) ebenfalls sowohl Symmetrien der fundamentalen Gleichungen im oben genannten Sinne sind, als auch entsprechende Transformationen von experimentellen Apparaturen ermöglichen, ohne die Messergebnisse zu verändern.

Die drei unter c) genannten Transformationen (Drehungen) besitzen eine interessante Eigenschaft: Das Endergebnis nach der Durchführung zweier verschiedener Drehungen hängt im Allgemeinen von der Reihenfolge der Drehungen ab. Eine Drehung eines Vektors um die x-Achse (um, z. B., 90°), sowie eine anschließende Drehung um die y-Achse (um, z. B., ebenfalls 90°), ergibt einen anderen Vektor als zwei entsprechende Drehungen in umgekehrter Reihenfolge. Das Ergebnis unterscheidet sich durch eine Drehung um die z-Achse. Wenn verschiedene Transformationen derartig zusammenhängen, spricht man von einer (nichtabelschen) *Gruppe* (bzw. Symmetriegruppe, wenn die Transformationen Symmetrien entsprechen). Im gegenwärtigen Fall bezeichnet man die entsprechende Gruppe als SO(3) (auch Drehgruppe genannt), d. h. die Gruppe von Transformationen, die den Betrag eines dreidimensionalen Vektors invariant lassen. („O" in SO(3) steht für „orthogonal" und „S" für „speziell" – man erhält die nichtspezielle Gruppe O(3), wenn man zu den drei Drehungen noch die Spiegelungen um den Ursprung hinzufügt.)

In der speziellen Relativitätstheorie sind die drei unter d) genannten Transformationen ebenfalls Symmetrien, das Endergebnis hängt hier aber wie im Falle der Drehungen von der Reihenfolge der Transformationen ab. Hinzu kommt, dass jetzt das Endergebnis zweier Transformationen – eine vom Typ c), eine vom Typ d) – auch von der Reihenfolge abhängt. Dies impliziert eine gemeinsame Symmetriegruppe der $3 + 3 = 6$ Transformationen c) und d). Wenn die vierdimensionale Raum-Zeit ein „normaler" (Euklidisch genannter) Raum wäre, wäre die entsprechende Symmetriegruppe die SO(4), d. h. die vierdimensionale Drehgruppe. Wegen des relativen Vorzeichens in (3.19) des Skalarproduktes zweier Vektoren im Minkowski-Raum bezeichnet man die Symmetriegruppe als SO(3,1) anstatt SO(4).

Eine Symmetrie kann auch gebrochen sein. Auf der Erdoberfläche wirkt z. B. die Schwerkraft in senkrechter Richtung. Demzufolge sind die Bewegungen eines Objektes auf einer schrägen Ebene – d. h. eine um die horizontale x- oder y-Achse geneigten Ebene – verschieden von den Bewegungen auf einer horizontalen Ebene: Drehungen um die x- oder die y-Achse sind keine Symmetrien mehr; lediglich Drehungen um die senkrechte z-Achse entsprechen weiterhin einer Symmetrie. Als Ursprung dieser Symmetriebrechung kann man das Gravitationsfeld bezeichnen,

d. h. die 00-Komponente der Metrik (3.34) in Kap. 3, die vom Abstand r vom Mittelpunkt der Erde abhängt. Von der Erdoberfläche aus gesehen entspricht der Abstand vom Erdmittelpunkt der Höhe oder der z-Komponente.

Wenn die fundamentalen Gleichungen eigentlich symmetrisch sind und die Symmetriebrechung „lediglich" von der Anwesenheit eines Feldes (mit minimaler potentieller Energie) herrührt, spricht man von einer *spontanen Symmetriebrechung*. Diesem Konzept werden wir etwas später bei der Diskussion des Higgs-Feldes wiederbegegnen.

9.2 Innere Symmetrien

In der Feldtheorie spielen sogenannte innere Symmetrien eine wichtige Rolle. Die meisten inneren Symmetrien haben etwas mit der Tatsache zu tun, dass Felder komplexwertig sein können, d. h. komplexen Zahlen entsprechen. (Dies betrifft im Wesentlichen nur Materiefelder, die den Quarks, Leptonen und dem Higgs-Boson entsprechen, nicht aber die elektromagnetischen Felder in Kap. 5.)

Eine komplexe Zahl z kann man als

$$z = x + \mathrm{i}y \tag{9.1}$$

schreiben, wo i die „imaginäre" Einheit ist, die man als die Wurzel von -1 definiert:

$$\mathrm{i} = \sqrt{-1}. \tag{9.2}$$

Die Komponenten x und y in (9.1) (beides normale Zahlen) werden als Realkomponente und Imaginärkomponente von z bezeichnet. Zur Darstellung einer komplexen Zahl z benötigt man eine zweidimensionale Ebene (mit einer x- und einer y-Achse), während eine normale „reelle" Zahl auf einem eindimensionalen Zahlenstrahl dargestellt werden kann.

Alternativ zu (9.1) kann man eine komplexe Zahl z auch als

$$z = |z|\mathrm{e}^{\mathrm{i}\theta} \tag{9.3}$$

schreiben, wo $|z|$ und θ als Betrag bzw. als Phase von z bezeichnet werden. Die Exponentialfunktion $\mathrm{e}^{\mathrm{i}\theta}$ einer imaginären Zahl $\mathrm{i}\theta$ kann mit $\cos\theta + \mathrm{i}\sin\theta$ identifiziert werden. $|z|$ und θ hängen mit x und y aus (9.1) über

$$|z| = \sqrt{x^2 + y^2}, \qquad \tan\theta = \frac{y}{x}, \qquad x = |z|\cos\theta, \qquad y = |z|\sin\theta \tag{9.4}$$

zusammen. Die komplex konjugierte Zahl $\bar{z}$ einer Zahl z wird durch die Ersetzung $\mathrm{i} \to -\mathrm{i}$ erhalten, d. h.

$$\bar{z} = x - \mathrm{i}y = |z|\mathrm{e}^{-\mathrm{i}\theta}. \tag{9.5}$$

Aus $e^{i\theta}e^{-i\theta} = 1$ folgt daraus leicht

$$|z| = \sqrt{z\bar{z}} \, . \tag{9.6}$$

Der Einfachheit halber werden wir im Folgenden skalare Felder betrachten, die Teilchen mit Spin 0 entsprechen. Die Quarks und Leptonen sind Teilchen mit Spin $\hbar/2$, die man durch sogenannte Spinor-Felder beschreiben muss – Spinor-Felder besitzen mehrere Komponenten, die den verschiedenen Spin-Richtungen entsprechen. Die anschließenden Betrachtungen sind von dieser Komplikation jedoch unabhängig.

Ein Feld kann eine von $\vec{r}$ und t abhängige reelle Zahl, oder eine von $\vec{r}$ und t abhängige komplexe Zahl sein. Im letzteren Fall hat das Feld zwei (unabhängige) Komponenten: Man kann ein komplexes Feld $\Phi(\vec{r}, t)$ wie eine komplexe Zahl z zerlegen, entweder in einen Realteil und einen Imaginärteil wie in (9.1):

$$\Phi(\vec{r}, t) = \phi_{\mathrm{r}}(\vec{r}, t) + i\phi_{\mathrm{i}}(\vec{r}, t) \, , \tag{9.7}$$

oder in einen Betrag und eine Phase wie in (9.3):

$$\Phi(\vec{r}, t) = \left| \Phi(\vec{r}, t) \right| e^{i\varphi(\vec{r}, t)} \, . \tag{9.8}$$

Zunächst können die zwei Komponenten $\phi_{\mathrm{r}}(\vec{r}, t)$ und $\phi_{\mathrm{i}}(\vec{r}, t)$ von Φ mit zwei verschiedenen Teilchenarten identifiziert werden.

Nun können wir endlich das erste Beispiel einer sogenannten „inneren" Symmetrie diskutieren. Im Falle eines komplexen Feldes liegt eine innere Symmetrie vor, wenn sämtliche beobachtbaren oder messbaren Größen unter einer Transformation

$$\Phi(\vec{r}, t) \rightarrow \Phi'(\vec{r}, t) = \Phi(\vec{r}, t)e^{i\Lambda} \tag{9.9}$$

unverändert bleiben. Wenn man die Felder $\Phi(\vec{r}, t)$ und $\Phi'(\vec{r}, t)$ in ihre Real- und Imaginärteile zerlegt, sieht man, dass die Transformation (9.9) die Real- und Imaginärteile vermischt:

$$\begin{aligned}
\phi_{\mathrm{r}}'(\vec{r}, t) &= \cos \Lambda \, \phi_{\mathrm{r}}(\vec{r}, t) - \sin \Lambda \, \phi_{\mathrm{i}}(\vec{r}, t) \, , \\
\phi_{\mathrm{i}}'(\vec{r}, t) &= \sin \Lambda \, \phi_{\mathrm{r}}(\vec{r}, t) + \cos \Lambda \, \phi_{\mathrm{i}}(\vec{r}, t) \, .
\end{aligned} \tag{9.10}$$

Wie kann man eine derartige Transformation physikalisch interpretieren, wenn $\phi_{\mathrm{r}}(\vec{r}, t)$ und $\phi_{\mathrm{i}}(\vec{r}, t)$ zwei verschiedenen Teilchenarten entsprechen? Bei klassischen Teilchen kann man sich gut vorstellen, dass man in einem gegebenen physikalischen Prozess ein Teilchen durch ein anderes ersetzt und untersucht, inwieweit gemessene Größen wie Kräfte, Winkelverteilungen bei Streuprozessen usw. unverändert bleiben. Die Transformationen (9.10) entsprechen einer teilweisen Ersetzung eines Feldes durch ein anderes (falls der Winkel Λ nicht gerade ein Vielfaches von $\pi/2$ ist). Eine teilweise Ersetzung eines Teilchens durch ein anderes kann man sich jedoch nicht vorstellen.

Hier muss man an die physikalische Bedeutung eines Feldes in der Quantenfeldtheorie erinnern: Das Quadrat eines Feldes $\phi(\vec{r}, t)^2$ ist proportional zur Wahrscheinlichkeit, ein Teilchen der entsprechenden Sorte am Ort $\vec{r}$ zur Zeit t zu finden. Diese Wahrscheinlichkeit kann sich in der Tat ein „bisschen" verändern; so kann die Wahrscheinlichkeit, ein Teilchen der Sorte 1 zu finden, etwas abnehmen, und die Wahrscheinlichkeit, ein Teilchen der Sorte 2 zu finden, etwas zunehmen. Dies ist die Situation, die durch eine Transformation (9.9) oder (9.10) beschrieben wird, und die mit gemessenen Größen verglichen werden kann.

Eine Grundregel der Quantenfeldtheorie sagt jedoch, dass die Summe der Wahrscheinlichkeiten, überhaupt ein Teilchen am Ort $\vec{r}$ zur Zeit t zu finden, durch innere Transformationen nicht verändert werden darf. (Diese Grundregel wird als „Erhaltung der Wahrscheinlichkeit" oder als „Unitarität" bezeichnet.) In der Tat kann man leicht nachprüfen, dass die Transformation (9.9) oder (9.10) diese Regel erfüllt, weil

$$\left|\Phi(\vec{r}, t)\right|^2 = \phi_{\mathrm{r}}(\vec{r}, t)^2 + \phi_{\mathrm{i}}(\vec{r}, t)^2 = \phi_{\mathrm{r}}'(\vec{r}, t)^2 + \phi_{\mathrm{i}}'(\vec{r}, t)^2 = \left|\Phi'(\vec{r}, t)\right|^2 \qquad (9.11)$$

gilt.

Nun wollen wir das Verhalten der grundlegenden Gleichungen unter einer derartigen Transformation untersuchen. Die grundlegenden Gleichungen sind die (im Allgemeinen massiven) Klein-Gordon-Gleichungen (4.11), der die obigen Komponenten $\phi_{\mathrm{r}}(\vec{r}, t)$ und $\phi_{\mathrm{i}}(\vec{r}, t)$ genügen. (Bis jetzt haben wir allerdings sog. Kopplungsterme in diesen Gleichungen vernachlässigt.) Nun sieht man: Nur wenn die beiden Massenterme m^2 in den beiden Gleichungen für $\phi_{\mathrm{r}}(\vec{r}, t)$ und $\phi_{\mathrm{i}}(\vec{r}, t)$ dieselben sind, können die beiden Gleichungen in eine einzige Gleichung für das komplexe Feld $\Phi(\vec{r}, t)$ zusammengefasst werden:

$$\left(\frac{\partial^2}{\partial t^2} - c^2\left(\frac{\partial^2}{\partial x^2} + \frac{\partial^2}{\partial y^2} + \frac{\partial^2}{\partial z^2}\right) + \frac{m^2 c^4}{\hbar^2}\right)\Phi(\vec{r}, t) = 0 \qquad (9.12)$$

Diese Gleichung ist unter der „inneren" Transformation (9.9) im folgenden Sinne invariant: Falls ein komplexes Feld $\Phi(\vec{r}, t)$ (9.12) erfüllt, wird die Gleichung durch ein wie in (9.9) transformiertes Feld $\Phi'(\vec{r}, t)$ ebenfalls erfüllt, wie man durch Multiplikation jedes Termes in (9.12) mit $e^{\mathrm{i}\Lambda}$ leicht nachprüfen kann.

Damit die Theorie vollständig unter der inneren Transformation (9.9) invariant ist, müssen nicht nur die Massenterme m^2 in den beiden Gleichungen für $\phi_{\mathrm{r}}(\vec{r}, t)$ und $\phi_{\mathrm{i}}(\vec{r}, t)$ dieselben sein, sondern auch die Kopplungen der Komponenten $\phi_{\mathrm{r}}(\vec{r}, t)$ und $\phi_{\mathrm{i}}(\vec{r}, t)$ an andere Felder (und damit die den Vertizes der Feynmanregeln zugehörigen Konstanten). Wenn dies der Fall ist (was experimentell überprüft werden kann), spricht man von einer inneren Symmetrie der Theorie.

Eine innere Transformation wie in (9.9) wird U(1)-Transformation genannt („U" für „unitär"), und im Falle einer Symmetrie spricht man von einer U(1)-Symmetrie.

Eine interessante Verallgemeinerung einer derartigen inneren Symmetrie spielt für die starke Wechselwirkung eine Rolle: Wir hatten im Kap. 6 erwähnt, dass die Quarks Farbe tragen, und dass die Farbe eines Quarks durch einen dreikomponentigen Vektor $\vec{q}^{\,\mathrm{s}}$ im „Farbraum" dargestellt werden kann. (Die Komponenten $q_{\mathrm{i}}^{\mathrm{s}}$,

$i = 1, 2, 3$, entsprechen den drei möglichen Farben.) In der Feldtheorie sind daher für jedes Quark (für jedes der 6 Quarks des Standardmodells) drei Felder $\Phi_i(\vec{r}, t)$ einzuführen, die wieder komplexe Größen sind (und hier Spinor-Felder sein müssen, was im Folgenden unwichtig ist). Die Tatsache, dass sämtliche physikalischen Eigenschaften dieser drei Felder dieselben sind, entspricht ebenfalls einer inneren Symmetrie: Die Verallgemeinerung der inneren Transformation (9.9) ist jetzt von der Form

$$\Phi_i(\vec{r}, t) \to \Phi_i'(\vec{r}, t) = \sum_{j=1}^{3} U_{ij}\, \Phi_j(\vec{r}, t) \,, \tag{9.13}$$

wobei U_{ij} eine 3×3 Matrix mit komplexen Komponenten ist, die unitär sein muss. (Unitär bedeutet, dass die Matrix $\sum_{j=1}^{3} U_{ij} U_{kj}^{*} = \delta_{ik}$ erfüllt, wobei $\delta_{ik} = 1$ für $i = k$, $\delta_{ik} = 0$ für $i \neq k$ gilt. U^{*} steht für die oben genannte komplexe Konjugation jeder Komponente von U. Die Notwendigkeit der Unitarität der Matrix U folgt wieder aus der Erhaltung der Wahrscheinlichkeit.) Eine Transformation vom Typ (9.13) entspricht im Wesentlichen einer Drehung des Vektors $\Phi_i(\vec{r}, t)$ im Farbraum, aber zusätzlich werden noch Real- und Imaginärteile der verschiedenen Farbkomponenten von $\vec{\Phi}(\vec{r}, t)$ vermischt.

Eine derartige Transformation, und entsprechend eine zugehörige Symmetrie, wird als U(3)-Transformation bzw. U(3)-Symmetrie bezeichnet. Wenn man von den Matrizen U zusätzlich noch verlangt, dass ihre Determinante gleich 1 ist, spricht man von SU(3) (S für „speziell").

Die Theorie der starken Wechselwirkung ist tatsächlich unter einer derartigen SU(3) Symmetrie invariant, allerdings unter der Voraussetzung, dass man sämtliche 6 dreikomponentigen Quarkfelder mit derselben Transformation U transformiert – dies folgt aus der Kopplung der Quarks an die Gluonen, deren Felder ebenfalls transformiert werden müssen.

Im Kap. 7 über die schwache Wechselwirkung hatten wir den schwachen Isospin eingeführt, der hier die Rolle der „Farbe" spielt. Die Rolle der Farb-Triplets $\Phi_i(\vec{r}, t)$, $i = 1, 2, 3$, wird jetzt von Isospin-Doublets $\Phi_i(\vec{r}, t)$, $i = 1, 2$ gespielt. Die physikalischen Eigenschaften der beiden Komponenten der Isospin-Doublets sind hier nicht mehr dieselben, und sie tragen verschiedene Namen: In (7.1) haben wir die (bis heute bekannten) drei Quark-Doublets, und in (7.3) drei Lepton-Doublets vorgestellt.

Trotz der verschiedenen physikalischen Eigenschaften der beiden Komponenten der Isospin-Doublets gilt, dass die fundamentalen Gleichungen invariant unter einer SU(2)-Symmetrie sind, d. h. unter Transformationen ähnlich denen in (9.13), wo die Matrizen U durch unitäre 2×2 Matrizen zu ersetzen sind.

Den Grund für die verschiedenen physikalischen Eigenschaften der beiden Komponenten der Isospin-Doublets kann man in einer *spontanen Symmetriebrechung* (siehe oben) der SU(2)-Symmetrie finden, die aus der Anwesenheit eines Feldes folgt, das unter den SU(2)-Transformationen nicht invariant ist: Dies ist das in Abschn. 7.3 eingeführte Higgs-Feld. Es existieren im Prinzip mehrere

Higgs-Felder, die ebenfalls ein Isospin-Doublet bilden; H aus Abschn. 7.3 ist eine der Komponenten. Wenn eine der Komponenten eines Isospin-Doublets einen überall konstanten Wert H annimmt, ist diese Konfiguration nicht mehr unter SU(2)-Transformationen – oder Drehungen im Isospin-Raum – invariant. Die verschiedenen Komponenten der Isospin-Doublets der Quarks und Leptonen spüren diese Symmetriebrechung durch ihre Yukawa-Kopplungen an das Higgs-Feld, was sich durch ihre verschiedenen physikalischen Eigenschaften (Massen) äußert.

9.3 Eichsymmetrien und Eichfelder

Eine weitere mögliche Verallgemeinerung der Transformation (9.9) besteht darin, dass der Koeffizient Λ im Exponenten der Exponentialfunktion eine beliebige Funktion von $\vec{r}$ und t sein kann. Derartige Transformationen werden *Eichtransformationen* genannt, und sind von der Form

$$\Phi(\vec{r},t) \rightarrow \Phi'(\vec{r},t) = \Phi(\vec{r},t)e^{ig\Lambda(\vec{r},t)} \,. \tag{9.14}$$

Hier ist g eine unten diskutierte von der durch Φ beschriebenen Teilchenart abhängige Konstante. Die Klein-Gordon-Gleichung (9.12) ist unter den Transformationen (9.14) des Feldes Φ zunächst *nicht* invariant (im nach (9.12) beschriebenen Sinne), da die Ableitungen nach t und den verschiedenen Komponenten von $\vec{r}$ jetzt auch auf $\Lambda(\vec{r},t)$ wirken (nach der Kettenregel), was zu zusätzlichen Termen führt.

Um eine verallgemeinerte Klein-Gordon-Gleichung zu diskutieren, die unter der Transformation (9.14) invariant ist, ist es hilfreich, zunächst die Klein-Gordon-Gleichung (9.12) in einer eleganteren Form zu schreiben. Dazu führen wir Koordinaten x^μ ($\mu = 0 \ldots 3$) eines vierdimensionalen (Minkowski-)Raumes ein, wo $x^{1,2,3}$ den drei Komponenten x, y, z entsprechen, und x^0 mit der Zeit t über $x^0 = ct$ zusammenhängt. (Dann gilt $\frac{\partial^2}{\partial t^2} = c^2 \frac{\partial^2}{(\partial x^0)^2}$.)

Nach einer Division durch c^2 lässt sich die Klein-Gordon-Gleichung (9.12) dann in der Form

$$\left(\sum_{\mu=0}^{3} g^{\mu\mu} \frac{\partial}{\partial x^\mu} \frac{\partial}{\partial x^\mu} + \frac{m^2 c^2}{\hbar^2} \right) \Phi(\vec{r},t) = 0 \tag{9.15}$$

schreiben, wobei $g^{\mu\mu}$ Komponenten der in (3.33) eingeführten Minkowski-Metrik mit Koeffizienten 1 und -1 sind und die relativen Vorzeichen zwischen der zeitlichen und den räumlichen Ableitungen beschreiben. ($g^{\mu\nu}$ ist streng genommen die inverse der in (3.33) definierten Matrix $g_{\mu\nu}$, die hier aber dieselbe ist.)

Die Wirkung einer Ableitung $\frac{\partial}{\partial x^\mu}$ auf das wie in (9.14) transformierte Feld ergibt nun einen zusätzlichen Term:

$$\frac{\partial}{\partial x^\mu}\Phi'(\vec{r},t) = e^{ig\Lambda(\vec{r},t)} \frac{\partial}{\partial x^\mu}\Phi(\vec{r},t) + e^{ig\Lambda(\vec{r},t)}\Phi(\vec{r},t)ig\frac{\partial}{\partial x^\mu}\Lambda(\vec{r},t) \,. \tag{9.16}$$

Wegen des letzten Terms in (9.16) (der verschwinden würde, wenn Λ konstant wäre) ist die Ableitung von $\Phi'(\vec{r},t)$ nicht einfach gleich dem $e^{ig\Lambda(\vec{r},t)}$-fachen der Ableitung von $\Phi(\vec{r},t)$; im letzteren Falle wäre die gesamte Klein-Gordon-Gleichung für $\Phi'(\vec{r},t)$ einfach gleich dem $e^{ig\Lambda(\vec{r},t)}$-fachen der Klein-Gordon-Gleichung für $\Phi(\vec{r},t)$, und damit erfüllt, wenn die Gleichung für $\Phi(\vec{r},t)$ erfüllt ist.

Eine Veränderung der Klein-Gordon-Gleichung, die zu einer Invarianz unter Transformationen der Art (9.14) führt, besteht darin, zu den Ableitungen nach x^μ einer beliebigen Größe grundsätzlich eine Multiplikation derselben Größe mit der entsprechenden Komponente eines vierkomponentigen Vektorfeldes $A_\mu(\vec{r},t)$ und einem Faktor $-ig$ hinzuzuaddieren:

$$\frac{\partial}{\partial x^\mu} \to \frac{\partial}{\partial x^\mu} - igA_\mu(\vec{r},t) \tag{9.17}$$

Dies alleine genügt noch nicht; zusätzlich ist noch folgende Vorschrift zu verwenden: Wann immer ein Feld $\Phi(\vec{r},t)$ wie in (9.14) transformiert wird, muss $A_\mu(\vec{r},t)$ auch transformiert werden, und zwar nach der Regel

$$A_\mu(\vec{r},t) \to A'_\mu(\vec{r},t) = A_\mu(\vec{r},t) + \frac{\partial}{\partial x^\mu}\Lambda(\vec{r},t)\,, \tag{9.18}$$

wo $\Lambda(\vec{r},t)$ dieselbe Funktion wie in (9.14) ist. $A_\mu(\vec{r},t)$ wird auch als *Eichfeld* bezeichnet.

Wir sehen hier zum ersten Mal ein vierdimensionales Vektorfeld $A_\mu(\vec{r},t)$, wo der Index μ vier verschiedene Werte $\mu = 0\ldots3$ annehmen kann. Tatsächlich können wir die verschiedenen Komponenten von $A_\mu(\vec{r},t)$ mit den bereits im Abschn. 5.1 eingeführten elektromagnetischen Feldern $\phi(\vec{r},t)$ und $\vec{A}(\vec{r},t)$ (siehe (5.4) und (5.5)) nach der Regel $A_0 = \phi/c$ und der Entsprechung der „räumlichen" Komponenten $A_{1,2,3}$ identifizieren. Wir werden später auf diesen Zusammenhang weiter eingehen.

Zunächst müssen wir klären, wie die Regeln (9.17) und (9.18) zu einer Invarianz der Klein-Gordon-Gleichung führen. Dazu studieren wir zuerst das Verhalten des Ausdrucks

$$\left(\frac{\partial}{\partial x^\mu} - igA_\mu(\vec{r},t)\right)\Phi(\vec{r},t) \tag{9.19}$$

unter den Transformationen (9.14) und (9.18). Der erste Term $\frac{\partial}{\partial x^\mu}\Phi(\vec{r},t)$ wurde bereits in (9.16) untersucht, und im zweiten Term ist neben (9.14) auch (9.18) zu verwenden. Zusammengenommen erhält man

$$\left[\left(\frac{\partial}{\partial x^\mu} - igA_\mu(\vec{r},t)\right)\Phi(\vec{r},t)\right]' = \left(\frac{\partial}{\partial x^\mu} - igA'_\mu(\vec{r},t)\right)\Phi'(\vec{r},t) \tag{9.20}$$

$$= e^{ig\Lambda(\vec{r},t)}\frac{\partial}{\partial x^\mu}\Phi(\vec{r},t) + e^{ig\Lambda(\vec{r},t)}\Phi(\vec{r},t)ig\frac{\partial}{\partial x^\mu}\Lambda(\vec{r},t)$$

$$-\mathrm{i}g\left(A_\mu(\vec{r},t) + \frac{\partial}{\partial x^\mu}\Lambda(\vec{r},t)\right)\mathrm{e}^{\mathrm{i}g\Lambda(\vec{r},t)}\Phi(\vec{r},t)$$

$$=\mathrm{e}^{\mathrm{i}g\Lambda(\vec{r},t)}\left(\frac{\partial}{\partial x^\mu} - \mathrm{i}gA_\mu(\vec{r},t)\right)\Phi(\vec{r},t),$$

da sich die Ableitungsterme von $\Lambda(\vec{r},t)$ wegheben. Wegen der Eigenschaft (9.20) bezeichnet man die Kombination (9.17) einer Ableitung mit einem Vektorfeld auch als *kovariante Ableitung* D_μ:

$$D_\mu = \frac{\partial}{\partial x^\mu} - \mathrm{i}gA_\mu(\vec{r},t) \tag{9.21}$$

erfüllt

$$\left[D_\mu\Phi(\vec{r},t)\right]' = \mathrm{e}^{\mathrm{i}g\Lambda(\vec{r},t)}D_\mu\Phi(\vec{r},t). \tag{9.22}$$

Nun zeichnet sich ab, wie die Klein-Gordon-Gleichung (9.15) sinnvoll zu verändern ist: Jeder der Ableitungsterme $\frac{\partial}{\partial x^\mu}$ ist durch eine kovariante Ableitung D_μ zu ersetzen, woraufhin die Gleichung die Form

$$\left(\sum_{\mu=0}^{3} g^{\mu\mu}D_\mu D_\mu + \frac{m^2c^2}{\hbar^2}\right)\Phi(\vec{r},t) = 0 \tag{9.23}$$

annimmt. Nach einer Eichtransformation – wobei Φ nach (9.14), und $A_\mu(\vec{r},t)$ in D_μ nach (9.18) zu transformieren sind – geht wegen (9.22) die Gl. 9.23 in

$$\mathrm{e}^{\mathrm{i}g\Lambda(\vec{r},t)}\left(\sum_{\mu=0}^{3} g^{\mu\mu}D_\mu D_\mu + \frac{m^2c^2}{\hbar^2}\right)\Phi(\vec{r},t) = 0 \tag{9.24}$$

über, und nach einer Multiplikation beider Seiten mit $\mathrm{e}^{-\mathrm{i}g\Lambda(\vec{r},t)}$ erhält man wieder die ursprüngliche Gl. 9.23. Man spricht dann von einer *Eichsymmetrie*.

Die hier durchgeführten Rechnungen scheinen kompliziert, aber sie sind von grundlegender Bedeutung in der Elementarteilchenphysik, da sie folgende Überlegungen ermöglichen: Man kann postulieren, dass die Klein-Gordon-Gleichung unter Eichtransformationen (9.14) im oben genannten Sinne invariant sein soll. Dies erzwingt die Einführung eines Eichfeldes (Vektorfeldes) $A_\mu(\vec{r},t)$, das wie in (9.18) zu transformieren ist, und auf eine bestimmte Art und Weise – innerhalb der kovarianten Ableitung D_μ – in der modifizierten Klein-Gordon-Gleichung (9.23) hinzuzufügen ist. (Diese von $A_\mu(\vec{r},t)$ abhängigen Terme sind erste Beispiele von Kopplungstermen.) Kurz gesagt, erklärt das Postulat einer Eichsymmetrie die Existenz eines Eichfeldes. Da wir A_μ mit den in Kap. 5 diskutierten elektromagnetischen Feldern ϕ und A_i identifizieren können, folgt die Existenz des Photons (und damit von Licht, und allen weiteren elektromagnetischen Phänomenen) aus dem Postulat einer Eichsymmetrie.

Die Lösungen der neuen Klein-Gordon-Gleichung (9.23) für $\Phi(\vec{r}, t)$ hängen jetzt von der Form des Feldes $A_\mu(\vec{r}, t)$ in D_μ ab. Im Allgemeinen können dann keine exakten Lösungen mehr für $\Phi(\vec{r}, t)$ gefunden werden. Zum Glück können wir jedoch annehmen, dass $A_\mu(\vec{r}, t)$ üblicherweise vernachlässigbar klein ist. Dann geht die neue Klein-Gordon-Gleichung (9.23) in die alte Klein-Gordon-Gleichung (9.15) über, die die in Kap. 4 behandelten Lösungen besitzt.

Wenn $A_\mu(\vec{r}, t)$ (genauer gesagt, $gA_\mu(\vec{r}, t)$) von Null verschieden, aber immer noch relativ klein ist, kann man (9.23) für $\Phi(\vec{r}, t)$ in einer Potenzreihenentwicklung in Potenzen von $gA_\mu(\vec{r}, t)$ systematisch lösen. Diese Methode setzt den Formalismus der Green'schen Funktionen voraus, den wir hier nicht behandeln werden. Hier wird jedoch klar, dass die Existenz der Kopplungsterme $gA_\mu(\vec{r}, t)$ in (9.23) bedeutet, dass das Feld $\Phi(\vec{r}, t)$ Photonen emittieren und absorbieren kann!

Im Abschn. 5.3 hatten wir die Emission und Absorption von Photonen durch die Vertizes in den Abb. 5.3 und 5.4 beschrieben. Mit diesen Vertizes ist eine Konstante g verknüpft, die wie in (5.26) mit der elektrischen Ladung q_e der emittierenden oder absorbierenden Feldern zusammenhängt. Diese Konstante g ist in der Tat dieselbe, die in der Eichtransformation (9.14) und damit auch in der kovarianten Ableitung (9.21) im Term $gA_\mu(\vec{r}, t)$ vorkommt: Die Tatsache, dass $A_\mu(\vec{r}, t)$ in (9.23) immer mit g multipliziert wird, erklärt, weshalb die Vertizes proportional zu g sind.

Da g wie in (5.26) von der elektrischen Ladung der betrachteten Felder $\Phi(\vec{r}, t)$ abhängt (und daher für neutrale Felder verschwindet), hängen auch die Eichtransformationen (9.14) sämtlicher Felder – von Quarks und von Leptonen wie das Elektron – von ihren elektrischen Ladungen ab. Die Eichtransformation (9.18) des Photon-Feldes $A_\mu(\vec{r}, t)$ ist jedoch ein für alle Mal dieselbe, d. h. die Funktion $\Lambda(\vec{r}, t)$ ist immer dieselbe.

Bis hier haben wir die Eichinvarianz der Klein-Gordon-Gleichung für geladene Felder $\Phi(\vec{r}, t)$ studiert, wir müssen aber auch die entsprechende Gleichung für das Photon-Feld $A_\mu(\vec{r}, t)$ betrachten. In (5.3) in Kap. 5 haben wir behauptet, dass die Komponenten $\phi(\vec{r}, t)$ und $\vec{A}(\vec{r}, t)$ von $A_\mu(\vec{r}, t)$ ebenfalls die Klein-Gordon-Gleichung erfüllen. Diese Behauptung ist zunächst nicht ganz richtig: Die ursprüngliche Gleichung für die Komponenten von $A_\mu(\vec{r}, t)$ lautet

$$\sum_{\mu=0}^{3} \mathsf{g}^{\mu\mu} \frac{\partial}{\partial x^\mu} \left(\frac{\partial}{\partial x^\mu} A_\sigma(\vec{r}, t) - \frac{\partial}{\partial x^\sigma} A_\mu(\vec{r}, t) \right) = 0 \,. \qquad (9.25)$$

(Dies sind vier Gleichungen für die vier möglichen Werte des Index σ, während über den Indizes μ summiert wird.) Dies ist wichtig, da man nachprüfen kann, dass diese Gleichung unter der Eichtransformation (9.18) invariant ist: Die durch die Eichtransformation auf der linken Seite zusätzlich erzeugten Terme

$$\sum_{\mu=0}^{3} \mathsf{g}^{\mu\mu} \frac{\partial}{\partial x^\mu} \left(\frac{\partial}{\partial x^\mu} \frac{\partial}{\partial x^\sigma} \Lambda(\vec{r}, t) - \frac{\partial}{\partial x^\sigma} \frac{\partial}{\partial x^\mu} \Lambda(\vec{r}, t) \right) \qquad (9.26)$$

heben sich gegenseitig weg. Die Gleichung 9.25 ist jedoch etwas unangenehm zu lösen, da sie die verschiedenen Komponenten von $A_\mu(\vec{r}, t)$ vermischt. Zum Glück kann man sich das Leben vereinfachen, indem man die Freiheit einer Eichtransformation (9.18) mit einer beliebigen Funktion $\Lambda(\vec{r}, t)$ benutzt: Man kann immer eine von $A_\mu(\vec{r}, t)$ abhängige Funktion $\Lambda(\vec{r}, t)$ finden, so dass $A'_\mu(\vec{r}, t)$ *nach* einer Eichtransformation die Gleichung

$$\sum_{\mu=0}^{3} \mathrm{g}^{\mu\mu} \frac{\partial}{\partial x^\mu} A'_\mu(\vec{r}, t) = 0 \qquad (9.27)$$

erfüllt. Wenn man nun annimmt, dass eine derartige Eichtransformation durchgeführt wurde, und jetzt $A_\mu(\vec{r}, t)$ (9.27) erfüllt (man nennt dies die Landau-Eichung), fällt der zweite Term in (9.25) weg, und (9.25) vereinfacht sich zu

$$\sum_{\mu=0}^{3} \mathrm{g}^{\mu\mu} \frac{\partial}{\partial x^\mu} \frac{\partial}{\partial x^\mu} A_\sigma(\vec{r}, t) = 0 \,. \qquad (9.28)$$

Dies sind nichts anderes als vier (masselose) Klein-Gordon-Gleichungen der Art (9.15), geschrieben in unserer neuen Notation, für die vier Komponenten $A_\sigma(\vec{r}, t)$, wie sie im Kap. 5 (z. B. in (5.3)) verwendet wurden.

Man sieht hier auch, dass ein Massenterm der Art $\frac{m^2 \mathrm{c}^2}{\hbar^2}$, wie er in (9.15) vorkommen kann, in (9.25) und damit in (9.28) verboten ist: Er würde die Invarianz von (9.25) unter der Eichtransformation (9.18) verletzen. Eichfelder (oder, im Allgemeinen, Vektorfelder) ohne eine entsprechende Eichsymmetrie sämtlicher Gleichungen würden jedoch zu Inkonsistenzen wie negativen Wahrscheinlichkeiten führen; daher sind in jeder Theorie mit Eichfeldern Verletzungen der entsprechenden Eichsymmetrien absolut tabu. Dies erklärt die in Abschn. 7.3 gemachte Aussage, dass die Träger von Wechselwirkungen – Felder wie das Photon (und andere) – masselose Teilchen sein müssen. (Die Erzeugung von Massen für Eichbosonen durch Higgs-Felder wiederholen wir weiter unten.)

Schließlich kann man noch den Zusammenhang zwischen den Komponenten $A_0 = \phi/\mathrm{c}$ bzw. $\vec{A}$ von A_μ und den elektrischen Feldern $\vec{E}$ und magnetischen Feldern $\vec{B}$, siehe (5.4) und (5.5), auf seine Eichinvarianz hin überprüfen. Wenn man die Eichtransformation (9.18) für ϕ und $\vec{A}$ getrennt schreibt, erhält man

$$\phi'(\vec{r}, t) = \phi(\vec{r}, t) + \mathrm{c} \frac{\partial}{\partial x^0} \Lambda(\vec{r}, t) = \phi(\vec{r}, t) + \frac{\partial}{\partial t} \Lambda(\vec{r}, t) \,,$$
$$A'_\mathrm{i}(\vec{r}, t) = A_\mathrm{i}(\vec{r}, t) + \frac{\partial}{\partial x^\mathrm{i}} \Lambda(\vec{r}, t) \,. \qquad (9.29)$$

Ersetzt man nun die Felder ϕ und $\vec{A}$ in (5.4) und (5.5) durch ϕ' und $\vec{A}'$, sieht man (nach etwas Rechnung), dass sich die Ableitungsterme von $\Lambda(\vec{r}, t)$ auf den rechten Seiten wegheben, und daher die Felder $\vec{E}$ und $\vec{B}$ *invariant* unter einer Eichtransformation sind. Dieses hübsche Ergebnis lag der Idee der Eichsymmetrie zugrunde.

Die bisherigen Überlegungen zur Eichsymmetrie basierten auf einer Verallgemeinerung der inneren (Symmetrie-)Transformation (9.9) eines komplexwertigen

Feldes, wo der Parameter Λ durch $g\Lambda(\vec{r}, t)$ ersetzt wurde. Derartige Transformationen werden als U(1)-Transformationen bezeichnet, und die daraus folgende Theorie der Eichfelder als *abelsche* Eichtheorie.

Dieselben Überlegungen können auch auf innere Transformationen der Art (9.13) angewendet werden, wo die Matrix U_{ij} entweder

- eine 3×3 Matrix ist, die die verschiedenen Farbkomponenten der Quarkfelder durcheinandermischt (und einer SU(3)-Transformation entspricht), oder
- eine 2×2 Matrix ist, die die verschiedenen Komponenten der Quark- und Lepton-Isospin-Doublets durcheinandermischt (und einer SU(2)-Transformation entspricht).

Wieder können wir postulieren, dass die Gleichungen für die Quark- und Lepton-Felder unter derartigen Transformationen invariant sein sollen, auch wenn die Elemente der Matrizen U_{ij} beliebige von $\vec{r}$ und t abhängige Funktionen (wie $\Lambda(\vec{r}, t)$) sind. Wieder sehen wir uns dann „gezwungen", weitere Eichfelder einzuführen (derartige Eichtheorien werden als *nichtabelsche* Eichtheorien oder *Yang-Mills-Theorien*, nach C. N. Yang und R. L. Mills [33], bezeichnet):

Invarianz unter den von $\vec{r}$ und t abhängigen SU(3)-Transformationen im Farbraum der Quarks verlangt die Einführung von 8 weiteren Eichfeldern, die die in Kap. 6 eingeführten Gluonen sind. Diese Eichfelder müssen jetzt jedoch selbst 3×3 Matrizen im Farbraum von der Form A_μ^{ij} sein. (Diese Matrizen müssen $A_\mu^{ij} = A_\mu^{ji\,*}$ erfüllen und spurlos sein; es gibt gerade 8 unabhängige derartige Matrizen, siehe die Übungsaufgaben am Ende des Kapitels.) Sie erscheinen in den Gleichungen für die Quark-Felder wieder in der Form der Ersetzung der normalen Ableitung durch eine kovariante Ableitung analog zur obigen Gl. 9.17, wo jedoch g durch die Kopplungskonstante der starken Wechselwirkung zu ersetzen ist. Außerdem ist die Eichtransformation der Gluonfelder selbst komplizierter als in der obigen Gl. 9.18 für das Photonfeld; sie ist jetzt von der Form

$$A_\mu^{ij}(\vec{r}, t) \rightarrow A_\mu^{ij\,\prime}(\vec{r}, t) = \sum_{k=1}^{3} \sum_{l=1}^{3} U_{ik}(\vec{r}, t) A_\mu^{kl}(\vec{r}, t) U_{jl}^{*}(\vec{r}, t)$$
$$+ \frac{i}{g} \sum_{k=1}^{3} U_{ik}(\vec{r}, t) \frac{\partial}{\partial x^\mu} U_{jk}^{*}(\vec{r}, t) \,. \tag{9.30}$$

(Wenn man naiv alle Indizes weglässt, und die Matrizen U_{ij} durch $e^{ig\Lambda(\vec{r},t)}$ ersetzt, erhält man das Transformationsgesetz (9.18) zurück.)

Auch die der obigen Gl. 9.25 entsprechende Gleichung für die Gluonfelder ist jetzt wesentlich komplizierter, und enthält zusätzliche Terme quadratisch und trilinear in den Feldern A_μ^{ij}, damit sie unter den Eichtransformationen (9.30) invariant ist. Diese Terme sind für die drei-Gluon- und vier-Gluon-Vertizes in den Abb. 6.5 und 6.6 verantwortlich.

Der wesentliche Punkt ist jedoch, dass allein das Postulat einer Invarianz der fundamentalen Gleichungen unter von $\vec{r}$ und t abhängigen SU(3)-Transformationen im Farbraum der Quarks genügt, um die Existenz der Gluonfelder – und damit die Existenz der starken Wechselwirkung bzw. der Quantenchromodynamik – zu begründen [34, 35].

Diese Überlegung gilt ebenfalls für die schwache Wechselwirkung: Invarianz unter von $\vec{r}$ und t abhängigen SU(2)-Transformationen im Isospinraum der Quarks und der Leptonen verlangt die Einführung von 3 weiteren Eichfeldern (2×2 Matrizen im Isospinraum). Zwei davon können mit den bekannten $W^{\pm}$-Bosonen identifiziert werden.

Um den Ursprung der $W^{\pm}$-Bosonmassen durch das Higgs-Feld zu verstehen, müssen wir zuerst weitere Terme in den Gl. 9.25 bzw. 9.28 für die Eichfelder berücksichtigen. Ähnlich wie Eichfelder in den (veränderten) Gleichungen der Art (9.23) für Felder Φ erscheinen, tauchen Felder Φ in den Gleichungen für die Eichfelder auf. Bis jetzt hatten wir derartige Terme in den Gleichungen wie (9.25) bzw. (9.28) weggelassen, da man normalerweise davon ausgehen kann, dass derartige Felder Φ vernachlässigbar klein sind.

Eine Ausnahme ist das Higgs-Feld, von dem wir im Abschn. 7.3 angenommen hatten, dass es im ganzen Universum einen konstanten Wert annimmt. Im Folgenden werden wir den Einfluss eines skalaren Feldes Φ auf die Gleichung der Form (9.28) für ein einfaches Eichfeld wie das Photon untersuchen; das Ergebnis lässt sich auf die relevante (aber kompliziertere) Gleichung für die $W^{\pm}$-Bosonen übertragen.

Unter der Berücksichtigung eines skalaren Feldes $\Phi(\vec{r}, t)$ mit Kopplungskonstante g an ein Eichfeld A_σ verändert sich (9.28) wie folgt:

$$\sum_{\mu=0}^{3} g^{\mu\mu} \frac{\partial}{\partial x^\mu} \frac{\partial}{\partial x^\mu} A_\sigma + \frac{ig}{\hbar^2 c^2} \left[\left(\Phi^* \frac{\partial}{\partial x^\sigma} \Phi - \Phi \frac{\partial}{\partial x^\sigma} \Phi^* \right) - 2ig A_\sigma \Phi^* \Phi \right] = 0$$

$$(9.31)$$

Zunächst kann man überprüfen, dass die zusätzlichen Terme in der eckigen Klammer unter den Eichtransformationen (9.14) und (9.18) für sich genommen – im Gegensatz zu einem Massenterme für A_σ – invariant sind. Nun nehmen wir an, dass Φ für ein Higgs-Feld steht, das im ganzen Universum einen konstanten Wert H (mit H reell, d.h. $H^* = H$) annimmt. Die Ableitungsterme von Φ verschwinden dann, und (9.31) vereinfacht sich zu

$$\sum_{\mu=0}^{3} g^{\mu\mu} \frac{\partial}{\partial x^\mu} \frac{\partial}{\partial x^\mu} A_\sigma(\vec{r}, t) + 2 \frac{g^2}{\hbar^2 c^2} H^2 A_\sigma = 0 \,. \qquad (9.32)$$

Diese Gleichung hat dieselbe Form wie die massive Klein-Gordon-Gleichung (9.15) (die nur eine Umformulierung der Klein-Gordon-Gleichung (4.11) war), wenn wir $2 \frac{g^2}{c^2} H^2$ in (9.32) mit $m^2 c^2$ in (9.15) identifizieren. Wir sehen wieder – wie in Abschn. 7.3 – wie ein konstantes Higgs-Feld eine Masse erzeugt, nur haben wir hier im Gegensatz zu Abschn. 7.3 die Sprache der Feldtheorie (d.h. die Klein-Gordon-Gleichung) verwendet. Diese Massenerzeugung findet aber nur für diejenigen Eichfelder statt, in deren Gleichung das Higgs-Feld erscheint. Dies sind weder das Photon (da das Higgs-Feld neutral ist), noch die Gluonen (da das Higgs-Feld keine Farbe trägt) – die Kopplungskonstante g in den obigen Gleichungen verschwindet in diesen Fällen. Im Falle der $W^{\pm}$-Bosonen sind lediglich Potenzen von 2 zu korrigieren (wegen der dann notwendigen SU(2)-Indexstruktur) und für g die Kopplung g_{w} der schwachen Wechselwirkung einzusetzen, dann erhält man (7.17) für die $W^{\pm}$-Bosonmasse in Abhängigkeit vom Wert H des Higgs-Feldes.

Eine Komplikation ist allerdings, dass die korrekte Theorie der elektromagnetischen und schwachen Wechselwirkung auf einer SU(2) Eichsymmetrie und einer $U(1)_Y$ Eichsymmetrie beruht, wobei sich die letztere von der elektromagnetischen Eichsymmetrie unterscheidet: Die Ladungen der Quarks und Leptonen bezüglich $U(1)_Y$ Eichtransformationen sind verschieden von ihren elektrischen Ladungen, und das der $U(1)_Y$ Eichsymmetrie entsprechende Eichfeld B_{μ} ist nicht gleich dem Photon. Nachdem das Higgs-Feld einen konstanten Wert H angenommen hat findet man, dass

- die $W_{\mu}^{\pm}$-Bosonen wie oben angegeben massiv werden,
- sich das dritte Eichboson W_{μ}^3 der SU(2) Eichsymmetrie mit dem Eichboson B_{μ} der $U(1)_Y$ Eichsymmetrie vermischt (sie sind ineinander zu verdrehen), wonach eine Linearkombination dem bekannten Photon A_{μ} entspricht, und die andere Linearkombination dem in Kap. 7 erwähnten Z_{μ}-Boson:

$$A_{\mu} = \cos\theta_{\mathrm{w}}\, B_{\mu} + \sin\theta_{\mathrm{w}}\, W_{\mu}^3$$
$$Z_{\mu} = \cos\theta_{\mathrm{w}}\, W_{\mu}^3 - \sin\theta_{\mathrm{w}}\, B_{\mu}\,. \tag{9.33}$$

Wenn man die Kopplungskonstante der SU(2)-Eichsymmetrie mit g_2 und die Kopplungskonstante der $U(1)_Y$ Eichsymmetrie mit g_1 bezeichnet, ist der „schwache Mischungswinkel" θ_{w} durch

$$\sin\theta_{\mathrm{w}} = \frac{g_1}{\sqrt{g_1^2 + g_2^2}} \tag{9.34}$$

gegeben. Für die elektrische Elementarladung e findet man

$$e = g_1 \cos\theta_{\mathrm{w}} = g_2 \sin\theta_{\mathrm{w}}\,, \tag{9.35}$$

was der Beziehung (7.5) zwischen α und α_{w} entspricht, da α_{w} proportional zu g_2^2 ist. Der Cosinus des schwachen Mischungswinkels $\cos\theta_{\mathrm{w}}$ tritt auch im Verhältnis der Kopplungen des Z-Bosons und des $W^{\pm}$-Boson an das Higgs-Boson auf, und damit wie in (7.12) im Verhältnis der Z-Bosonmasse zur W-Bosonmasse. Für die Entwicklung dieser relativ komplizierten Theorie der schwachen Wechselwirkung [36, 37, 38, 39] erhielten S. L. Glashow, A. Salam und S. Weinberg 1979 den Nobelpreis.

Von dieser Komplikation abgesehen, haben wir damit auch die dritte – schwache – Wechselwirkung auf eine Eichsymmetrie zurückgeführt. Diese Eichsymmetrie ist allerdings durch einen konstanten Wert H des Higgs-Feldes spontan gebrochen, was die verschiedenen Eigenschaften der Komponenten der Isospin-Doublets (Quarks und Leptonen), sowie die Massen der $W^{\pm}$- und Z-Bosonen erklärt.

Schließlich kann selbst die vierte Wechselwirkung – die Gravitation – mit einer Symmetrie der Gleichungen wie der Klein-Gordon-Gleichung (9.15) begründet werden. Die entsprechende Transformation ist jetzt allerdings keine Eichtransformation von Feldern wie Φ oder A_{μ}, sondern eine sogenannte allgemeine Koordinatentransformation: Darunter versteht man nichts anderes als eine Veränderung der Wahl der Koordinaten, wie der Übergang von rechtwinkligen Koordinaten x und y in der Ebene zu Polarkoordinaten ϱ und θ, oder der Übergang von rechtwinkligen Koordinaten x, y und z im Raum zu sphärischen Koordinaten ϱ, θ und ϕ. Solche Koordinatentransformationen kann man immer durch die Ersetzung der alten Koordinaten durch Funktionen von neuen Koordinaten beschreiben, in der Ebene z. B. durch

$$\begin{aligned} x &\to x(\varrho, \theta) = \varrho \cos \theta \,, \\ y &\to y(\varrho, \theta) = \varrho \sin \theta \,, \end{aligned} \qquad (9.36)$$

und anschließend werden die neuen Koordinaten als unabhängige Variablen betrachtet.

Im allgemeinen Fall – in einer vierdimensionalen Raum-Zeit – sind allgemeine Koordinatentransformation von der Form

$$x^{\mu} \to x^{\mu}(x'^{\nu}) \,, \qquad (9.37)$$

wo $x^{\mu}(x'^{\nu})$ vier beliebige Funktionen von den vier neuen Koordinaten x'^{ν} sein können, und anschließend x'^{ν} als unabhängige Variablen betrachtet werden.

Dementsprechend müssen dann Ableitungen nach x^{μ} nach der Kettenregel in Ableitungen nach x'^{ν} umgeschrieben werden:

$$\frac{\partial}{\partial x^{\mu}} = \sum_{\nu=0}^{3} \frac{\partial x'^{\nu}}{\partial x^{\mu}} \frac{\partial}{\partial x'^{\nu}} \,. \qquad (9.38)$$

Betrachten wir nun noch einmal die Klein-Gordon-Gleichung (9.15). Nach einer allgemeinen Koordinatentransformation – und der dann verlangten Umschreibung der Ableitungen wie in (9.38) – wird sie eine erheblich kompliziertere Form annehmen. Dies kann vermieden werden, wenn wir die Minkowski-Metrik $g^{\mu\nu}$ in (9.15) durch ein *Feld* $g^{\mu\nu}(x)$ ersetzen, und nach einer allgemeinen Koordinatentransformation $g^{\mu\nu}(x)$ durch $g'^{\mu\nu}(x')$ mit

$$g'^{\mu\nu}(x') = \sum_{\varrho=0}^{3} \sum_{\sigma=0}^{3} \frac{\partial x'^{\mu}}{\partial x^{\varrho}} \frac{\partial x'^{\nu}}{\partial x^{\sigma}} g^{\varrho\sigma}(x(x')) \qquad (9.39)$$

ersetzen.

Bereits im Abschn. 3.2 hatten wir die Metrik $g^{\mu\nu}$ als ein im Allgemeinen von $\vec{r}$ und t abhängiges Feld behandelt; damals haben wir jedoch keine Koordinatentransformationen betrachtet. (Die Ausdrücke wie in (3.34) für g_{00} gelten nur in einem bestimmten Koordinatensystem.) Die Notwendigkeit, die Metrik wie in (9.39) unter Koordinatentransformationen zu verändern, folgt jedoch aus dem Ausdruck (3.32) für den Abstand Δ^{AB}, der *nicht* von der Wahl der Koordinaten abhängen darf.

Wenn man nun die Klein-Gordon-Gleichung (9.15) durch

$$\left(\sum_{\mu=0}^{3} \sum_{\nu=0}^{3} \frac{\partial}{\partial x^{\mu}} \sqrt{-g}\, g^{\mu\nu} \frac{\partial}{\partial x^{\nu}} + \sqrt{-g}\, \frac{m^2 c^2}{\hbar^2} \right) \Phi(\vec{r}, t) = 0 \qquad (9.40)$$

ersetzt, wobei g die Determinante von $g_{\mu\nu}$ ist, kann man zeigen, dass die Gleichung unter allgemeinen Koordinatentransformation invariant ist. (Für eine konstante Minkowski-Metrik erhält man aus (9.40) die ursprüngliche Gl. 9.15 zurück.)

Ein genaues Verständnis der technischen Einzelheiten möchten wir hier nicht verlangen; wir möchten lediglich darauf hinweisen, dass ein weiteres Postulat einer Symmetrie von Gleichungen – hier unter allgemeinen Koordinatentransformationen – wieder zur Einführung eines „Eichfeldes" (hier: der Metrik) führt, das eine weitere Wechselwirkung (hier: die Gravitation) bewirkt. Die Entwicklung der allgemeinen Relativitätstheorie aus diesem Postulat war wohl mit der größte Verdienst von A. Einstein.

Zusammengefasst, haben wir damit *sämtliche* vier Wechselwirkungen auf Symmetrien von Gleichungen zurückgeführt – deshalb spielen Symmetrien so eine enorm wichtige Rolle in der Grundlagenphysik.

9.4 Übungsaufgaben (Anspruchsvoll!)

9.1 Betrachten Sie innere Transformationen (9.13), die durch komplexe $N \times N$ Matrizen U_{ij} erzeugt werden. Im Falle „kleiner" Transformationen können diese Matrizen als $U_{ij} = \delta_{ij} + i A_{ij} + \ldots$ mit $\left| A_{ij} \right| \ll 1$ geschrieben werden.

a) Leiten Sie mit Hilfe einer Reihenentwicklung bis zur ersten Ordnung in A_{ij} her, dass aus der Unitarität von U_{ij} (bzw. $\sum_{j=1}^{N} U_{ij} U_{kj}^{*} = \delta_{ik}$) die Hermitizität von A_{ij} (bzw. $A_{ij} = A_{ji}^{*}$) folgt.

b) Leiten Sie aus $det(U) = 1$ die Spurfreiheit von A_{ij} (bzw. $\sum_{i=1}^{N} A_{ii} = 0$) her.

9.2 Finden Sie für $N = 2$ und $N = 3$ die Zahl der linear unabhängigen Matrizen A_{ij}, die hermitisch und spurfrei sind. (Diese Zahl entspricht der Zahl der Eichbosonen einer SU(N)-Eichtheorie.)

Das Standardmodell der Elementarteilchenphysik

In den Kap. 5, 6 und 7 haben wir drei fundamentale Wechselwirkungen (oder Kräfte) behandelt: den Elektromagnetismus, die starke und die schwache Wechselwirkung. Im Prinzip ist die Gravitation eine vierte fundamentale Wechselwirkung, sie spielt jedoch in der Elementarteilchenphysik praktisch keine Rolle und wird im sogenannten „Standardmodell" beiseite gelassen.

Die Elementarteilchen teilt man auf in

- die „Materie", die Quarks und Leptonen mit Spin $\hbar/2$;
- die Bosonen mit Spin $\hbar$, deren Austausch die Wechselwirkungen (oder Kräfte) erzeugen, und das Higgs-Boson mit Spin 0.

Bis heute hat man sechs Quarks und sechs Leptonen entdeckt, siehe Kap. 6 und 7. In der Tab. 10.1 fassen wir noch einmal ihre Eigenschaften zusammen (ihre elektrische Ladung ist in Vielfachen von e angegeben, und die leichten Quarkmassen entsprechen denen in Potentialmodellen), und die bis heute bekannten Eigenschaften der Bosonen sind in Tab. 10.2 angegeben.

Die wesentlichen Eigenschaften der drei Wechselwirkungen der Elementarteilchenphysik sind wie folgt:

- Die elektromagnetische Wechselwirkung wird durch den Austausch von masselosen Photonen erzeugt, die selbst keine elektrische Ladung tragen. Der Wert der elektrischen Feinstrukturkonstanten $\alpha \sim 1/137$ ist relativ klein, weswegen die Beschreibung elektromagnetischer Prozesse in der Quantenfeldtheorie relativ einfach ist: Es genügt in den meisten Fällen, sich auf die einfachsten Feynmandiagramme zu beschränken, die zu einem bestimmten Prozess beitragen.
- Die starke Wechselwirkung wird durch den Austausch von masselosen Gluonen erzeugt. Die der elektrischen Ladung entsprechende Größe ist die Farbe, die von Quarks – aber nicht von Leptonen – getragen wird. Gluonen tragen ebenfalls Farbe, d. h. eine starke Ladung. Der Wert der starken Feinstrukturkonstante α_s ist $\alpha_s \sim 1$, demzufolge müsste man sämtliche Feynmandiagramme berücksichtigen, die zu einem gegebenen Prozess beitragen. Die wichtigste Konsequenz

© Springer-Verlag Berlin Heidelberg 2015
U. Ellwanger, *Vom Universum zu den Elementarteilchen*,
DOI 10.1007/978-3-662-46646-9_10

Tab. 10.1 Massen, elektrische Ladungen und Wechselwirkungen der bekannten Quarks und Leptonen

	Masse	Ladung	Starke Ww.	Schwache Ww.
Quark				
u	$\sim 300\,\mathrm{MeV/c^2}$	$+2/3$	Ja	Ja
d	$\sim 300\,\mathrm{MeV/c^2}$	$-1/3$	Ja	Ja
s	$\sim 500\,\mathrm{MeV/c^2}$	$-1/3$	Ja	Ja
c	$\sim 1.4\,\mathrm{GeV/c^2}$	$+2/3$	Ja	Ja
b	$\sim 4.4\,\mathrm{GeV/c^2}$	$-1/3$	Ja	Ja
t	$\sim 173\,\mathrm{GeV/c^2}$	$+2/3$	Ja	Ja
Lepton				
ν_e	$< 2\,\mathrm{eV/c^2}$	0	Nein	Ja
e^-	$\sim 0.511\,\mathrm{MeV/c^2}$	-1	Nein	Ja
ν_μ	$< 190\,\mathrm{keV/c^2}$	0	Nein	Ja
μ^-	$\sim 106\,\mathrm{MeV/c^2}$	-1	Nein	Ja
ν_τ	$< 18\,\mathrm{MeV/c^2}$	0	Nein	Ja
τ^-	$\sim 1.78\,\mathrm{GeV/c^2}$	-1	Nein	Ja

Tab. 10.2 Massen, elektrische Ladungen und Wechselwirkungen der bekannten Bosonen

Boson	Masse	Ladung	Starke Ww.	Schwache Ww.
Photon (γ)	0	0	Nein	Nein
Gluon	0	0	Ja	Nein
$W^\pm$	$\sim 80.4\,\mathrm{GeV/c^2}$	± 1	Nein	Ja
Z	$\sim 91.2\,\mathrm{GeV/c^2}$	0	Nein	Ja
Higgs	$\sim 125\,\mathrm{GeV/c^2}$	0	Nein	Ja

hiervon ist ein von der elektrischen Kraft verschiedenes Abstandsverhalten der starken Kraft zwischen farbigen Teilchen: Für große Abstände bleibt die starke Kraft konstant (und attraktiv), was zum Confinement der Quarks und der Gluonen in Hadronen führt. Hadronen sind entweder Baryonen, die aus drei Quarks bestehen, oder Mesonen, die aus einem Quark und einem Antiquark bestehen.

- Die schwache Wechselwirkung wird durch den Austausch der $W^\pm$- und Z^0-Bosonen erzeugt. Diese Bosonen sind (sehr) massiv, weswegen diese Wechselwirkung relativ schwach ist. Die Erklärung dieser Massen macht die Einführung des Higgs-Feldes notwendig, dessen überall konstanter Wert eine effektive Masse für jedes Teilchen erzeugt, das an das Higgs-Boson koppelt. Die Massen sämtlicher Elementarteilchen – einschließlich der Quarks und der Leptonen – werden auf diese Art und Weise erzeugt.

Welche sind die „fundamentalen" (nicht weiter ableitbaren) Parameter des Standardmodells? Zunächst sind dies die drei Feinstrukturkonstanten der elektromagnetischen, starken und schwachen Wechselwirkung. Dazu kommen die 6 Quarkmassen oder, alternativ, die 6 entsprechenden Yukawa-Kopplungen (siehe (7.20)). Da die drei verschiedenen Quarkfamilien (7.1) bei Prozessen der schwachen Wechselwirkung ineinander übergehen können (siehe Abb. 7.2), sind sie – ähnlich wie die in Abschn. 7.5 allerdings vereinfacht behandelten Neutrinos in (7.26) – ineinander verdreht, was 3 reelle und einen imaginären Mischungswinkel bzw. Elemente der Cabibbo-Kobayashi-Maskawa-Matrix erlaubt. (Der imaginäre Mischungswinkel, verursacht durch komplexe Massenparameter bzw. Yukawa-Kopplungen, erlaubt eine Beschreibung der in Abschn. 7.4 erwähnten CP-Verletzung.) Alleine die Massen und Mischungswinkel der Quarks führen daher zu 10 zusätzlichen Parametern. Die Massen der 3 geladenen Leptonen entsprechen zunächst 3 weiteren Parametern. Das Phänomen der Neutrino-Oszillationen weist darauf hin, dass es im Leptonsektor zusammengenommen zumindest ebenfalls 10 Parameter gibt – möglicherweise sogar mehr. Schließlich enthält der Ausdruck (7.16) für die potentielle Energie des Higgs-Feldes 2 weitere Parameter μ^2 und λ_{H}^2. Wenn man die Gravitation zu den fundamentalen Wechselwirkungen hinzuzählt, führt dies zu 2 weiteren Parametern, der Newton'schen Konstante G und der kosmologischen Konstanten Λ.

Das durch die Tab. 10.1 und 10.2 sowie die fundamentalen Wechselwirkungen definierte Standardmodell der Elementarteilchenphysik beschreibt erfolgreich eine sehr große Zahl von Prozessen; keines der zahlreichen Messergebnisse steht hierzu in ernstem Widerspruch. Es lässt jedoch mehrere Fragen offen:

a) Warum existieren drei Familien von Quarks und Leptonen, die fast identische Eigenschaften besitzen? Sie unterscheiden sich nur durch ihre Massen bzw. (Yukawa-) Kopplungen an das Higgsfeld; warum sind diese Kopplungen so verschieden? Woher rühren die Mischungswinkel?

b) Welcher Art ist die Struktur der Neutrino-Massenterme (siehe Abschn. 7.5)? Gibt es rechtshändige Neutrinos?

c) Warum gibt es drei Wechselwirkungen, was ist der Ursprung der Werte ihrer Kopplungs- bzw. Feinstrukturkonstanten? (Eine mögliche Antwort auf diese Frage ist die Theorie der „Großen Vereinheitlichung", die im Abschn. 12.1 behandelt wird.)

d) Wenn man Quantenkorrekturen in der Quantenfeldtheorie Rechnung trägt, erscheint ein numerischer Konflikt bezüglich des Parameters μ in (7.16) für die potentielle Energie des Higgs-Feldes. Dieser numerische Konflikt ist ähnlich dem am Ende des Abschn. 7.3 erwähnten Problem der kosmologischen Konstanten, und wird im Abschn. 12.2 zusammen mit einer möglichen Lösung (der Supersymmetrie) diskutiert.

e) Wenn man die Gravitation in der Quantenfeldtheorie beschreibt, führen Quantenkorrekturen zu unendlichen Ergebnissen (siehe Abschn. 12.3). Eine mögliche Lösung dieses fundamentalen Konfliktes zwischen der Quantenfeldtheorie und der allgemeinen Relativitätstheorie ist die Stringtheorie.

Quantenkorrekturen und die Renormierungsgruppengleichungen

11

In diesem Kapitel werden wir das überraschende Ergebnis herleiten, dass Kopplungskonstanten von der Energie der am Messprozess beteiligten Teilchen abhängen.

Erinnern wir daran, wie die Wahrscheinlichkeit eines Prozesses in der Quantenfeldtheorie zu berechnen ist:

a) Zuerst müssen im Prinzip alle Feynmandiagramme gefunden werden, die zu dem betrachteten Prozess beitragen. (Im Falle kleiner Kopplungskonstanten führen nur die einfachsten Diagramme zu numerisch relevanten Beiträgen.)
b) Der Beitrag jedes Diagramms zur Amplitude (deren Quadrat die Wahrscheinlichkeit für einen bestimmten Prozess ergibt) ist mit Hilfe der Feynmanregeln zu berechnen, siehe Kap. 5.

Im Falle der Elektron–Elektron-Streuung ist das einfachste Diagramm von der Form in Abb. 11.1.

Mit Hilfe der im Kap. 5 angegebenen Vertizes kann auch das Diagramm in Abb. 11.2 gezeichnet werden, das zu den Diagrammen mit 4 Vertizes gehört.

Dieses Diagramm beschreibt (unter anderen) folgenden Prozess: Im Vertex A emittiert ein Elektron ein Photon. Im Vertex B zerfällt dieses Photon in ein Elektron–Positron-Paar. Nach einer „Schleife" vernichtet sich dieses Paar im Vertex C in ein weiteres Photon, das in D durch das andere Elektron absorbiert wird.

Man kann die Potenzen von $\hbar$ abzählen, die von den Vertizes, den Propagatoren und den restlichen Faktoren herrühren. Alle Diagramme mit vier Vertizes enthalten, verglichen mit dem Diagramm 11.1 mit zwei Vertizes (für das sich die Potenzen von $\hbar$ wegheben), eine zusätzliche Potenz von $\hbar$. Eine zusätzliche Potenz von $\hbar$ bedeutet, dass es sich um einen Quanteneffekt handelt, der in der klassischen Elektrodynamik (die man im Limes $\hbar \rightarrow 0$ wiederfindet) verschwinden würde. Aus diesem Grund nennt man diese Beiträge Quantenkorrekturen. Es ist zu bemerken, dass es weitere Diagramme mit vier Vertizes gibt, die auf ähnliche Weise wie das Diagramm 11.2 zu behandeln sind.

© Springer-Verlag Berlin Heidelberg 2015

U. Ellwanger, *Vom Universum zu den Elementarteilchen*,

DOI 10.1007/978-3-662-46646-9_11

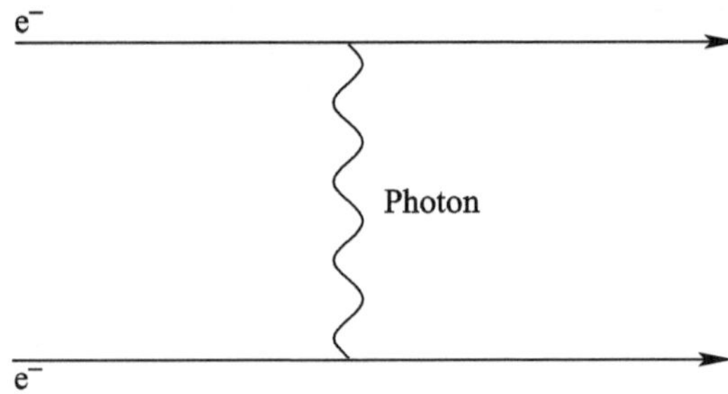

Abb. 11.1 Das einfachste zur Elektron–Elektron-Streuung beitragende Diagramm

Als nächstes studieren wir die Konsequenzen der Energieerhaltung für die Energie jedes der Teilchen; in Abb. 11.2 sind die Photonen und das Elektron–Positron-Paar in der Schleife virtuelle Teilchen. Zunächst gilt für die Elektronen im Anfangs- und Endzustand, genau wie in Abb. 11.1 und wie im Kap. 5 diskutiert, dass ihre Energien alle dieselben sind, falls die Impulse vor der Streuung entgegengesetzt gerichtet sind (was wir im Folgenden annehmen werden). Daraus folgt, dass die Energien der beiden virtuellen Photonen zwischen A und B bzw. zwischen C und D verschwinden.

Bezüglich der Energien des Elektrons und des Positrons in der Schleife ist zu betonen, dass Energien virtueller Teilchen auch negativ sein können. Aus der Energieerhaltung in den Vertizes B und C folgt daher, dass die Energien des Elektrons und des Positrons von demselben Betrag und von entgegengesetztem Vorzeichen sind. Die Beträge dieser Energien, die wir im Folgenden mit Q bezeichnen werden, sind jedoch nicht durch die Energieerhaltung bestimmt!

Welcher Wert ist dann für Q zu wählen? Die Grundregel der Quantenmechanik sagt uns, dass wir über alle Prozesse zu summieren haben, die nach den Erhaltungssätzen erlaubt sind. Demnach müssen wir über alle möglichen Werte von Q zwischen $-\infty$ und $+\infty$ summieren, d. h. integrieren.

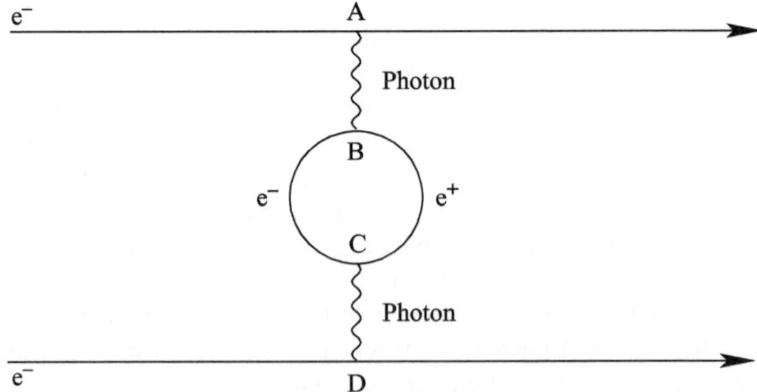

Abb. 11.2 Ein Schleifendiagramm, das zur Elektron–Elektron-Streuung beiträgt

Unter Berücksichtigung der Energie- bzw. Q-Abhängigkeit der Propagatoren des Elektron–Positron-Paares findet man, dass der Beitrag des Diagramms in Abb. 11.2 zur Amplitude ein Integral der Form

$$\int\limits_0^\infty dQ^2 \, \frac{1}{Q^2 + m_e^2} \tag{11.1}$$

enthält, wo m_e die Elektron- und Positron-Masse ist, und wir anstatt Q eine Integrationsvariable Q^2 eingeführt haben, die immer positiv ist. (Im Prinzip muss man ebenfalls über die Impulse des Elektrons und des Positrons integrieren; als Endresultat findet man in der Tat ein Integral der Form (11.1). Eigentlich wäre im Nenner von (11.1) m_e durch $m_e\,c^2$ zu ersetzen; der Einfachheit halber lassen wir diese Potenzen von c im Folgenden weg.)

Versuchen wir nun, dieses Integral zu berechnen. Zunächst ist eine Funktion $F(Q^2)$ zu finden, deren Ableitung nach Q^2 den Ausdruck unter dem Integral ergibt. In unserem Fall ist diese Funktion bis auf eine irrelevante Konstante durch

$$F(Q^2) = \ln(Q^2 + m_e^2) \tag{11.2}$$

gegeben. Das Integral (11.1) erhält man dann durch diese Funktion, worin für Q^2 die obere Grenze des Integrals einzusetzen ist, abzüglich der an der unteren Grenze des Integrals berechneten Funktion. Während die Berechnung der Funktion an der unteren Grenze des Integrals $Q^2 = 0$ keine Probleme bereitet (man erhält $\ln(m_e^2)$), findet man für die Funktion an der oberen Grenze $Q^2 = \infty$ ebenfalls $+\infty$, da der Logarithmus von $+\infty$ auch unendlich ist – also kein vernünftiges Resultat. Zu Beginn der Entwicklung der Quantenfeldtheorie wurde dies als ein ernstes Problem betrachtet.

Nun behandelt man dieses Problem wie folgt: Anstatt über alle möglichen Werte von Q^2 zwischen 0 und $+\infty$ zu integrieren, integriert man nur über einen endlichen Bereich zwischen 0 und Λ^2. Die Größe Λ^2 hat folgende Bedeutung: Der Ausdruck unter dem Integral (11.1) wurde unter der Annahme hergeleitet, dass man die Energieabhängigkeit bzw. die Q^2-Abhängigkeit der Propagatoren (und sämtlicher anderer Faktoren, die zur Rechnung beitragen) kennt. Man kann sich dieser Energieabhängigkeit jedoch nur für Energiebereiche sicher sein, die experimentell überprüft worden sind. Man kann zwar annehmen, dass die verwendeten Feynmanregeln bis zu einer oberen Schranke $|Q| \leq \Lambda$ gültig sind, aber je größer der gewählte Wert von Λ ist, desto größer ist die zu Grunde gelegte Annahme. Die Übereinstimmung zwischen den energiereichsten Experimenten (die Teilchen mit Energien bis ca. $1\,\text{TeV} = 1000\,\text{GeV}$ verwenden) und der Theorie (unter der Verwendung von Standard-Feynmanregeln) lässt den Schluss zu, dass man $\Lambda \gtrsim 1\,\text{TeV}$ annehmen kann.

Auf Grund dieser Überlegungen ersetzt man die obere Grenze des Integrals (11.1) durch Λ^2. Jetzt erhält man ein endliches Ergebnis für das Integral, dieses

Ergebnis hängt jedoch von Λ ab:

$$\int\limits_0^{\Lambda^2} dQ^2 \frac{1}{Q^2 + m_e^2} = \ln\left(\frac{\Lambda^2 + m_e^2}{m_e^2}\right) \simeq \ln\left(\frac{\Lambda^2}{m_e^2}\right), \tag{11.3}$$

wo wir die Annahme $\Lambda \gg m_e$ gemacht haben.

Was bedeutet dies für den Beitrag des Diagramms in Abb. 11.2 zur Amplitude des betrachteten Prozesses? Vergleichen wir noch einmal die Potenzen der Kopplungskonstanten g bzw. der Feinstrukturkonstanten $\alpha = g^2\hbar/(4\pi)$ der Beiträge der Diagramme der Abb. 11.1 und 11.2 zur Amplitude A: Der Beitrag des Diagramms 11.1 ist von der Form $\alpha A^{(1)}(\theta)$, da es zwei Vertizes enthält. Der Beitrag des Diagramms 11.2 ist von der Form $\alpha^2 \left(\ln\left(\Lambda^2/m_e^2\right) A^{(2)}(\theta) + \ldots\right)$, wo wir die Abhängigkeit von Λ explizit ausgeschrieben haben, und die Punkte für von Λ unabhängige oder für $\Lambda \gg m_e$ vernachlässigbare Terme stehen. (Sowohl $A^{(1)}(\theta)$ als auch $A^{(2)}(\theta)$ können in Abhängigkeit von den Impulsen der äußeren Elektronen berechnet werden; aus (5.28) erhält man, mit (5.21) für $\left|\vec{p}^{\,\mathrm{ph}}\right|$, $A^{(1)}(\theta) = 8\pi m_e^2 \hbar c/[|\vec{p}^{\,a}|^2(1 - \cos\theta)]$, da wir einen Faktor α ausgeklammert haben.)

Im Kap. 5 hatten wir ausgeführt, dass die Beiträge von Diagrammen mit vier Vertizes wegen des kleinen Wertes von α relativ klein sind. Jetzt sehen wir, dass diese Schlussfolgerung nicht notwendigerweise gerechtfertigt ist: Wenn der Logarithmus, der $A^{(2)}$ multipliziert, sehr groß ist (falls $\Lambda \gg m_e$ gilt), kann der Beitrag des Diagramms 11.2 sogar größer als der Beitrag des Diagramms 11.1 sein! (Nur für die oben durch Punkte angedeuteten Terme bleibt der Schluss richtig.)

Man findet allerdings (und glücklicherweise), dass die Abhängigkeit von $A^{(2)}(\theta)$ vom Streuwinkel θ bzw. den Impulsen der äußeren Elektronen mit derjenigen von $A^{(1)}(\theta)$ bis auf eine Konstante $-b$ übereinstimmt. (Das negative Vorzeichen vor der Konstanten ist eine Konvention.) Dies erlaubt es uns, die numerisch dominanten Beiträge wie folgt zusammenzufassen:

$$A(\theta) \simeq \alpha A^{(1)}(\theta) + \alpha^2 \ln\left(\frac{\Lambda^2}{m_e^2}\right) A^{(2)}(\theta) = \alpha A^{(1)}(\theta)\left(1 - b\,\alpha \ln\left(\frac{\Lambda^2}{m_e^2}\right)\right). \tag{11.4}$$

Dies ist noch nicht das Ende der Geschichte: Es gibt noch weitere Diagramme mit mehreren Schleifen von Elektron–Positron-Paaren wie in Abb. 11.3.

Jede Schleife in einem Diagramm entspricht einer weiteren Potenz von α, und führt zu einer weiteren Potenz des Logarithmus $\ln\left(\Lambda^2/m_e^2\right)$ sowie der Konstante b im Beitrag des entsprechenden Diagramms zur Amplitude. Man kann die Summe über alle diese Diagramme berechnen (eine geometrische Reihe), und als Resultat findet man, dass (11.4) durch

$$A(\theta) = \frac{\alpha A^{(1)}(\theta)}{1 + b\,\alpha \ln\left(\Lambda^2/m_e^2\right)} \tag{11.5}$$

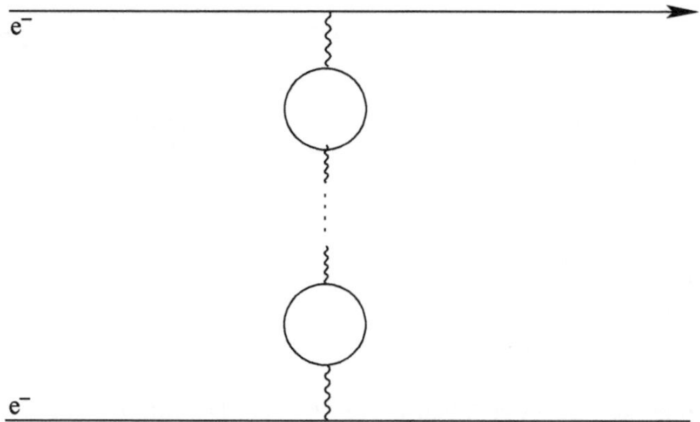

Abb. 11.3 Vielschleifendiagramme, die zur Elektron–Elektron-Streuung beitragen

zu ersetzen ist. (Man kann überprüfen, dass (11.5) in einer Potenzreihenentwicklung in α bis zur Ordnung α^2 mit (11.4) übereinstimmt.)

Nehmen wir nun an, dass man die Elektron-Elektron-Streuung dazu verwenden will, die Feinstrukturkonstante α zu messen. Dafür geht man wie folgt vor: Zunächst misst man die Zahl der gestreuten Elektronen in Abhängigkeit vom Streuwinkel θ bzw. $P(\theta)$. $P(\theta)$ ist proportional zum Quadrat von $A(\theta)$, siehe (5.29), daher kann man aus dem Messergebnis direkt auf $A(\theta)$ schließen. Anschließend vergleicht man das Ergebnis für $A(\theta)$ mit der Formel

$$A(\theta) = \alpha_{\text{Messg}} A^{(1)}(\theta)\,, \tag{11.6}$$

wo für $A^{(1)}(\theta)$ der oben genannte bekannte Ausdruck verwendet wird. Wir betonen, dass die Messungen nicht zwischen den Beiträgen der verschiedenen Diagramme unterscheiden können; deswegen ist (11.6) die einzige vernünftige Definition der gemessenen Feinstrukturkonstanten. In der Paxis verwendet man für die genauesten Messungen von α_{Messg} Prozesse der Atomphysik, aber auch hier summiert man automatisch über entsprechende Feynmandiagramme.

Durch den Vergleich der Ausdrücke (11.5) und (11.6) findet man

$$\alpha_{\text{Messg}} = \frac{\alpha}{1 + b\,\alpha \ln\left(\Lambda^2/m_{\text{e}}^2\right)}\,. \tag{11.7}$$

Demzufolge muss man zwischen der „fundamentalen" Kopplungskonstanten g (bzw. $\alpha = g^2\hbar/(4\pi)$) und α_{Messg} unterscheiden! Die „fundamentale" Kopplung g ist diejenige, die mit den Vertizes, d. h. der Emission oder der Absorption eines Photons verknüpft ist. Man könnte diese fundamentale Kopplung nur dann messen, wenn man experimentell die Beiträge der Diagramme 11.1 getrennt von den Beiträgen der Diagramme 11.2 und 11.3 bestimmen könnte – dies ist jedoch unmöglich, und führt zu (11.7) für α_{Messg} in Abhängigkeit von α und Λ.

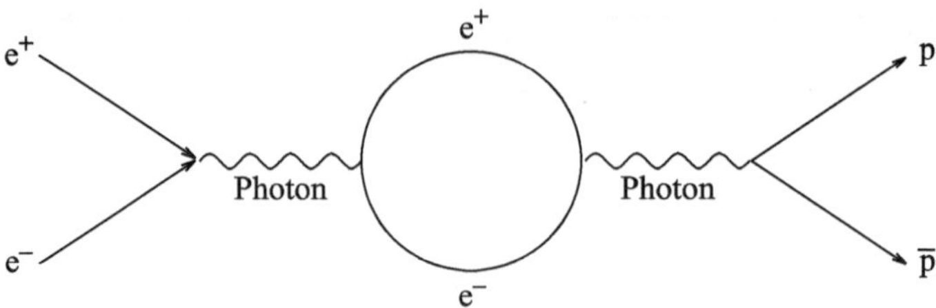

Abb. 11.4 Schleifendiagramm, das zur Teilchen–Antiteilchen-Produktion durch Elektron–Positron-Vernichtung beiträgt

Es ist anzumerken, dass der Ausdruck (11.6) – per Definition – nur die messbaren Größen α_{Messg} und die θ-Abhängigkeit von $A^{(1)}$, aber keine explizite Abhängigkeit von Λ enthält. In der Tat sind sämtliche messbaren Größen der Quantenelektrodynamik unabhängig von Λ, wenn sie durch α_{Messg} ausgedrückt werden. Dies ist möglich, weil die θ-Abhängigkeit der Diagramme mit Schleifen (oben mit $A^{(2)}(\theta)$ bezeichnet) bis auf eine Konstante dieselbe wie diejenige von $A^{(1)}(\theta)$ ist. Eine Theorie, in der sämtliche Beziehungen zwischen messbaren Größen unabhängig von Λ sind, wird als *renormierbare* Theorie bezeichnet: In einer renormierbaren Theorie kann Λ im Prinzip ohne beobachtbare Konsequenzen beliebig (sogar unendlich) groß sein. (U. a. für den Beweis, dass die Quantenelektrodynamik in diesem Sinne renormierbar ist, erhielten S.-I. Tomonaga, J. Schwinger und R. F. Feynman 1965 den Nobelpreis.) Wir werden später sehen, dass dies nicht für die Quantengravitation gilt.

Kehren wir zu α_{Messg} zurück, deren Wert bekannt ist: $\alpha_{\mathrm{Messg}} \sim 1/137$. Dieser Wert wurde in Prozessen gemessen, bei denen die Energien der in Abb. 11.1–11.3 ausgetauschten Photonen praktisch verschwinden. Wir können uns jedoch vorstellen, dass α_{Messg} in einem Prozess gemessen wird, wo die Energien der ausgetauschten Photonen nicht mehr klein sind. Ein typisches Beispiel wäre die in Kap. 8 in Abb. 8.3 beschriebene Paarproduktion von Teilchen p und p̄. Hier ist die Energie E des Photons durch $E = E(\mathrm{e}^+) + E(\mathrm{e}^-)$ gegeben, die normalerweise sogar sehr viel größer als die (mit c^2 multiplizierte) Elektronmasse ist.

Auch zu diesem Prozess tragen Schleifendiagramme wie in Abb. 11.2 bei, die jetzt die Form wie in Abb. 11.4 haben, sowie weitere entsprechend der gedrehten Abb. 11.3.

Nun können wir die obigen Überlegungen noch einmal wiederholen, angefangen mit dem Integral über die Energien der Teilchen e^+ und e^- in der Schleife. Der Unterschied zu oben liegt jetzt darin, dass die Summe dieser Energien nicht mehr gleich Null ist, sondern wegen der Energieerhaltung an den Vertizes gleich der Photonenergie E, die jetzt nicht mehr verschwindet. (Die Differenz Q dieser Energien ist immer noch unbestimmt.) Dies verändert die Propagatoren der Teilchen in der Schleife, und als Ergebnis findet man, dass das Integral (11.3) über die unbestimmte

Energiedifferenz Q näherungsweise die Form

$$\int\limits_0^{\Lambda^2} \mathrm{d}Q^2 \, \frac{1}{Q^2 + E^2 + m_e^2} \tag{11.8}$$

annimmt. Alle weiteren Überlegungen bleiben unverändert: Als Ergebnis des Integrals findet man den Logarithmus in (11.3) (mit m_e^2 ersetzt durch $E^2 + m_e^2$), die θ-Abhängigkeiten der Amplituden entsprechend den Abb. 8.3 und 11.4 sind wieder dieselben, daher kann die gemessene Feinstrukturkonstante α_{Messg} wieder wie in (11.7) geschrieben werden – allerdings mit m_e^2 ersetzt durch $E^2 + m_e^2$. Im Falle $E^2 \gg m_e^2$ erhält man dann

$$\alpha_{\mathrm{Messg}} = \frac{\alpha}{1 + b\,\alpha \ln\left(\Lambda^2/E^2\right)} . \tag{11.9}$$

Das wichtige Ergebnis dieser Gleichung ist, dass im Falle einer Messung einer Feinstrukturkonstanten bei einer Energie $E \neq 0$ das Ergebnis dieser Messung von der Energie abhängen sollte! Der Grund für diese Energieabhängigkeit ist die Energieabhängigkeit der Beiträge der Schleifendiagramme zu den Amplituden.

Außer der Energie E treten in (11.9) folgende Größen auf: Die fundamentale Feinstrukturkonstante α, der Parameter Λ sowie die Konstante b. Während die fundamentale Feinstrukturkonstante α und der Parameter Λ unbekannte Größen sind, ist die Konstante b berechenbar.

Nun kann man allerdings sehen, dass die Energieabhängigkeit von α_{Messg} (wir sollten jetzt $\alpha_{\mathrm{Messg}}(E)$ schreiben) nur von bekannten Größen abhängt. Zu diesem Zweck kann man unter der Verwendung von $\ln\left(\Lambda^2/E^2\right) = \ln\left(\Lambda^2\right) - \ln\left(E^2\right)$ beide Seiten von (11.9) nach $\ln\left(E^2\right)$ ableiten, und (11.9) auf der rechten Seite wiederverwenden; das Ergebnis lässt sich einfach als

$$\frac{\mathrm{d}\alpha_{\mathrm{Messg}}(E)}{\mathrm{d}\ln\left(E^2\right)} = b\,\alpha^2{}_{\mathrm{Messg}}(E) \tag{11.10}$$

schreiben, was als die *Renormierungsgruppengleichung* [40, 41] bezeichnet wird. Dies bedeutet, dass die Veränderung von $\alpha_{\mathrm{Messg}}(E)$ mit E (bzw. $\ln\left(E^2\right)$) durch $\alpha_{\mathrm{Messg}}(E)$ selbst sowie die berechenbare Konstante b ausgedrückt werden kann: Falls b positiv ist, sollte $\alpha_{\mathrm{Messg}}(E)$ mit E zunehmen, und falls b negativ ist, sollte $\alpha_{\mathrm{Messg}}(E)$ mit E abnehmen. In der Quantenelektrodynamik findet man für b einen positiven Wert.

Wir sollten hinzufügen, dass dieses Ergebnis nicht ganz vollständig ist: Weitere (kompliziertere) Schleifendiagramme, die ebenfalls zu physikalischen Prozessen beitragen, machen den Zusammenhang zwischen der gemessenen und der fundamentalen Feinstrukturkonstanten etwas komplizierter als in (11.7) bzw. (11.9). Dies führt zu zusätzlichen Termen bei der Berechnung der Ableitung von $\alpha_{\text{Messg}}(E)$ nach $\ln\left(E^2\right)$; diese zusätzlichen Terme lassen sich jedoch alle durch zusätzliche (höhere) Potenzen von $\alpha_{\text{Messg}}(E)$ auf der rechten Seite der Renormierungsgruppengleichung (11.10) beschreiben. Man erhält dann (unter Weglassung des Arguments E von $\alpha_{\text{Messg}}(E)$)

$$\frac{d\alpha_{\text{Messg}}}{d\ln\left(E^2\right)} = b_1\,\alpha^2{}_{\text{Messg}} + b_2\,\alpha^3{}_{\text{Messg}} + \cdots \equiv \beta(\alpha_{\text{Messg}})\,, \qquad (11.11)$$

wo die Funktion $\beta(\alpha_{\text{Messg}})$ allgemein als β-Funktion bezeichnet wird. Üblicherweise ist α_{Messg} jedoch nicht sehr groß, weswegen die Ab- oder Zunahme von α_{Messg} mit E allein aus dem Vorzeichen des ersten Termes $\sim b_1$ ($= b$ in (11.10)) der β-Funktion folgt.

Dieselben Überlegungen können auch auf die starken und schwachen Feinstrukturkonstanten angewendet werden. Im Falle der starken Wechselwirkung muss man in den Diagrammen 11.1 bis 11.4 die Elektronen und Positronen durch Quarks und Antiquarks, und die Photonen durch Gluonen ersetzen. (Es tragen hier sogar, wegen der Vertizes in Abb. 6.5 und 6.6, Gluonen in den Schleifen bei.)

Dementsprechend erhält man hier ebenfalls einen Unterschied zwischen der gemessenen starken Feinstrukturkonstanten $\alpha_{\text{s Messg}}$ und der „fundamentalen" Feinstrukturkonstanten α_{s}, der wieder von der Form (11.9) ist:

$$\alpha_{\text{s Messg}} = \frac{\alpha_{\text{s}}}{1 + b_{\text{s}}\,\alpha_{\text{s}}\,\ln\left(\Lambda^2/E^2\right)}\,. \qquad (11.12)$$

Im Falle der schwachen Wechselwirkung sind in den Diagrammen 11.1 bis 11.4 die Photonen durch $W^{\pm}$- und Z-Bosonen zu ersetzen, und die Elektronen bzw. Positronen in den Schleifen durch die Summe über sämtliche Teilchen (Quarks, Leptonen und diese Bosonen selbst), die an $W^{\pm}$- und Z-Bosonen koppeln. Die Beziehung zwischen der gemessenen schwachen Feinstrukturkonstanten $\alpha_{\text{w Messg}}$ und der „fundamentalen" schwachen Feinstrukturkonstanten α_{w} ist wieder von der Form (11.9):

$$\alpha_{\text{w Messg}} = \frac{\alpha_{\text{w}}}{1 + b_{\text{w}}\,\alpha_{\text{w}}\,\ln\left(\Lambda^2/E^2\right)}\,. \qquad (11.13)$$

Die Konstanten b_{s} und b_{w} können berechnet werden; sie hängen von der Zahl und den Kopplungen der Teilchen ab, die in den Schleifen auftreten. Für Energien E oberhalb sämtlicher bekannten Teilchenmassen findet man

$$b_{\text{s}} = -\frac{7}{4\pi}\,, \qquad b_{\text{w}} = -\frac{19}{24\pi}\,. \qquad (11.14)$$

Man beachte, dass dieselben Konstanten in den entsprechenden Renormierungsgruppengleichungen (11.10) für $\alpha_{\text{s Messg}}$ und $\alpha_{\text{w Messg}}$ erscheinen. Wir haben hier die Annahme gemacht, dass die Energie E größer als sämtliche mit c^2 multiplizierten Massen der Teilchen in den Schleifen ist. Wenn diese Annahme nicht erfüllt ist, tragen die Diagramme mit Teilchen mit Massen größer als E/c^2 zu der Berechnung der Konstanten b in (11.10) nicht bei, deshalb machen diese „Konstanten" bei entsprechenden Energien kleine Sprünge: Bei einer Energie E, wo nur n_f Quarks leichter als E/c^2 sind, ist b_s in (11.10) für $\alpha_{s\,\mathrm{Messg}}$ durch

$$b_s = -\frac{1}{4\pi}\left(11 - \frac{2}{3}n_f\right) \tag{11.15}$$

zu ersetzen; für $E/c^2 > m_{\mathrm{top}}$, wo $n_f = 6$ gilt, erhält man aus (11.15) den Wert in (11.14) für b_s zurück.

Da diese Konstanten b_s und b_w jetzt negativ sind, sollten die gemessenen Kopplungs- bzw. Feinstrukturkonstanten $\alpha_{s\,\mathrm{Messg}}$ und $\alpha_{w\,\mathrm{Messg}}$ mit zunehmender Energie E abnehmen, bzw. mit abnehmender Energie E zunehmen. Dieser Effekt ist umso wichtiger, je größer die Kopplungen selbst sind – am wichtigsten sollte er für die Kopplung $\alpha_{s\,\mathrm{Messg}}$ der starken Wechselwirkung sein. (Für die Entdeckung dieses Phänomens erhielten D. J. Gross, F. Wilczek [42] und H. D. Politzer [43] 2004 den Nobelpreis.)

Die Kopplung α_s wurde in verschiedenen Prozessen bei verschiedenen Energien E gemessen. (Wir lassen ab jetzt den Index $_{\mathrm{Messg}}$ weg.) Einige Ergebnisse verschiedener Experimente im Bereich $22\,\mathrm{GeV} < E < 189\,\mathrm{GeV}$ sind in Abb. 11.5 zusammengefasst, wo näherungsweise die Formel (11.12) mit $b_s = -23/(12\,\pi)$ (aus (11.15) mit $n_f = 5$, da das Top-Quark für $E \lesssim m_{\mathrm{top}}\,c^2$ nicht beiträgt) gültig sein sollte. Entlang der horizontalen Achse sind die Energien E aufgetragen, und entlang der senkrechten Achse die Messwerte für α_s mit ihren Fehlerbalken. Die Daten für $E \simeq 22$, 35 und 44 GeV [44, 45], $E \simeq 58$ GeV [46], $E \simeq 133$ GeV [47, 48] und $E \simeq 189$ GeV [49, 50, 51, 52] stammen aus dem in Kap. 8 behandelten Prozess $e^+ + e^- \rightarrow$ Hadronen, die Daten für $E = M_Z c^2 \simeq 91{,}2$ GeV [53] aus Z-Zerfällen.

Es zeigt sich, dass $\alpha_s(E)$ in der Tat entsprechend der Formel (11.12) mit E abnimmt. (Für niedrigere Energien, wo $\alpha_s(E)$ relativ groß wird, müssen die höheren Potenzen von $\alpha_s(E)$ in der Lösung von (11.11) mitberücksichtigt werden.)

Auf jeden Fall bestätigt die Variation von $\alpha_s(E)$ mit E den obigen Umgang mit den Schleifendiagrammen und die durch sie erzeugte Energieabhängigkeit. Man sieht auch, dass der in Kap. 6 angegebene Wert $\alpha_s \sim 1$ nur für Energien $\lesssim 1\,\mathrm{GeV}$ gültig ist, die den Energien von Quarks innerhalb eines Protons oder Neutrons entsprechen.

Es ist kein Zufall, dass α_s gerade bei Energien entsprechend der Protonmasse $m_p \sim 1\,\mathrm{GeV}/c^2$ von der Größenordnung 1 ist; man kann den Spieß sogar herumdrehen: Die Größenordnung der Protonmasse (genauer gesagt, ca. ein Drittel Protonmasse) ist durch diejenige Energie/c^2 gegeben, bei der die energieabhängige starke Feinstrukturkonstante ~ 1 ist! Diese Beziehung nennt man *dimensionale Transmutation*.

11.1 Übungsaufgabe

11.1 Der Ausdruck (11.12) für $\alpha_{s\,\text{Messg}}(E)$ kann in der Form

$$\alpha_{s\,\text{Messg}}(E) = \frac{1}{b_s \ln(\Lambda_{\text{QCD}}^2 / E^2)} \tag{11.16}$$

geschrieben werden. Leiten Sie her, wie Λ_{QCD} von α_s und Λ in (11.12), sowie von $\alpha_{s\,\text{Messg}}(E)$ und E abhängt. (Λ_{QCD} kann – anstatt der energieabhängigen Feinstrukturkonstanten – als fundamentaler Parameter der starken Wechselwirkung angesehen werden. Für $E = \Lambda_{\text{QCD}}$ scheint $\alpha_{s\,\text{Messg}}(E)$ nach Unendlich zu gehen; (11.12) ist aber für $\alpha_{s\,\text{Messg}} \gtrsim 1$ nicht mehr gültig.)

Leiten Sie eine Formel für $\alpha_{s\,\text{Messg}}(E_1)$ als Funktion von $\alpha_{s\,\text{Messg}}(E_2)$, E_1 und E_2 her. Im Bereich $22\,\text{GeV} < E < 91\,\text{GeV}$ gilt $b_s = -23/12\pi$. Bestimmen Sie $\alpha_{s\,\text{Messg}}(22\,\text{GeV})$ aus $\alpha_{s\,\text{Messg}}(M_Z c^2) \simeq 0{,}12$ mit Hilfe dieser Formel, und vergleichen Sie das Ergebnis mit Abb. 11.5.

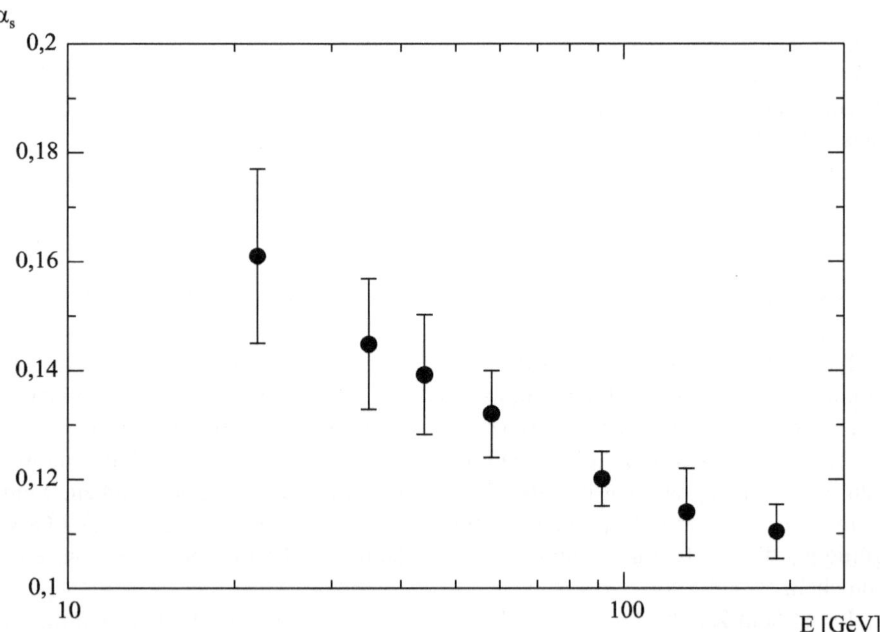

Abb. 11.5 Messergebnisse der starken Feinstrukturkonstanten $\alpha_s(E)$ in Abhängigkeit von der Energie E

12.1 Die große Vereinheitlichung

Die Gleichungen 11.9, 11.12 und 11.13 enthalten auf ihren rechten Seiten sowohl die fundamentalen Kopplungen α (bzw. α_s, α_w), als auch den Logarithmus des Parameters Λ. Λ entspricht einer Energieskala, bei der sich die Theorie (d. h. die Feynmanregeln entsprechend den bekannten Teilchen und Kopplungen) möglicherweise verändert, so dass Integrale über Energien Q^2 virtueller Teilchen wie in (11.1) nur bis $Q^2 \leq \Lambda^2$ ausgeführt werden sollten (siehe (11.3)).

Im Prinzip sind sowohl die fundamentalen Kopplungen, wie auch Λ, zunächst unbekannte Größen. Alle drei Gleichungen 11.9, 11.12 und 11.13 können nach etwas Rechnung in die Form

$$\alpha = \frac{\alpha_{\text{Messg}}}{1 - b\,\alpha_{\text{Messg}} \ln\left(\Lambda^2/E^2\right)} \tag{12.1}$$

gebracht werden. Hier sind α_{Messg} und E durch Messungen bestimmte Größen, und die Energieabhängigkeiten von α_{Messg} und $\ln\left(\Lambda^2/E^2\right)$ auf der rechten Seite von (12.1) heben sich gerade weg. Wenn man nun eine bestimmte Annahme für Λ macht, kann man – da die Konstanten b berechenbar sind – aus (12.1) die fundamentalen Kopplungen α berechnen. Wir werden dies nun durchführen.

Die genauesten Messungen von $\alpha_{s\,\text{Messg}}$ und von $\alpha_{w\,\text{Messg}}$ wurden bei $E = M_Z c^2$ durchgeführt und ergeben

$$\alpha_{s\,\text{Messg}} \simeq 0{,}12\,, \qquad \alpha_{w\,\text{Messg}} \simeq 0{,}034\,. \tag{12.2}$$

Wenn man nun die Werte (11.14) für b_s und b_w sowie (12.2) für $\alpha_{s\,\text{Messg}}$ und $\alpha_{w\,\text{Messg}}$ in die entsprechenden Gl. 12.1 einsetzt, findet man

$$\alpha_s = \alpha_w \simeq 2{,}14 \cdot 10^{-2}\,, \tag{12.3}$$

falls der Parameter Λ

$$\ln\left(\frac{\Lambda^2}{M_Z^2 c^4}\right) \simeq 69 \tag{12.4}$$

© Springer-Verlag Berlin Heidelberg 2015
U. Ellwanger, *Vom Universum zu den Elementarteilchen*,
DOI 10.1007/978-3-662-46646-9_12

erfüllt. Die „fundamentalen" Kopplungskonstanten α_s und α_w wären demnach identisch, wenn Λ sehr groß wäre, nach (12.4) für

$$\Lambda \sim 10^{17}\,\mathrm{GeV}\,. \tag{12.5}$$

Diese Idee heißt die Vereinheitlichung der Kopplungen. In einer echten (großen) vereinheitlichenden Theorie würde man jedoch die Vereinheitlichung sämtlicher Kopplungen einschließlich des Elektromagnetismus erwarten.

Die Behandlung der elektromagnetischen Kopplung im Rahmen einer Theorie der großen Vereinheitlichung ist etwas kompliziert. In Kap. 9 hatten wir erwähnt, dass die korrekte Theorie der elektromagnetischen und schwachen Wechselwirkung auf einer SU(2) Eichsymmetrie und einer U(1)$_Y$ Eichsymmetrie beruht, wobei der U(1)$_Y$ Eichsymmetrie einer Kopplungskonstante g_1 bzw. einer Feinstrukturkonstante $\alpha_1 = g_1^2 \hbar / 4\pi$ entspricht, die über (9.35) mit der elektromagnetischen Kopplung zusammenhängt.

In einer Theorie der großen Vereinheitlichung erwartet man die Vereinheitlichung der fundamentalen Kopplungen α_s und α_w mit einer dritten Kopplung α_1', die wie folgt mit α_1 zusammenhängt:

$$\alpha_1' = \frac{5}{3}\alpha_1\,. \tag{12.6}$$

Der Wert von $\alpha_1'\,_\mathrm{Messg}$ (bei $E = M_Z c^2$) beträgt $\alpha_1'\,_\mathrm{Messg} \simeq 0{,}017$. Die fundamentale Kopplung α_1' hängt auf identische Art und Weise wie die Kopplungen α_s und α_w über (12.1) von $\alpha_1'\,_\mathrm{Messg}$ ab; es genügt, den Parameter b durch $b_1 = 41/(40\pi)$ zu ersetzen. Wenn man annimmt, dass Λ durch (12.5) gegeben ist, findet man für die fundamentale Kopplung α_1'

$$\alpha_1' \simeq 2{,}75 \cdot 10^{-2}\,. \tag{12.7}$$

Dies ist in der Tat in der Nähe des Wertes (12.3) für α_s und α_w, aber nicht identisch.

Wenn man den Wert von Λ offen lässt, ist es hilfreich, die drei Gleichungen

$$\alpha_i = \frac{\alpha_{i\,\mathrm{Messg}}}{1 - b_i\,\alpha_{i\,\mathrm{Messg}} \ln\left(\Lambda^2/M_Z^2 c^4\right)} \tag{12.8}$$

(für $i = 1$, s und w; wir lassen den Index $'$ an α_1' im Folgenden weg, und verwenden für $\alpha_{i\,\mathrm{Messg}}$ die Werte bei $M_Z c^2$) in einem gemeinsamen Diagramm für α_i in Abhängigkeit von $\ln\left(\Lambda^2/M_Z^2 c^4\right)$ darzustellen. Im Falle einer großen Vereinheitlichung sollten sich die drei Kurven in einem einzigen Punkt kreuzen, der dem entsprechenden Wert von Λ entspricht. Dieses Diagramm ist in Abb. 12.1 angegeben.

Man sieht, dass die drei Punkte, in denen die drei Kurven sich kreuzen, nahe beieinander liegen, jedoch nicht genau zusammenfallen.

Schließlich ist noch eine Bemerkung über den Ursprung des Faktors 5/3 in (12.6) angebracht. Tatsächlich beschreibt eine Theorie der großen Vereinheitlichung (oder *GUT*, Grand Unified Theory) mehr als eine Vereinheitlichung der numerischen

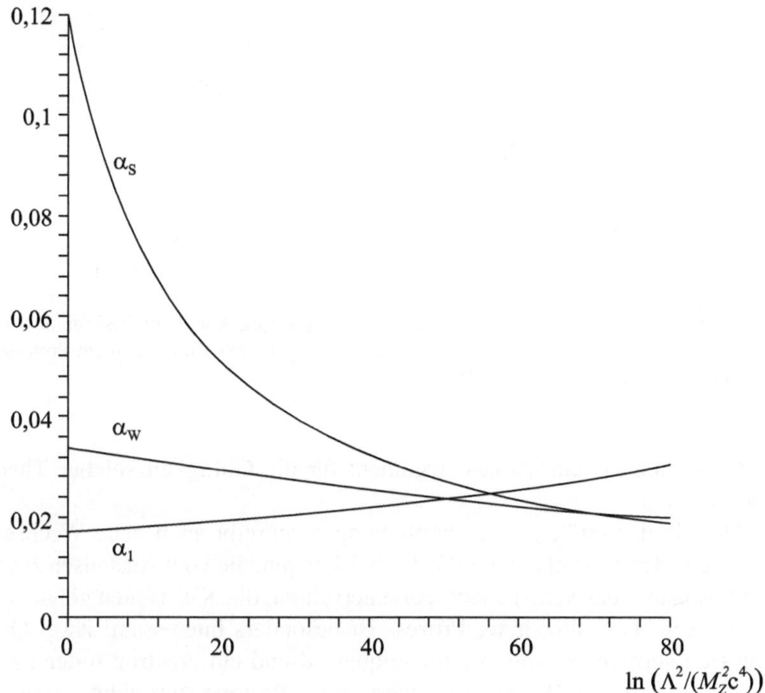

Abb. 12.1 Λ-Abhängigkeiten der drei fundamentalen Kopplungen

Werte der Kopplungskonstanten; es werden auch die Quarks und Leptonen (jeweils einer Familie) wie folgt zusammengefasst:

Eine wichtige Eigenschaft der starken Wechselwirkung sind die drei Farben der Quarks, die man durch einen dreikomponentigen Vektor darstellen kann. Durch SU(3)-Transformationen U_{ij} wie in (9.13) werden die drei Farbkomponenten vermischt, was eine Symmetrie der starken Wechselwirkung ist. Die entsprechende Größe der schwachen Wechselwirkung ist der schwache Isospin, den man durch einen zweikomponentigen Vektor repräsentiert. Durch SU(2)-Transformationen der schwachen Wechselwirkung werden diese Komponenten vermischt. In einer Theorie der großen Vereinheitlichung wird ein Teil der Quarks und Leptonen in einen $3 + 2 = 5$-komponentigen Vektor, ein anderer Teil in eine antisymmetrische 5×5-Matrix zusammengefasst. Die jeweiligen Komponenten können durch SU(5)-Transformationen vermischt werden, was eine Symmetrie einer derartigen Theorie wäre – damit hängt der Faktor 5/3 in (12.6) zusammen [54]. (Es gibt allerdings auch andere Theorien der großen Vereinheitlichung, die auf anderen Symmetriegruppen beruhen.)

Eine wichtige Konsequenz dieser Vereinheitlichung von Quarks und Leptonen ist, dass ihre elektrischen Ladungen zwangsläufig zusammenhängen: Für die Ladungen der Quarks findet man $+2/3\,\mathrm{e}$ und $-1/3\,\mathrm{e}$ in Einheiten der Positronla-

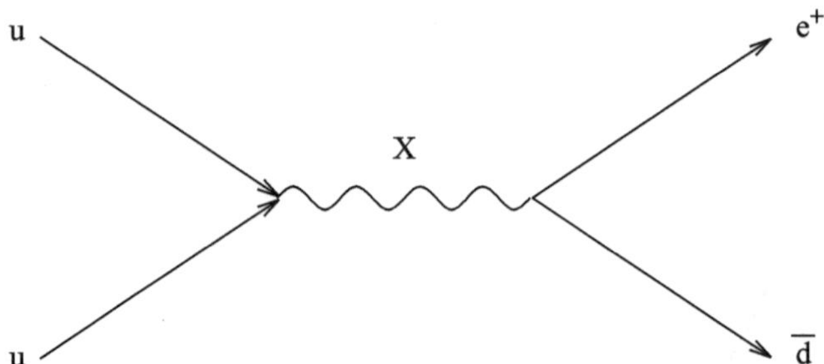

Abb. 12.2 Die Vernichtung von zwei u-Quarks in ein Anti-d-Quark und ein Positron über ein X-Boson einer Theorie einer großen Vereinheitlichung; dieser Prozess kann zu einem Protonzerfall in ein neutrales Pion und ein Positron führen

dung e. Dies kann als ein starkes Argument für die Gültigkeit solcher Theorien angesehen werden.

Eine Theorie der großen Vereinheitlichung beschreibt auch neue Wechselwirkungen jenseits der drei bekannten Wechselwirkungen, die vom Austausch zusätzlicher Eichbosonen einer SU(5)-Eichtheorie herrühren, die X-Bosonen genannt werden. Ein in Abb. 12.2 skizzierter Prozess ist besonders interessant: Zwei Quarks u können sich vernichten, und in ein Antiquark $\overline{\text{d}}$ und ein Positron (oder ein μ^+) übergehen. Wenn dieser Prozess im Innern eines Protons stattfindet, zerfällt das Proton in ein neutrales Pion und ein Positron. Dieser Prozess wurde noch nie beobachtet. Das muss nicht heißen, dass dieser Prozess nie vorkommt; es bedeutet auf jeden Fall, dass er zumindest sehr selten ist. Erinnern wir an den Grund, warum die schwache Wechselwirkung „schwach", d. h. relativ selten ist: Wie im Kap. 7 erklärt wurde, liegt die Ursache in der (relativ großen) Masse der ausgetauschten $W^\pm$-Bosonen. Die Tatsache, dass der in Abb. 12.2 skizzierte Prozess so selten ist, dass er noch nie in Protonzerfallsexperimenten nachgewiesen werden konnte, bedeutet, dass die X-Bosonen sehr schwer sein müssen: $M_X \gtrsim 10^{16}\,\text{GeV/c}^2$.

In einer Theorie der großen Vereinheitlichung, wo die fundamentalen Kopplungskonstanten für einen bestimmten Wert von Λ dieselben sind, gilt, dass die Massen der X-Bosonen von der Größenordnung Λ/c^2 sind. Demnach erzwingt die Abwesenheit eines beobachteten Protonzerfalls den Schluss

$$\Lambda \gtrsim 10^{16}\,\text{GeV}\,, \tag{12.9}$$

was mit (12.5) verträglich ist.

Zusammenfassend kann man sagen, dass die Theorie der großen Vereinheitlichung sehr vielversprechend ist – sie erlaubt die Vereinigung der drei Wechselwirkungen in eine einzige übergreifende Wechselwirkung (basierend z. B. auf einer SU(5)-Eichsymmetrie, die in die $U(1)_Y$, SU(2) und SU(3)-Untergruppen durch ein weiteres Higgs-Feld spontan gebrochen sein muss, so dass die X-Bosonen massiv werden), eine Erklärung der elektrischen Ladungen der Quarks, sowie der Verhältnisse der drei gemessenen Kopplungskonstanten: diese folgen dann aus drei

Gleichungen der Form (11.9) mit identischen Werten für α und Λ, aber für verschiedene Werte der Parameter b_i. Die Ergebnisse der Berechnungen der Parameter b_i, die „beinahe" zu einer wie in Abb. 12.1 dargestellten Vereinheitlichung der drei Kopplungskonstanten führen, scheinen darauf hinzuweisen, dass man auf dem richtigen Weg ist. Es besteht allerdings eine nennenswerte numerische Diskrepanz bezüglich der gleichzeitigen Vereinheitlichung aller drei Kopplungskonstanten; wir werden am Ende des nächsten Kapitels darauf zurückkommen.

12.2 Das Hierarchieproblem und die Supersymmetrie

Im Kap. 11 haben wir gesehen, dass man zwischen „fundamentalen" und gemessenen Kopplungskonstanten unterscheiden muss. Der Grund hierfür sind Feynmandiagramme mit mehreren Vertizes und Schleifen, die zu den Prozessen beitragen, die zur Messung dieser Größen dienen. Diese Beiträge hängen von dem Parameter Λ ab, der als obere Grenze der Integrale über die Energien Q der virtuellen Teilchen in den Schleifen der Diagramme 11.2 und 11.3 dient.

Diese Betrachtungen sind in der Tat auf sämtliche Parameter der Theorie anzuwenden, einschließlich des Ausdrucks (7.16) der potentiellen Energie in Abhängigkeit des Higgs-Feldes. Dieser Ausdruck hängt von zwei Parametern μ^2 und λ_H^2 ab. Einer „Messung" dieser Parameter entspricht die Bestimmung des Wertes des Higgs-Feldes, der die potentielle Energie minimiert:

$$H = \mu_{\text{Messg}}/\lambda_{\text{H Messg}} \, . \tag{12.10}$$

Wir wissen aus Kap. 7, dass dieser Wert $H \simeq 248\,\text{GeV}$ beträgt. Welcher Art sind nun die Beziehungen zwischen den Parametern μ_{Messg}, $\lambda_{\text{H Messg}}$ und den entsprechenden fundamentalen Parametern μ, λ_H? Für λ_H (einen Parameter ohne Dimension wie die Feinstrukturkonstanten) findet man eine zu (12.8) analoge Beziehung. Für μ, ein Parameter mit der Einheit der Energie, ist diese Beziehung jedoch sehr verschieden. Der Grund liegt darin, dass die entsprechenden Diagramme (siehe Abb. 12.3) zu Integralen der Form

$$\int\limits_0^{\Lambda^2} \mathrm{d}Q^2 = \Lambda^2 \tag{12.11}$$

anstatt (11.3) führen. Demzufolge findet man anstatt (12.8)

$$\mu_{\text{Messg}}^2 = \mu^2 - C\,\Lambda^2 \, , \tag{12.12}$$

wo die Konstante C berechenbar und von der Größenordnung 1 ist.

Dies stellt uns vor ein großes Problem, falls Λ wie in einer Theorie der großen Vereinheitlichung von der Größenordnung $10^{16-17}\,\text{GeV}$ ist. Vergleichen wir die Größenordnungen der drei Terme in (12.12), beginnend mit μ_{Messg}: für $\lambda_{\text{H Messg}}$

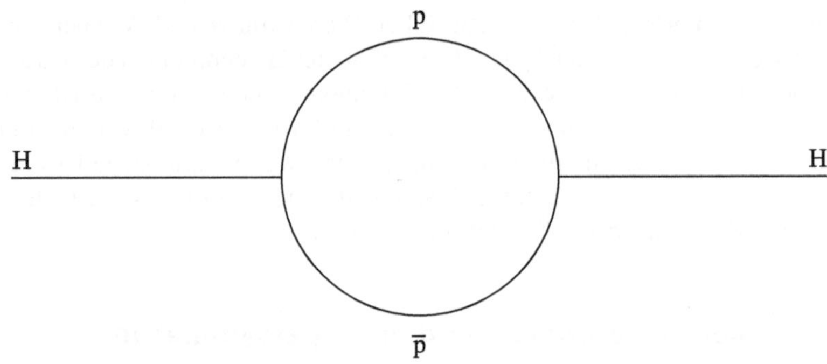

Abb. 12.3 Schleifendiagramme, die zur Konstanten C in (12.12) beitragen

kann man $\lambda_{\text{H Messg}} \sim 1$ annehmen; ein Wert sehr viel größer als 1 wäre in der Quantenfeldtheorie sogar unmöglich. Deshalb führt (12.10) zu $\mu_{\text{Messg}} \sim 250\,\text{GeV}$. Wenn nun für Λ in (12.12) $\Lambda \sim 10^{16}\,\text{GeV}$ gilt, muss der Parameter μ einerseits ebenfalls von der Größenordnung $\sim 10^{16}\,\text{GeV}$ sein, andererseits aber extrem fein adjustiert werden (auf 14 Dezimalen genau), damit die Differenz $\mu^2 - C\,\Lambda^2$ sehr viel kleiner als $10^{32}\,\text{GeV}^2$ ist.

μ ist jedoch der „fundamentale" Parameter, und der Unterschied zwischen μ^2 und μ^2_{Messg} (der Beitrag $- C\,\Lambda^2$) rührt wie vorher von Quanteneffekten her, d. h. von Feynmandiagrammen wie in Abb. 12.3, die Schleifen virtueller Teilchen enthalten.

Das Paradox ist das folgende: Wie kann der fundamentale Parameter μ „vorhersehen", dass er in (12.12) einen Beitrag $- C\,\Lambda^2$ fast, aber nicht vollständig, zu kompensieren hat? Man kann problemlos annehmen, dass μ^2 ebenfalls von der Größenordnung $(10^{16}\,\text{GeV})^2$ ist, aber dann würde man normalerweise für die Differenz $\mu^2 - C\,\Lambda^2$ dieselbe Größenordnung erhalten. (μ weiß ja zunächst nichts von den Quantenkorrekturen, d. h. von der genauen Größe der Konstanten C.) Man kennt keinen Mechanismus, der den fundamentalen Parameter μ auf eine Art und Weise festlegt, dass man $\mu^2 - C\,\Lambda^2 \ll (10^{16}\,\text{GeV})^2$ erhält. Dieses Problem wird als das Hierarchieproblem bezeichnet.

Dieses Problem wäre gelöst, wenn die Konstante C in (12.12) verschwinden würde. Die Berechnung dieser Konstanten folgt aus einer Summe über Feynmandiagramme wie in Abb. 12.3.

Alle möglichen Teilchen p und Antiteilchen $\bar{\text{p}}$, die an das Higgs-Boson koppeln (d. h. alle massiven Teilchen), können in der Schleife zirkulieren, und man hat über alle diese Beiträge zu summieren. Der Gesamtbeitrag hängt demnach von der Zahl und den Eigenschaften aller existierenden Elementarteilchen ab, siehe die Tabellen in Kap. 10. Eine wichtige Beobachtung ist, dass die Beiträge der Fermionen mit Spin $\hbar/2$ zur Konstanten C von entgegengesetztem Vorzeichen der Beiträge der Bosonen sind.

Nun ist folgende Annahme möglich: Es gibt weitere Elementarteilchen, deren Eigenschaften mit denjenigen der bekannten Teilchen durch eine neue Symmetrie verknüpft sind, die man *Supersymmetrie* nennt [55]: Die Supersymmetrie sagt so

Tab. 12.1 Teilchen des Standardmodells, und zusätzliche Teilchen in seiner supersymmetrischen Erweiterung

Standardmodell	Supersymmetrische Erweiterung
Quarks (Spin $\hbar/2$)	Squarks (Spin 0)
Leptonen (Spin $\hbar/2$)	Sleptonen (Spin 0)
Photon (Spin $\hbar$)	Photino (Spin $\hbar/2$)
Gluon (Spin $\hbar$)	Gluino (Spin $\hbar/2$)
$W^{\pm}$, Z (Spin $\hbar$)	Gauginos (Spin $\hbar/2$)
Higgs-Boson (Spin 0)	Higgsinos (Spin $\hbar/2$)
	weitere Higgs-Bosonen (Spin 0)

viele neue Teilchen voraus, wie bereits bekannte existieren, sowie dass ihre elektrischen Ladungen, starken und schwachen Wechselwirkungen und Kopplungen an das Higgs-Boson dieselben sind, nur dass ihr Spin sich um $\hbar/2$ unterscheidet. In einer supersymmetrischen Erweiterung des Standardmodells gäbe es für jedes Quark und Lepton ein Boson mit Spin 0 (die bereits Namen haben: Man nennt sie Squarks und Sleptonen), und für jedes Boson der entsprechenden Tabelle in Kap. 10 ein Fermion (Photino, Gluino, Gauginos und Higgsinos) mit Spin $\hbar/2$.

In einer supersymmetrischen Erweiterung des Standardmodells wäre die problematische Gl. 12.12 nicht mehr gültig: Hier heben sich die Beiträge der Bosonen und Fermionen zur Summe über alle Teilchen in der Schleife der Abb. 12.2 und damit zur Konstanten C (fast exakt, siehe unten) weg – eine supersymmetrische Erweiterung des Standardmodells löst das Hierarchieproblem. Dann sollten jedoch die in der Tab. 12.1 angegebenen neuen Elementarteilchen existieren. (Zusätzlich zu den „Partnerteilchen", deren Spin sich um $\hbar/2$ von den bekannten Teilchen des Standardmodells unterscheidet, gibt es in einer supersymmetrischen Erweiterung des Standardmodells weitere Higgs-Bosonen; zumindest drei neutrale und ein geladenes.)

Zunächst sagt die Supersymmetrie vorher, dass die Massen der neuen „Partnerteilchen" dieselben wie diejenigen der bekannten Teilchen des Standardmodells sein sollten, da sie dieselben Kopplungen an das Higgs-Boson besitzen. Dies kann nicht richtig sein, da sie (bisher noch?) nicht entdeckt wurden. Das bedeutet nicht, dass sie nicht existieren, sondern dass sie zumindest so schwer sind, dass ihre Produktion mit Hilfe der heutzutage energiereichsten Beschleuniger noch nicht möglich war. In der Tat kann man verstehen, dass die Massen der neuen „Partnerteilchen" größer als diejenigen der bekannten Teilchen des Standardmodells sind, falls die Supersymmetrie – ähnlich wie die SU(2)-Symmetrie der schwachen Wechselwirkung – spontan gebrochen ist. (Die spontane Brechung der SU(2)-Symmetrie der schwachen Wechselwirkung durch ein konstantes Higgs-Feld führt ja auch zu Massen u. a. der $W^{\pm}$- und Z-Bosonen.) Die eleganteste Möglichkeit, die Supersymmetrie spontan zu brechen, findet man im Rahmen sogenannter *Supergravitationstheorien* [56]: in diesen Theorien existiert auch für das Graviton ein fermionisches „Partnerteilchen", jetzt mit Spin $3/2\ \hbar$, das sogenannte *Gravitino*.

Die notwendige Annahme einer spontanen Brechung der Supersymmetrie erlaubt es jedoch nicht, die Massen der neuen „Partnerteilchen" genau vorherzusagen, sondern nur, dass sie in etwa von derselben Größenordnung sind; dieser Wert wird als M_{Susy} bezeichnet. (Im Gegensatz zu den Massen der Teilchen des Standardmodells wird diese Masse nicht durch eine Kopplung an das Higgs-Feld erzeugt.) Da diese Teilchen bis heute nicht entdeckt worden sind, muss M_{Susy} größer als mehrere hundert GeV/c^2, im Falle von Squarks und Gluinos größer als ca. 1 TeV/c^2 sein.

Man findet dann, dass sich die aus den Diagrammen der Abb. 12.2 herrührenden Beiträge der Bosonen und Fermionen zur Berechnung der Konstanten C nicht mehr exakt wegheben, sondern ein Rest bleibt, der proportional zu M_{Susy}^2 ist; (12.12) ist in einer supersymmetrischen Theorie durch

$$\mu_{\text{Messg}}^2 = \mu^2 - C'\, M_{\text{Susy}}^2 \tag{12.13}$$

zu ersetzen, wo C' eine andere Konstante der Größenordnung 1 ist. Jetzt verschwindet das Hierarchieproblem – die Notwendigkeit, dass μ einen Quantenbeitrag sehr viel größer als μ_{Messg} zu kompensieren hat – immer noch, falls M_{Susy} nicht größer als von der Größenordnung von μ_{Messg} ist.

$M_{\text{Susy}} \sim 250\,\text{GeV/c}^2$ würde jedoch bedeuten, dass man die neuen Teilchen am Proton–Proton-Beschleuniger LHC zumindest ab 2015 mit seiner größeren Gesamtenergie von 13-14 TeV/c^2 entdecken sollte.

Interessanterweise sagt eine supersymmetrische Erweiterung des Standardmodells auch vorher, dass die Masse des Higgs-Bosons (bzw. die Masse des leichtesten sämtlicher neutraler Higgs-Bosonen) nicht sehr groß sein kann: Im Abschn. 7.3 hatten wir erwähnt, dass die Masse des Higgs-Bosons im Standardmodell nicht vorhergesagt werden kann, da sie von dem unbekannten Parameter λ_{H} in (7.16) für die potentielle Energie $E_{\text{pot}}(H)$ abhängt. Im Falle einer supersymmetrischen Erweiterung des Standardmodells hängt dieser Parameter mit den bekannten elektromagnetischen und schwachen Kopplungskonstanten zusammen, was die Berechnung einer oberen Schranke an die Masse M_{h} des leichtesten sämtlicher neutraler Higgs-Bosonen erlaubt [57, 58]:

$$M_{\text{h}}^2 \lesssim M_{\text{Z}}^2 + \frac{3 m_{\text{top}}^4}{2\pi^2 (248\,\text{GeV/c}^2)^2} \log\left(\frac{m_{\text{top}}^2 + M_{\text{Susy}}^2}{m_{\text{top}}^2}\right) + \dots, \tag{12.14}$$

wo m_{top} die Top-Quarkmasse ist. Der erste Term M_{Z}^2 in der Formel (12.14) rührt daher, dass die Kopplung des Z-Bosons an das Higgs-Feld (und damit die Z-Boson-Masse) in einer supersymmetrischen Theorie fast dieselbe wie die Higgs-Selbstkopplung und damit die Masse des leichtesten sämtlicher neutraler Higgs-Bosonen wäre.

In einer Theorie mit ungebrochener Supersymmetrie ($M_{\text{Susy}} = 0$) würde der zweite Term in (12.14) wegen $\log(1) = 0$ verschwinden. Im realistischen Falle gebrochener Supersymmetrie ($M_{\text{Susy}} \neq 0$) rührt dieser Term daher, dass sich in den Diagrammen in Abb. 12.2 – die auch zu M_{h}^2 beitragen – die Effekte von Teilchen des Standardmodells (wie Quarks) und neuen „Partnerteilchen" (wie Squarks) nicht mehr exakt wegheben. Der verbleibende Effekt ist proportional zur vierten Potenz der Kopplung dieser Teilchen an das leichteste Higgs-Boson, und diese Kopplung ist proportional (siehe (7.19)) zur Masse dieser Teilchen. Numerisch am bedeutendsten ist deshalb der verbleibende Effekt des schwersten Teilchens des Standardmodells, des Top-Quarks und seines Partnerteilchens, dem Top-Squark. Die verbleibenden Effekte der leichteren Teilchen des Standardmodells, sowie komplizierterer Diagramme, sind in (12.14) durch Punkte angedeutet.

Mit Hilfe der bekannten Z-Boson- und Top-Quark-Massen führt (12.14), unter der Annahme $M_{\mathrm{Susy}} \lesssim 1 - 3\,\mathrm{TeV/c^2}$ und unter Berücksichtigung der durch Punkte angedeuteten Beiträge, zu $M_{\mathrm{h}} \lesssim 130\,\mathrm{GeV/c^2}$.

Der gemessene Wert von $M_{\mathrm{h}} \sim 125\,\mathrm{GeV/c^2}$ erfüllt tatsächlich diese Ungleichung, er verlangt allerdings, dass M_{Susy} relativ groß ist (was mit der Abwesenheit von leichten neuen Partnerteilchen übereinstimmt).

Wir sollten hinzufügen, dass es theoretisch kompliziertere supersymmetrische Erweiterungen des Standardmodells mit weiteren Higgs-Bosonen gibt, in denen das Standardmodell-artige Higgs-Boson für kleinere Werte von M_{Susy} eine Masse von $\sim 125\,\mathrm{GeV/c^2}$ besitzen kann; man hofft, dass diese Theorien bald am LHC überprüft werden können.

Wenn die in einer supersymmetrischen Erweiterung des Standardmodells vorhergesagten Teilchen existieren, muss man auch die Parameter b_{i} in (12.8) des vorhergehenden Unterkapitels neu berechnen: Die neuen Teilchen würden ebenfalls in den Schleifen der Diagramme 11.2 und 11.3 zirkulieren, was die numerischen Werte der Parameter b_{i} verändert. Anstatt der Werte in (11.14) und $b_1 = \frac{41}{40\pi}$ würde man

$$b_{\mathrm{s}} = -\frac{3}{4\pi}, \qquad b_{\mathrm{w}} = \frac{1}{4\pi}, \qquad b_1 = \frac{33}{20\pi} \qquad (12.15)$$

erhalten. Anstatt der Kurven in Abb. 12.1 fände man (für dieselben Werte der gemessenen α_{i}) die Situation in Abb. 12.4.

Jetzt schneiden sich die drei Kurven in einem einzigen Punkt! Dies bedeutet, dass die Annahme einer großen Vereinheitlichung möglich ist, wenn man sie mit der Annahme der Supersymmetrie verknüpft. Der entsprechende Wert von Λ, für den die drei fundamentalen Kopplungen nach Abb. 12.4 identisch wären, ist

$$\Lambda \sim 2 \cdot 10^{16}\,\mathrm{GeV}. \qquad (12.16)$$

Dieser Wert erfüllt gerade noch die Ungleichung (12.9), die aus der Abwesenheit eines beobachteten Protonzerfalls folgt.

Es ist schwer zu glauben, dass das Ergebnis der Abb. 12.4 ein reiner Zufall sein soll. Viele Teilchenphysiker betrachten den gemeinsamen Schnittpunkt der Kurven als ein starkes Argument für die Gültigkeit der beiden Hypothesen der großen Vereinheitlichung und der Supersymmetrie.

Schließlich findet man unter den in einer supersymmetrischen Erweiterung des Standardmodells vorhergesagten Teilchen auf der rechten Seite der Tab. 12.1 fast immer ein neutrales, stabiles mit einer Masse $\sim M_{\mathrm{Susy}}$ (das leichteste unter dem

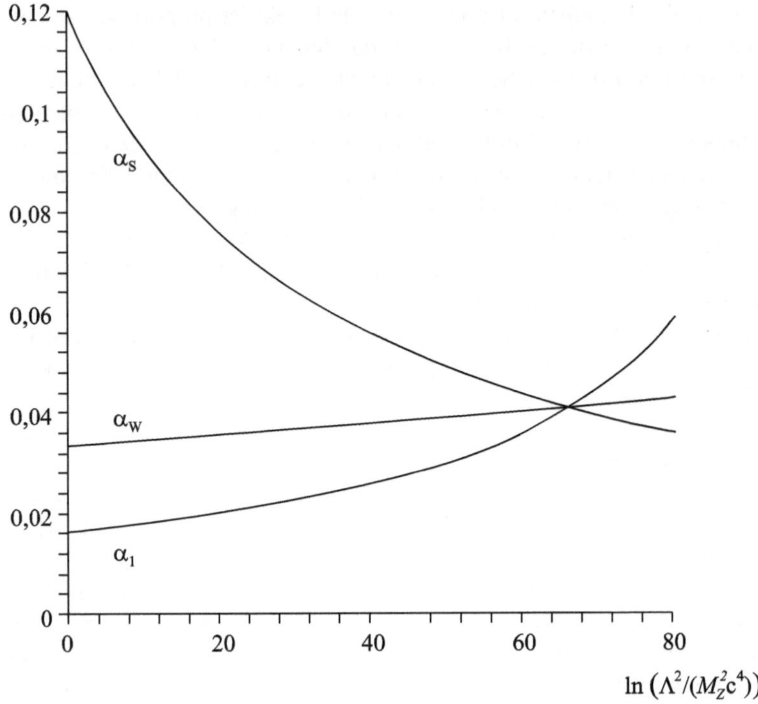

Abb. 12.4 Λ-Abhängigkeiten der drei fundamentalen Kopplungen in einer supersymmetrischen Erweiterung

Photino und den neutralen Gauginos oder Higgsinos). Unter den offenen Fragen der Kosmologie (siehe Abschn. 2.5) war diejenige nach der Natur der dunklen Materie. Eine Möglichkeit ist in der Tat, dass es sich um ein Elementarteilchen mit genau diesen Eigenschaften handelt: neutral, stabil und relativ massiv. Demnach könnte die Supersymmetrie ebenfalls das Problem der Zusammensetzung der dunklen Materie lösen.

In einigen Jahren werden wir mehr darüber wissen, ob diese Theorie tatsächlich die Natur beschreibt.

12.3 Quantengravitation, Stringtheorie und zusätzliche Dimensionen

Im Prinzip kann man den Formalismus der Quantenfeldtheorie auch auf die Gravitation anwenden, und die Schwerkraft (oder Gravitationswechselwirkung) zwischen zwei Objekten oder zwei Teilchen p_1 und p_2 wie in Abb. 12.5 durch den Austausch eines Gravitons mit Spin $2\hbar$ beschreiben.

Die durch dieses Diagramm erzeugte Wechselwirkung bzw. Amplitude $A(\theta)$ entspricht bis auf Konstanten derjenigen der in Kap. 5 diskutierten der (Quanten-)Elek-

Abb. 12.5 Graviton-Austausch zwischen zwei Teilchen, der die übliche Anziehung durch die Schwerkraft erzeugt

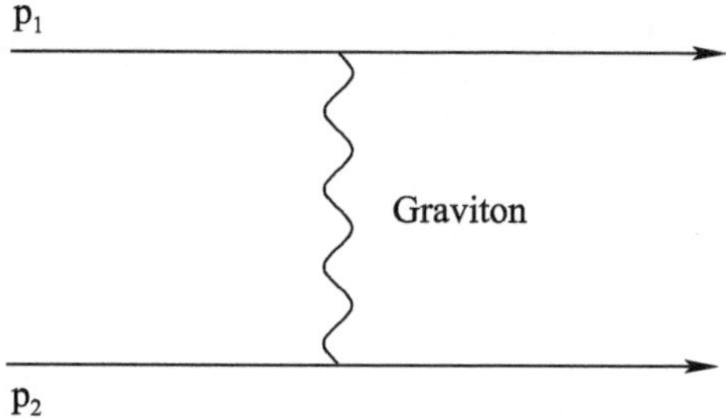

trodynamik. Daraus folgt, dass auch die durch dieses Diagramm erzeugte Schwerkraft genau wie die elektrische Kraft (bis auf eine Konstante) vom Abstand r zwischen den Objekten abhängt, $|\vec{F}_{\mathrm{Grav}}(r)| \sim 1/r^2$ – wieder reproduziert das einfachste Feynmandiagramm (ohne Schleifen) das Ergebnis der klassischen Physik, hier die aus der Metrik (3.34) herrührende Gravitationswechselwirkung.

In der Quantengravitation existieren Vertizes, in denen ein Teilchen an zwei (oder noch mehr) Gravitonen koppelt. (Derartige Vertizes mit Elektronen und Photonen existieren nicht.) Demnach tragen in der Quantengravitation auch Diagramme wie in Abb. 12.6 zur Wechselwirkung zweier Teilchen bei.

Die Berechnung des Diagramms in Abb. 12.6 verlangt jetzt, über die Energien Q der Gravitonen in der Schleife zu integrieren, und wieder muss das Integral an der oberen Grenze durch Λ^2 abgeschnitten werden. Wenn man die Gesamtenergie der Teilchen p_1 und p_2 mit E bezeichnet, ist der Beitrag dieses Diagramms zur Amplitude von der Größenordnung

$$\kappa^2 \frac{E^2}{\hbar c^3} \ln\left(\Lambda^2/E^2\right) A^{(2)}(\theta)\,. \tag{12.17}$$

Hier beschreibt $A^{(2)}$ wieder die Abhängigkeit vom Streuwinkel θ. Dieser Beitrag scheint proportional zu $1/\hbar$ anstatt proportional zu $\hbar$ zu sein; zwei Potenzen von $\hbar$ sind jedoch in E^2 „versteckt", da E proportional zu $\hbar$ ist, siehe (4.8). Für die Summe der Beiträge der Diagramme aus Abb. 12.5 und 12.6 erhält man daher

$$A(\theta) = \kappa A^{(1)}(\theta) + \kappa^2 \frac{E^2}{\hbar c^3} \ln\left(\Lambda^2/E^2\right) A^{(2)}(\theta)\,, \tag{12.18}$$

wo κ die in (2.5) definierte Gravitationskonstante bedeutet. κ ersetzt hier die Feinstrukturkonstante α in der analogen Gl. 11.4, der Summe der Diagramme 11.1 und 11.2 der elektromagnetischen Wechselwirkung.

Die Gleichung 12.18 unterscheidet sich von (11.4) dadurch, dass

a) die θ-Abhängigkeiten von $A^{(1)}(\theta)$ und von $A^{(2)}(\theta)$ nicht mehr dieselben sind, und

b) die Energieabhängigkeit des Beitrags des Schleifendiagramms 12.6 nicht dieselbe wie diejenige des Diagramms 12.5 ist.

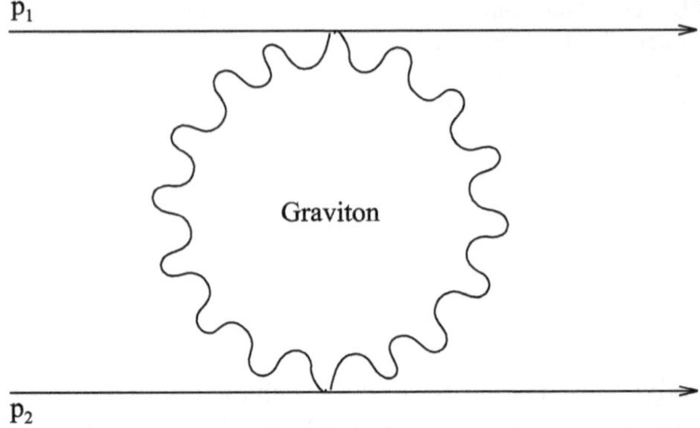

Abb. 12.6 Graviton-Schleifendiagramm, das zu einem Beitrag wie in (12.17) zur Amplitude beiträgt

Numerisch ist der Beitrag des Schleifendiagramms 12.6 allerdings erst für Energien $E \sim \sqrt{\hbar c^3/\kappa} \sim 2{,}4 \cdot 10^{18}$ GeV relevant, da erst dann der zweite Term in (12.18) von derselben Größenordnung wie der erste Term wird. Für derartige Energien werden allerdings auch sämtliche Mehr-Schleifen-Diagramme von derselben Größenordnung. Punktförmige Teilchen – nur für solche führt die Abb. 12.6 zu einem Beitrag der Form (12.17) – mit derartigen Energien sind in absehbarer Zeit nicht produzierbar. Im Prinzip könnte bereits ein einziges Teilchen eine derartige Energie in Ruhe besitzen (nach $E = mc^2$), wenn es extrem massiv wäre: Seine Masse müsste

$$M_{\text{Planck}} = \sqrt{\frac{\hbar}{c\kappa}} \simeq 2{,}4 \cdot 10^{18}\,\text{GeV}/\text{c}^2 \qquad (12.19)$$

betragen, die als Planckmasse bezeichnet wird. (Gelegentlich wird hierfür auch das $\sqrt{8\pi}$-fache des Wertes in (12.19) verwendet.) Sie beträgt allerdings mehr als das 10^{16}-fache des schwersten bekannten Teilchens, dem Top-Quark mit einer Masse von $\sim 173\,\text{GeV}/\text{c}^2$.

Auch wenn deshalb die Beiträge der Schleifendiagramme der Quantengravitation zur gravitationellen Wechselwirkung praktisch nicht überprüft werden können, ist es aus den obigen Gründen a) und b) nicht mehr möglich, die Λ-Abhängigkeit des Beitrages (12.17) durch die Einführung einer „gemessenen" Gravitationskonstanten κ_{Messg} zu kompensieren; die Quantengravitation ist nicht-renormierbar. Der Limes $\Lambda \to \infty$ – bei festgehaltener gemessener Gravitationskonstante κ_{Messg} – ist nicht mehr möglich, und messbare Größen hängen – im Gegensatz zu einer renormierbaren Theorie – im Prinzip von Λ ab: Die naive Kombination der Gravitation (in der Form der gut bestätigten allgemeinen Relativitätstheorie) mit der in der Elementarteilchenphysik gut bestätigten Quantenfeldtheorie würde zu inneren Widersprüchen führen.

Deshalb benötigt man eine Rechtfertigung für die Einführung eines endlichen Parameters Λ. Eine Rechtfertigung für die Einführung eines endlichen Parameters Λ entspricht einer Modifizierung der Feynmanregeln, d. h. einer Modifizierung der Theorie der Quantengravitation. Ohne eine derartige Modifizierung ist die Quantengravitation keine sinnvolle Theorie.

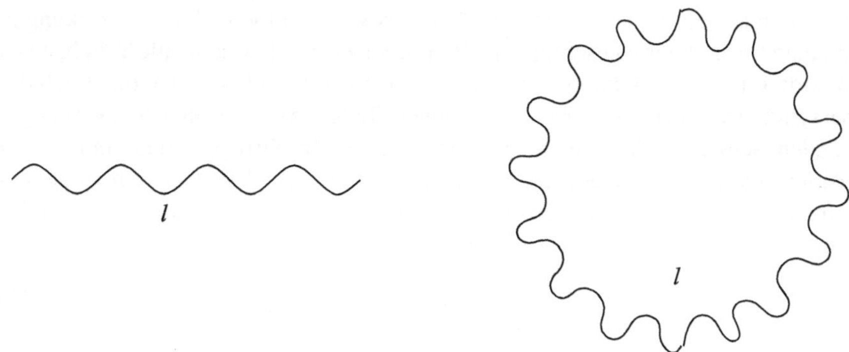

Abb. 12.7 Offene und geschlossene Saiten der Länge l

Man hat nach möglichen Modifizierungen dieser grundlegenden Theorien gesucht, und die vielversprechendste besteht darin, die Quantengravitation – und, gleichzeitig, das gesamte Standardmodell der Elementarteilchenphysik – durch eine *Stringtheorie* zu ersetzen.

In einer Stringtheorie wird jedes Elementarteilchen – Fermionen, Bosonen, das Graviton usw. – durch eine Saite der Länge l ersetzt. Diese Saite kann wie in Abb. 12.7 offen oder geschlossen sein.

Dies steht nicht im Widerspruch zu der Tatsache, dass man keine endliche Ausdehnung (oder innere Struktur) der Quarks oder der Leptonen entdeckt hat: Man weiß nur, dass diese Struktur kleiner als ca. 10^{-18} m ist; also kann man nur schließen, dass die Länge l der Saiten ebenfalls kleiner als ca. 10^{-18} m sein muss.

In der Stringtheorie (in ihrer einfachsten Form) kann die Länge l berechnet werden: Wenn man das Graviton durch eine Saite ersetzt, erzeugt ihr Austausch eine Wechselwirkung von der bekannten Form der Gravitation, wobei die Gravitationskonstante κ durch

$$\kappa = l^2 \mathrm{c}/\hbar \tag{12.20}$$

gegeben ist. Da man die Größe von κ kennt, erhält man aus den bekannten Werten von c und $\hbar$

$$l \simeq 8 \cdot 10^{-35}\,\mathrm{m}\,, \tag{12.21}$$

was weit unterhalb von 10^{-18} m liegt.

Eine Saite kann schwingen, aber für eine Saite mit endlicher Länge l sind nur Schwingungen mit bestimmten Frequenzen möglich. (Dies erlaubt die Erzeugung bestimmter Töne durch Saiteninstrumente.) Die Energie einer schwingenden Saite hängt in der Stringtheorie ähnlich wie in (4.8) von ihrer Frequenz ab, demzufolge kann sich eine Saite endlicher Länge nur in Zuständen bestimmter Energien befinden. In einer Stringtheorie entsprechen diese Zustände verschiedenen Teilchen, deren Massen m mit der Energie über die bekannte Formel $m = E/\mathrm{c}^2$ zusammenhängen.

Wenn man sämtliche Elementarteilchen sowie sämtliche Wechselwirkungen durch eine Stringtheorie beschreiben will, müsste es möglich sein, alle Teilchen des Standardmodells – die Quarks, Leptonen und Bosonen (und eventuell die durch die Supersymmetrie vorhergesagten zusätzlichen Teilchen) – mit den Schwingungszuständen schwingender Saiten zu identifizieren. In Stringtheorien findet man allerdings, dass die Energiedifferenzen zwischen den verschiedenen Schwingungszuständen einer Saite von der Größenordnung Λ sind, wo der Parameter Λ mit der Saitenlänge l über

$$\Lambda = \hbar c / l \tag{12.22}$$

zusammenhängt. Der aus (12.22) folgende Wert von Λ (wobei man l aus (12.20) entnehmen kann) ist gleich der der Planckmasse entsprechenden Energie

$$\Lambda = M_{\text{Planck}} \, c^2 \simeq 2{,}4 \cdot 10^{18} \, \text{GeV} \,, \tag{12.23}$$

deshalb können die Teilchen des Standardmodells nur den Schwingungszuständen niedrigst möglicher Energie entsprechen.

Im Prinzip gibt es sogenannte Bosonische Stringtheorien, wo sämtliche Schwingungszustände Bosonen sind (mit verschiedenen Spins, die alle ganzzahlige Vielfache von $\hbar$ sind), und Superstringtheorien, die zusätzlich Fermionische Schwingungszustände enthalten. Da das Standardmodell Fermionische Teilchen enthält, können nur Superstringtheorien realistisch sein.

In einer Stringtheorie sind die Feynmanregeln verändert: Alle Vertizes hängen hier von den Energien Q der beteiligten Teilchen (Saiten) in der Form einer abfallenden Exponentialfunktion $\exp(-Q^2/\Lambda^2)$ ab. Daher sind sämtliche in Schleifendiagrammen auftauchende Integrale über Funktionen $f(Q^2)$ (wie das Integral in (11.1), wo $f(Q^2)$ durch $1/(Q^2 + m_{\text{e}}^2)$ gegeben ist) durch Integrale der Form

$$\int_0^\infty \mathrm{d}Q^2 \mathrm{e}^{-Q^2/\Lambda^2} \, f(Q^2) \tag{12.24}$$

zu ersetzen. Wegen des starken Abfalls der Exponentialfunktion $\exp(-Q^2/\Lambda^2)$ für $Q^2 \gg \Lambda^2$ ergeben die Integrale (12.24) nahezu dieselben Ergebnisse, die man erhalten hätte, wenn man sie an ihrer oberen Grenze durch Λ^2 abgeschnitten hätte (bis auf Terme, die negative Potenzen von Λ^2 enthalten):

$$\int_0^\infty \mathrm{d}Q^2 \mathrm{e}^{-Q^2/\Lambda^2} \, f(Q^2) \simeq \int_0^{\Lambda^2} \mathrm{d}Q^2 \, f(Q^2) \,. \tag{12.25}$$

Dies ist einer der Hauptvorteile der Stringtheorien: Sämtliche in Schleifendiagrammen auftauchenden Integrale sind jetzt automatisch endlich. Ein Parameter Λ^2 muss nicht mehr etwas ad hoc wie in (11.3) eingeführt werden; er ist sogar wie in

(12.22) berechenbar und auch, wie in (12.17), in der Anwendung der Quantenfeldtheorie auf die Gravitation zu verwenden. Das Problem der Quantengravitation im Limes $\Lambda \to \infty$ existiert nicht mehr; in Stringtheorien ist der Widerspruch zwischen Quantenfeldtheorie und Gravitation aufgelöst.

Die Exponentialfunktion in (12.24) modifiziert zwar auch sämtliche Vertizes der Wechselwirkungen des Standardmodells der Elementarteilchenphysik. Wegen des enormen Wertes von Λ (und $\exp(-\varepsilon) \to 1$ für $\varepsilon \to 0$) führt das zu keinen direkt beobachtbaren Konsequenzen, da wir nur Experimente mit Energien $Q \ll \Lambda$ durchführen können.

Andererseits wäre in der Stringtheorie der Wert (12.23) für Λ auch in den Abschn. 12.1 und 12.2 zu verwenden, insbesondere in (12.16), die aus der großen Vereinheitlichung der Kopplungskonstanten in einer supersymmetrischen Erweiterung des Standardmodells folgt.

Auf einer logarithmischen Skala würden die beiden Werte um 10^{18} GeV bzw. um 10^{16} GeV für Λ nicht sehr weit auseinander liegen; die relative Nähe dieser beiden Skalen scheint darauf hinzuweisen, dass man auf dem richtigen Weg ist, aber dass noch ein plausibler Grund für den relativen Faktor 100 zu finden ist.

In der Stringtheorie ist es allerdings nicht ganz richtig, dass man grundsätzlich eine konsistente Theorie erhält. Das Problem erscheint bereits bei der Berechnung der Wahrscheinlichkeit für den einfachst möglichen Prozess: Man nehme an, dass sich eine Saite zu einem Zeitpunkt $t = 0$ in einer Konfiguration K_1 befindet. Nun möchte man die Wahrscheinlichkeit dafür berechnen, dass sich die Saite zu einem gegebenen späteren Zeitpunkt in einer Konfiguration K_2 befindet. Nach den Regeln der Quantenmechanik – die auch für die Stringtheorie gelten – hat man hierfür über sämtliche Möglichkeiten zu summieren, von einer Konfiguration K_1 zu einer Konfiguration K_2 zu gelangen. Für Punktteilchen ist dies eine relativ einfache Aufgabe; in der Stringtheorie ist diese Aufgabe jedoch wesentlich komplizierter, wie aus der Abb. 12.8 (für das Beispiel offener Saiten) ersichtlich wird.

Zwischen den Konfigurationen K_1 und K_2 überstreicht eine Saite eine sogenannte Weltfläche. Nun hat man über sämtliche Weltflächen zu summieren, die durch K_1 und K_2 begrenzt sind. Eine Summation über Weltflächen bedeutet eine Integration über alle möglichen Krümmungen von Weltflächen, die durch K_1 und K_2 begrenzt sind. Krümmungen von Weltflächen werden wie in Abschn. 3.2 durch *Metriken* g_{ij} beschrieben, die hier 2×2-Matrizen sind, da Weltflächen zweidimensionale Räume sind. (Diese Metrik ist nicht mit der Metrik der Raum–Zeit zu verwechseln, innerhalb der sich die Saite bewegt!) Diese Metriken kann man durch Parameter charakterisieren, und über sämtliche derartige Parameter integrieren.

Nun stellt man jedoch fest, dass diese Integrale üblicherweise unendlich sind. Wegen der sogenannten konformen Anomalie hängen die Koeffizienten der unendlichen Beiträge allerdings von der Dimension d der Raum–Zeit ab, innerhalb der sich die Saite bewegt: Im Falle Bosonischer Saiten ist der Koeffizient der unendlichen Beiträge proportional zu $d - 26$, und im Falle der (interessanteren) Superstrings proportional zu $d - 10$. Die Abwesenheit der unendlichen Beiträge verlangt daher (für die interessanteren Superstrings), dass die Dimension d der Raum–Zeit 10 beträgt!

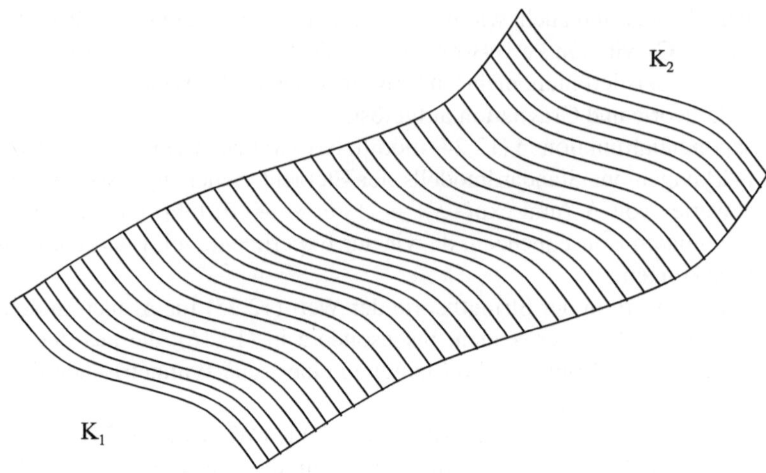

Abb. 12.8 Weltfläche, die von einer offenen Saite überstrichen wird, die sich von einer Konfiguration K_1 zu einer Konfiguration K_2 bewegt

Auf den ersten Blick widerspricht dies der Tatsache, dass wir (nach der speziellen Relativitätstheorie) in einer $d = 3 + 1 = 4$-dimensionalen Raum–Zeit leben, siehe Kap. 3. Man kann jedoch zusätzliche Dimensionen unter der Bedingung zulassen, dass der Raum in diesen zusätzlichen Richtungen „kompakt" ist. „Kompakt" bedeutet in der Geometrie, dass die Ausdehnung des Raumes in der entsprechenden Richtung endlich ist. Zum besseren Verständnis dieses Begriffs ist es wie in Kap. 3 hilfreich, sich einen zweidimensionalen Raum vorzustellen. Die Oberfläche einer Kugel ist ein Beispiel eines zweidimensionalen Raumes, der in allen Richtungen kompakt ist: Die Gesamtfläche ist endlich (im Gegensatz zur Gesamtfläche einer Ebene), und geradlinige Bewegungen in jede beliebige Richtung führen zum Ausgangspunkt zurück; unendliche Abstände existieren auf dieser Fläche nicht.

Es gibt auch zweidimensionale Räume, die teilweise kompakt sind: Man kann sich zum Beispiel ein Blatt Papier vorstellen (das zunächst eine unendliche flache Ebene darstellt), und es in der Form eines Rohres mit Durchmesser D aufrollen. Die Länge des Rohres ist immer noch unendlich, aber es ist von endlichem Umfang $U = \pi D$: Dieser Raum ist nicht kompakt in der Richtung entlang des Rohres, aber kompakt in der Richtung um das Rohr herum.

Wenn auch die Oberfläche dieses Rohres ein zweidimensionaler Raum ist, so ist sie doch schwer von einer Linie – einem eindimensionalen Raum – zu unterscheiden, wenn der Durchmesser D sehr klein ist (d. h. das Rohr eher einem Strohhalm gleicht) und aus sehr großer Entfernung betrachtet wird.

Tatsächlich ist eine kompakte Dimension, in deren Richtung ein Raum nur eine endliche Ausdehnung U besitzt, nur nachweisbar, wenn man Strukturen auflösen kann, die kleiner als U sind. Vergleichen wir die möglichen Bewegungen von zwei verschiedenen Objekten auf der Oberfläche des Strohhalms: Eine Ameise, die sehr viel kleiner als U ist, kann sich in zwei verschiedene Richtungen bewegen, entlang des Strohhalmes oder um den Strohhalm herum – sie kann alle beiden Dimensionen

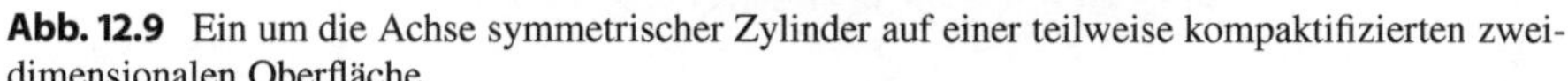

Abb. 12.9 Ein um die Achse symmetrischer Zylinder auf einer teilweise kompaktifizierten zwei-dimensionalen Oberfläche

wahrnehmen. Ein um die Achse symmetrischer Zylinder (siehe Abb. 12.9) entspräche dagegen einem Objekt, dessen Größe in der kompakten Dimension gleich ihrer Ausdehnung U ist.

Der Zylinder kann sich wie die Ameise entlang des Strohhalmes bewegen. Nach einer Bewegung um die Achse des Strohhalmes bleibt er jedoch unverändert, die schwarze Oberfläche in Abb. 12.9 bleibt dieselbe. Dementsprechend kann er die kompakte Dimension nicht wahrnehmen; die einzige mögliche Bewegung innerhalb des zweidimensionalen Raumes, die seinen Zustand verändert, ist eine eindimensionale Bewegung entlang der Achse. Daher sieht der Zylinder nur eine eindimensionale Welt. Er kann zwar um die Achse rotieren, aber die Rotationsgeschwindigkeit und die daraus herrührende innere Energie wären unveränderliche Eigenschaften des Zylinders. Im allgemeinen sind kompakte Dimensionen „unsichtbar" für Objekte, die groß sind im Vergleich zu der Ausdehnung des Raumes in diese Richtung (d. h. die diese Richtung ganz ausfüllen).

Am Ende des Abschn. 4.2 hatten wir erwähnt, dass man räumliche Strukturen von einer Größenordnung Δ nur auflösen kann, wenn man Experimente mit einer Energie $E \gtrsim \hbar c/\Delta$ durchführt. Dies gilt auch für den Nachweis kompakter Dimensionen, in deren Richtung ein Raum nur eine endliche Ausdehnung U besitzt. Die Art und Weise, wie eine kompakte Dimension mit Hilfe genügend hoher Energien nachgewiesen werden kann, folgt aus der Feldtheorie und der Klein-Gordon-Gleichung (4.1). In unserem Beispiel entsprechend der Abb. 12.9 besitzt der Raum zwei Dimensionen, von denen die Richtung entlang des Rohres x und die Richtung um das Rohr herum y genannt werden können. Dementsprechend betrachten wir die Klein-Gordon-Gleichung (4.1) für (der Einfachheit masselose) Felder $\Phi(\vec{r}, t)$, die nur von x, y und t abhängen:

$$\left(\frac{\partial^2}{\partial t^2} - c^2 \left(\frac{\partial^2}{\partial x^2} + \frac{\partial^2}{\partial y^2} \right) \right) \Phi(x, y, t) = 0 \,. \tag{12.26}$$

$\Phi(x, y, t)$ kann sowohl von x als auch von y wie in Abb. 12.10 skizziert in der Form von Wellen abhängen.

Wichtig ist jetzt, dass die Wellenlängen der Oszillationen um das Rohr herum durch

$$\lambda = \frac{U}{n} \,, \quad n = \text{ganze Zahl} \tag{12.27}$$

gegeben sein müssen, damit Wellenberge bzw. Wellentäler nach einem Umlauf um das Rohr herum wieder genau auf Wellenberge bzw. Wellentäler treffen (siehe die entsprechende Bedingung (5.42) im Bohr'schen Atommodell). Deswegen sind die

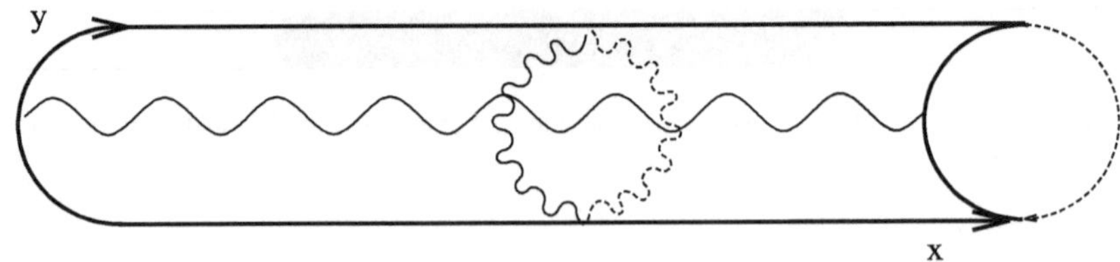

Abb. 12.10 Wellenlösungen der Gl. 12.26 auf einer teilweise kompaktifizierten Fläche

Lösungen der Gl. 12.26 für $\Phi(x, y, t)$ von der Form

$$\Phi(x, y, t) = \Phi_0 \cos(\omega t - kx) \cos(2\pi n y / U),\tag{12.28}$$

da der letzte Faktor nach einem Umlauf $y \to y + U$ wegen $\cos(2\pi n y / U + 2\pi n) = \cos(2\pi n y / U)$ wieder derselbe ist. Durch Einsetzen dieses Ausdruckes für $\Phi(x, y, t)$ in (12.26) findet man, dass ω jetzt die Gleichung

$$\omega^2 = k^2 c^2 + \left(\frac{2\pi n c}{U}\right)^2\tag{12.29}$$

erfüllen muss. Dies entspricht der Beziehung $\omega^2 = k^2 c^2 + m_n^2 c^4 / \hbar^2$ von massiven Teilchen (siehe unterhalb (4.11)), deren Massen m_n durch

$$m_n = \frac{2\pi \hbar n}{U c}\tag{12.30}$$

gegeben sind!

Da sämtliche ganzzahligen Werte von n möglich sind, gibt es in dieser Welt einen ganzen „Turm" von Teilchen mit Massen m_n mit $n = 0 \ldots \infty$. Diese Teilchen werden Kaluza-Klein-Zustände [59, 60] genannt. Das leichteste dieser Teilchen mit $m_0 = 0$ entsprechend $n = 0$ gäbe es auch in einer Welt ohne die zusätzliche Dimension y. Die zusätzliche Existenz von unendlich vielen Teilchen mit Massen $m_n = \frac{2\pi n \hbar}{c U}$ – mit denselben Ladungen wie das Teilchen mit $m_0 = 0$ – ist der Hinweis auf die Existenz der zusätzlichen kompakten Dimension y.

Das leichteste zusätzliche Teilchen (entsprechend $n = 1$) kann nur produziert werden, wenn man Experimente mit einer Mindestenergie $E = m_1 c^2 = \frac{2\pi \hbar c}{U}$ durchführt, die nach (4.12) einem Auflösungsvermögen $\Delta \sim \frac{U}{2\pi}$ (von der Größenordnung des „Radius" der zusätzlichen Dimension) entsprechen.

Diese Überlegungen bleiben für höherdimensionale Räume gültig, in denen ein Teil der Dimensionen kompakt ist: Es besteht tatsächlich die Möglichkeit, dass unsere Raum-Zeit 10-dimensional ist, falls 6 der 10 Dimensionen kompakt und von einer mikroskopischen Ausdehnung sind, die kleiner als ca. 10^{-18} m ist: mit Hilfe der gegenwärtigen maximalen Energien von ca. 1000 GeV hätte man die Kaluza-Klein-Zustände der bekannten Teilchen (und daher die Existenz zusätzlicher Dimensionen) nur nachweisen können, wenn ihr Radius größer als ca. 10^{-18} m wäre.

In einer 10-dimensionalen Stringtheorie ist es natürlich (aber nicht obligatorisch), dass der Umfang U der 6 kompakten Dimensionen von der Größenordnung der Saitenlänge l ist, was angesichts ihres Wertes (12.21) viel zu klein wäre, um durch die Existenz der Kaluza-Klein-Zustände nachweisbar zu sein. Demnach ist es durchaus nicht ausgeschlossen, dass die fundamentale Theorie eine 10-dimensionale Stringtheorie ist.

Wir hatten oben erwähnt, dass man in einer Stringtheorie die bekannten Elementarteilchen des Standardmodells mit den Schwingungszuständen niedrigster Energie identifizieren können sollte. Dies gilt natürlich für die vierdimensionale Theorie, die man unter der Annahme der sogenannten „Kompaktifizierung" von 6 der 10 Dimensionen erhält. Nun zeigt sich, dass die Zahl und die Eigenschaften der Teilchen der vierdimensionalen Theorie von der Form der Kompaktifizierung der 6 Dimensionen abhängt; mit der Form der Kompaktifizierung sind die Krümmung und weitere Eigenschaften (wie mögliche Singularitäten, die sogenannten Orbifolds entsprechen) des kompakten 6-dimensionalen Raumes gemeint. Viele gegenwärtigen Untersuchungen beschäftigen sich mit der Suche nach allen möglichen Formen derartiger Kompaktifizierungen, um anschließend in der vierdimensionalen Theorie die Teilchen und Wechselwirkungen des Standardmodells wiederzufinden.

Bis heute kennt man 5 verschiedene 10-dimensionale Superstringtheorien. Sie unterscheiden sich durch die Zahl der offenen und geschlossenen Saiten (manche enthalten ausschließlich geschlossene Saiten, aber Theorien mit offenen Saiten enthalten immer ebenfalls geschlossene Saiten), und durch die möglichen Schwingungen und Drehungen der Saiten. (Eine sich drehende Saite, d. h. eine Saite mit Drehimpuls, entspricht einem Teilchen mit Spin.) Eine gemeinsame Eigenschaft aller dieser Theorien ist die Anwesenheit eines Zustandes (eine geschlossene Saite) mit verschwindender Masse und Spin $2\hbar$, der einem Graviton entspricht. Alle diese Theorien enthalten demnach eine Beschreibung der Gravitation, einschließlich der Quantengravitation, und lösen den Widerspruch zwischen der allgemeinen Relativitätstheorie und der Quantenfeldtheorie auf.

Nach einer Kompaktifizierung einiger der 10 Dimensionen findet man oft dieselben Zustände in verschiedenen der 5 Superstringtheorien; derartige Beziehungen werden *Dualitäten* genannt. In einer kompaktifizierten Stringtheorie existieren zweierlei „Türme" von Zuständen:

a) Die verschiedenen „normalen" Schwingungszustände der Saite, deren Energiedifferenzen Λ mit der Saitenlänge l wie in (12.22) zusammenhängen, und

b) die Kaluza-Klein-Zustände mit Massen wie in (12.30), die jetzt Saiten entsprechen, die um die kompakte Dimension „herumgewickelt" sind.

In verschiedenen kompaktifizierten Superstringtheorien findet man oft summa summarum dieselben Zustände, aber ihre Ursprünge entsprechend a) oder b) sind verschieden – derartige Theorien werden als *dual* zueinander bezeichnet. Diese Dualitäten weisen daraufhin, dass die 5 verschiedenen Stringtheorien möglicherweise nichts anderes als verschiedene Beschreibungen einer einzigen (allerdings im Detail noch unbekannten) noch fundamentaleren Theorie sind, die gelegentlich als *M-Theorie* bezeichnet wird.

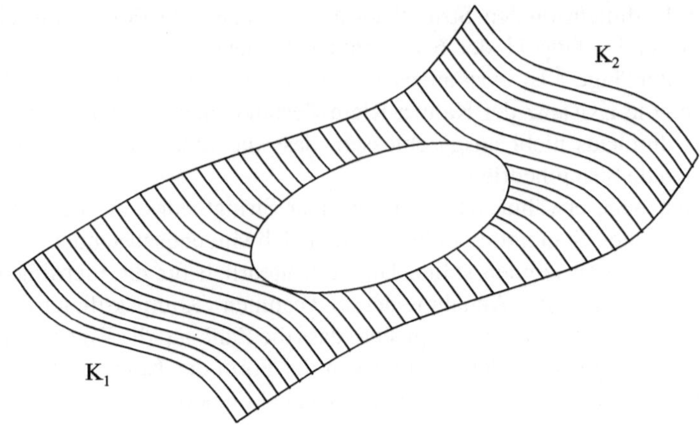

Abb. 12.11 Eine Weltfläche mit Loch, die zu dem Prozess in Abb. 12.8 beiträgt und einem Schleifendiagramm in der offenen Stringtheorie entspricht

Eine besonders interessante Form von Dualität verknüpft Quanteneffekte in offenen Superstringtheorien mit klassischen Effekten in geschlossenen Superstringtheorien. Um diese Verknüpfung zu verstehen, müssen wir zunächst an die Definition von Quanteneffekten in der Quantenfeldtheorie erinnern: In der Quantenfeldtheorie tragen verschiedene Feynmandiagramme zur Berechnung der Wahrscheinlichkeit eines bestimmten Prozesses bei. Dabei reproduzieren die Feynmandiagramme ohne Schleifen die Ergebnisse der klassischen Physik, wie wir in Abschn. 5.3 am Beispiel der Berechnung der Wahrscheinlichkeit $P(\theta)$ gesehen haben. Feynmandiagramme mit Schleifen führen zu zusätzlichen Beiträgen, die allerdings immer proportional zu höheren Potenzen der Planck'schen Konstante $\hbar$ sind (die Zahl der Potenzen von $\hbar$ ist gleich der Zahl der Schleifen). Deshalb bezeichnet man die Beiträge von Schleifendiagrammen als Quanteneffekte; die Ergebnisse der klassischen Physik, für die die Planck'sche Konstante $\hbar$ keine Rolle spielt, erhält man im Limes $\hbar \to 0$ zurück.

Was entspricht nun in der Stringtheorie den „Schleifendiagrammen" der Quantenfeldtheorie? „Schleifendiagramme" in der offenen Stringtheorie sind Weltflächen mit Löchern (und Schleifendiagramme in der geschlossenen Stringtheorie Weltflächen mit „Henkeln")! Das einfachste Schleifendiagramm in der offenen Stringtheorie ist eine in Abb. 12.11 dargestellte Weltfläche mit einem Loch, die zu dem in Abb. 12.8 dargestellten Prozess beiträgt: Sie entspricht jetzt einem Quanteneffekt in der (offenen) Stringtheorie.

Aus der Stringtheorie erhält man die Punktteilchen der Quantenfeldtheorie zurück, wenn man alle Saiten der Länge l zu Punkten entsprechend $l = 0$ zusammenzieht. Wenn man alle Saiten in Abb. 12.11 zusammenzieht, erhält man tatsächlich ein Schleifendiagramm für entsprechende Punktteilchen (ähnlich demjenigen in Abb. 12.3). Wichtig ist, dass die Krümmung sowie die Form des Randes einer Weltfläche zur Beantwortung der Frage nach der Zahl der Löcher einer Weltfläche unwichtig sind; man hat sowieso über sämtliche Krümmungen einer Weltfläche (im

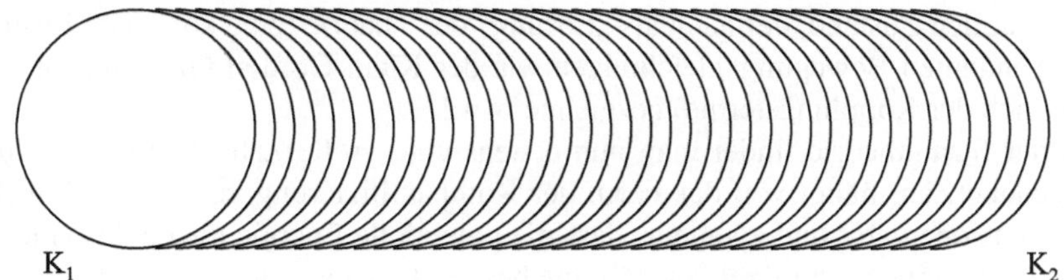

Abb. 12.12 Verformung der Weltfläche aus Abb. 12.11, die jetzt einer Bewegung einer geschlossenen Saite von einer Konfiguration K_1 in eine Konfiguration K_2 entspricht

oberhalb beschriebenen Sinne) zu integrieren, dies aber getrennt für Weltflächen mit bestimmter Lochzahl. Deswegen ist die Weltfläche 12.11 (ein Quanteneffekt in der offenen Stringtheorie) nach einer Verformung ihrer Ränder und ihrer Krümmung gleichbedeutend mit der Weltfläche in Abb. 12.12, wo K_1 z. B. dem äußeren, und K_2 dem inneren Rand in 12.11 entsprechen.

Die Weltfläche in Abb. 12.12 hat eine vollständig andere mögliche Interpretation im Rahmen der *geschlossenen* Stringtheorie: Der Rand K_1 entspricht einer Konfiguration einer *geschlossenen* Saite zu einem bestimmten Zeitpunkt, und der Rand K_2 einer geschlossenen Saite zu einem späteren Zeitpunkt. Die Abb. 12.12 entspricht dann lediglich dem zur Abb. 12.8 (einer offenen Saite) analogen Prozess einer geschlossenen Saite, die sich von K_1 nach K_2 bewegt – und dies auf *klassischem* Niveau, d. h. ohne Quanteneffekte, da die Weltfläche keinen „Henkel" enthält. In der Tat, wenn wir in Abb. 12.12 die Kreise (die geschlossenen Saiten entsprechen) zu Punkten zusammenziehen, erhalten wir lediglich einen Strich – ohne Schleife! (Wenn wir von K_1 nach K_2 führende Strecken zusammenziehen, die offenen Saiten entsprechen, erhalten wir dagegen immer noch eine Schleife.)

Die Tatsache, dass ein und dieselbe Weltfläche (bzw. die Integrale über ihre Metriken) in der Stringtheorie zwei verschiedene Interpretationen besitzt, ist eine besondere Form von Dualität. Da die eine Interpretation einen klassischen Effekt, die andere jedoch einen Quanteneffekt bedeutet, scheinen in der Stringtheorie klassische und Quanten-Physik untrennbar miteinander verbunden zu sein.

Quanteneffekte sind in der Stringtheorie jedoch nur näherungsweise (in einer Reihenentwicklung in der Zahl der Löcher bzw. Henkel der Weltflächen) verstanden. Wenn man Quanteneffekte vernachlässigt – woraufhin man die Theorie sehr gut im Griff hat – „leidet" die Stringtheorie darunter, dass sie eine immense Zahl von möglichen Lösungen besitzt.

Um die Bedeutung des Begriffs „mögliche Lösung" zu verstehen, muss man sich daran erinnern, dass die verschiedenen Schwingungszustände einer Saite normalen Teilchen – und damit normalen Feldern – entsprechen. Wichtig ist nun, wie die potentielle Energie von all diesen Feldern abhängt. Wir hatten in Abschn. 7.3 die potentielle Energie in Abhängigkeit vom Higgs-Feld H (siehe (7.2) und Abb. 7.9) eingeführt. Der entsprechende Ausdruck hatte zwei Minima, die hier physikalisch äquivalent sind, da sie durch die Symmetrietransformation $H \rightarrow -H$ ineinander übergehen. Im Prinzip entspricht jedoch jedes Minimum der potentiellen Energie einem stabilen Zustand, der auch als „Lösung" der Theorie (eine konstante Lösung der sogenannten Bewegungsgleichungen wie der Klein-Gordon-Gleichungen einschließlich der Kopplungsterme) bezeichnet wird.

In der Stringtheorie findet man nun erstens eine große Zahl derartiger Felder (die genaue Zahl hängt von der Form der Kompaktifizierung von einem Teil der 10 Dimensionen ab), und zweitens, dass die potentielle Energie als Funktion jedes dieser Felder eine große Zahl von Minima besitzt. Es kann sogar vorkommen, dass die potentielle Energie unabhängig von manchen Feldern ist – dann entspricht jeder konstante Wert dieser Felder einer möglichen Lösung. (Derartige Felder werden als *Moduli* bezeichnet.) Schätzungen der Zahl der insgesamt möglichen Lösungen gehen von 10^{500} bis 10^{1500}! Das Bild der potentiellen Energie mit ihrer immensen Zahl von Minima wird auch „Landscape" (Landschaft) genannt.

Diese Zahl hatte sich vor einigen Jahren durch die Entdeckung der sogenannten d-Branes in offenen Stringtheorien noch einmal kräftig erhöht [61]: Der Begriff „d-Brane" ist eine Verallgemeinerung (d = ganze Zahl) des Begriffs „Membrane", der eine zweidimensionale Fläche bedeutet. Eine d-Brane ist ein d-dimensionaler Raum, der innerhalb des 9-dimensionalen Raumes der Superstringtheorien existiert (die Zeitachse wird hier nicht mitgezählt) – ähnlich wie ein zweidimensionaler Raum (eine Fläche) innerhalb unseres dreidimensionalen Raumes existieren kann. Dieser d-dimensionale Raum ist dadurch ausgezeichnet, dass manche Teilchen und Felder nur in diesem Unterraum – und nicht im vollen 9-dimensionalen Raum – existieren. Dies könnte zum Beispiel für sämtliche Teilchen bzw. Felder des Standardmodells gelten, die dann in einer 3-Brane leben (da unser Raum 3 Dimensionen besitzt); diese Möglichkeit würde sogar die Kompaktifizierung von 6 der 9 Raumdimensionen in Superstringtheorien unnötig machen. In Superstringtheorien leben Gravitonen jedoch immer in 10 Raum-Zeit- bzw. 9 Raumdimensionen. Wenn die zusätzlichen 6 Dimensionen zumindest teilweise nicht kompakt sind oder einen sehr großen Umfang besitzen, kann dies dazu führen, dass die Abstandsabhängigkeit der Schwerkraft von ihrem bekannten $1/r^2$-Verhalten – was bis zu ca. 1 mm überprüft worden ist – sich bei noch kleineren Abständen verändert; so lässt sich unter Umständen nachweisen, dass unser Universum eine 3-Brane ist.

Kehren wir zu der immensen Zahl von möglichen Lösungen der Superstringtheorie zurück, die verschiedenen Werten der Felder in verschiedenen Minima der potentiellen Energie entsprechen. Zunächst erinnern wir an die Bedeutung des Wertes des Higgs-Feldes im Minimum der potentiellen Energie im Standardmodell: Die Massen der $W^{\pm}$- und Z-Bosonen, sowie die Massen der Quarks und geladenen Leptonen sind proportional zu diesem Wert. Eine Verallgemeinerung dieses Phänomens würde sich in jedem der Minima der potentiellen Energie abspielen, die verschiedenen Lösungen entsprechenden: In jedem Minimum hätten Teilchen verschiedene Massen (manche so groß, dass sie nicht mehr nachweisbar wären). Zusätzlich können auch Kopplungskonstanten (Feinstrukturkonstanten, Yukawa-Kopplungen und sogar die Gravitationskonstante) von Feldern abhängen, und hätten demzufolge verschiedene Werte in verschiedenen Lösungen. Letztendlich wäre auch die kosmologische Konstante (der Wert der potentiellen Energie im jeweiligen Minimum) für jede Lösung verschieden – dies bedeutet, dass das Universum, die existierenden Teilchen und Wechselwirkungen sich in jeder verschiedenen Lösung drastisch voneinander unterscheiden.

Warum ist dann ausgerechnet das uns bekannte Universum – entsprechend dem Standardmodell der Elementarteilchenphysik, und den entsprechenden Werten seiner Parameter, der Gravitations- und kosmologischen Konstante – in der Natur realisiert? Derartige Fragen sind in der ein oder anderen Form bereits früher gestellt worden, und eine mögliche Antwort darauf ist das sogenannte *anthropische Prinzip* [62]: Dieses Prinzip besagt, dass die Grundgesetze der Natur so beschaffen sein müssen, dass intelligentes Leben möglich ist – sonst wäre niemand da, der die Frage überhaupt stellen könnte.

Die notwendigen Bedingungen an die Parameter des Standardmodells der Elementarteilchenphysik einschließlich der Gravitation für die Entstehung zumindest der uns bekannten Form von intelligentem Leben sind Gegenstand gegenwärtiger Diskussionen; folgende Überlegungen spielen hierfür unter anderen eine Rolle:

a) Damit die relativ komplexen Kohlenstoffkerne C_6^{12} im Inneren von Sternen durch Kernreaktionen entstehen können und stabil bleiben, müssen die elektromagnetischen und starken Kräfte (zwischen Baryonen) mit einer Genauigkeit von ca. 1 % ihre tatsächlichen Werte annehmen;

b) damit massive Sterne mit ihren Planetensystemen entstehen können, muss die Gravitationskraft zwischen Atomen und Kernen sehr viel kleiner als alle anderen Wechselwirkungen sein;

c) damit genügend Zeit zur Bildung von Sternen, Planeten und Leben zur Verfügung steht (und das Universum vorher weder kollabiert noch sich zu sehr verdünnt), darf der Betrag der kosmologischen Konstante nicht zu groß sein [63].

Das anthropische Prinzip alleine ist jedoch keine vollständige Antwort auf die Frage nach der Ursache der Werte der fundamentalen Parameter; zu einer vollständigen Antwort basierend auf dem anthropischen Prinzip würde gehören, dass man auch die Wahl zwischen verschiedenen Parametern hat, d. h. dass entsprechend verschiedene Universen realisiert wurden oder realisiert sind.

Die (spekulative!) Vorstellung der „Landscape" liefert einerseits hierfür ein mögliches Modell [64]: Am Anfang könnten in verschiedenen Bereichen des Universums die Felder der Superstringtheorie in verschiedenen Minima der potentiellen Energie sitzen. Da die Gravitations- und kosmologischen Konstanten in diesen verschiedenen Bereichen typischerweise verschieden sind, spielt sich die kosmologische Entwicklung unterschiedlich ab; so entstehen 10^{500} bis 10^{1500} verschiedene Universen (man spricht auch vom *Multiverse*), von denen die allermeisten allerdings in Bruchteilen von Sekunden wieder kollabieren oder sich unendlich verdünnen – wir leben eben in demjenigen (oder einem derjenigen), das auf Grund seiner Dauer und seiner Eigenschaften intelligentes Leben ermöglicht.

Andererseits basiert die Vorstellung der „Landscape" auf einer groben Vereinfachung der Stringtheorie, nämlich der großen Zahl von möglichen Lösungen unter der Vernachlässigung der Quanteneffekte (oder möglichen Veränderungen im Rahmen einer noch fundamentaleren Theorie). Zur Rechtfertigung der Vernachlässigung der Quanteneffekte könnte man das oben beschriebene Phänomen der Dualität heranziehen, nach dem man zumindest in mehreren Beispielen sieht, dass Quanteneffekte in einer bestimmten der 5 Superstringtheorien äquivalent zu „klassischen" Effekten (ohne Weltflächen mit Löchern, d. h. ohne Quanteneffekte) einer anderen der 5 Superstringtheorien sind. Auf jeden Fall ist zur Zeit nicht klar, ob Superstringtheorien zur Rechtfertigung des anthropischen Prinzips herangezogen werden können, wonach fundamentale Parameter *nicht* weiter aus einer fundamentalen Theorie abgeleitet, d. h. berechnet werden könnten.

Es wäre offensichtlich sehr interessant, Superstringtheorien – oder eine möglicherweise noch fundamentalere, alle 5 Superstringtheorien vereinheitlichende Theorie – besser zu verstehen. Die Möglichkeit, dass es sich um eine im Grunde einzigartige Theorie handelt, die gleichzeitig sämtliche Teilchen und Wechselwirkungen des Standardmodells einschließlich der Gravitation beschreibt, ist Motivation genug, um alle möglichen Anstrengungen in dieser Richtung zu unternehmen, einschließlich der Entwicklung neuer mathematischer Methoden, die wahrscheinlich zu diesem Zweck notwendig sein werden.

12.4   Übungsaufgabe

12.1 Vergleichen Sie den Ausdruck (5.10) für die elektrische Kraft zwischen zwei Objekten mit Ladungen q und q' mit dem Ausdruck (5.11) für die Schwerkraft zwischen zwei Objekten mit Massen m und M: Welche Massen $M = m$ müssten zwei Teilchen mit Ladungen e besitzen, damit der Betrag der elektrischen Kraft gleich dem Betrag der zwischen ihnen wirkenden Schwerkraft ist? Geben Sie diese Massen in GeV/c^2 an, und vergleichen Sie das Ergebnis mit dem Wert der Planckmasse (12.19).

Anhang

13.1 Wichtige Konstanten und Abkürzungen

Lichtgeschwindigkeit: $\qquad$ $c = 299.792.458\,\mathrm{m\,s^{-1}}$

Newton'sche Gravitationskonstante: $\qquad$ $G \simeq 6{,}674 \cdot 10^{-11}\,\mathrm{m^3\,kg^{-1}\,s^{-2}}$
$\kappa = 8\pi\,G/c^2$: $\qquad$ $\kappa \simeq 1{,}866 \cdot 10^{-26}\,\mathrm{m\,kg^{-1}}$

Planck'sche Konstante: $\qquad$ $h \simeq 6{,}62607 \cdot 10^{-34}\,\mathrm{J\,s}$
$\hbar = h/2\pi$: $\qquad$ $\hbar \simeq 1{,}054572 \cdot 10^{-34}\,\mathrm{J\,s}$

Ladung eines Positrons: $\qquad$ $e \simeq 1{,}602177 \cdot 10^{-19}\,\mathrm{C}$

Elektrische Feinstrukturkonstante: $\qquad$ $\alpha \simeq 7{,}29735 \cdot 10^{-3} \simeq 1/137{,}04$

Permittivität des Vakuums: $\qquad$ $\varepsilon_0 \simeq 8{,}85419 \cdot 10^{-12}\,\mathrm{C\,V^{-1}\,m^{-1}}$
$\qquad = 8{,}85419 \cdot 10^{-12}\,\mathrm{C^2\,kg^{-1}\,m^{-3}\,s^2}$

Elektronmasse: $\qquad$ $m_\mathrm{e} \simeq 0{,}510999\,\mathrm{MeV}/c^2$

Protonmasse: $\qquad$ $m_\mathrm{p} \simeq 938{,}272\,\mathrm{MeV}/c^2$

Neutronmasse: $\qquad$ $m_\mathrm{n} \simeq 939{,}565\,\mathrm{MeV}/c^2$

Längen: $\qquad$ $1\,\mathrm{Ly} \simeq 0{,}9461 \cdot 10^{16}\,\mathrm{m}$
$1\,\mathrm{pc} \simeq 3{,}08568 \cdot 10^{16}\,\mathrm{m}$
$1\,\mathrm{nm} = 10^{-9}\,\mathrm{m}$
$1\,\text{Å} = 10^{-10}\,\mathrm{m}$
$1\,\mathrm{fm} = 10^{-15}\,\mathrm{m}$

Energie und Masse: $\qquad$ $1\,\mathrm{J} = 1\,\mathrm{kg\,m^2\,s^{-2}}$
$1\,\mathrm{eV} \simeq 1{,}602177 \cdot 10^{-19}\,\mathrm{J}$
$1\,\mathrm{eV}/c^2 \simeq 1{,}782662 \cdot 10^{-36}\,\mathrm{kg}$

Zehnerpotenzen: $\qquad$ $1\,\mathrm{k} = 10^3,\ 1\,\mathrm{M} = 10^6,$
$1\,\mathrm{G} = 10^9,\ 1\,\mathrm{T} = 10^{12}.$

© Springer-Verlag Berlin Heidelberg 2015
U. Ellwanger, *Vom Universum zu den Elementarteilchen*,
DOI 10.1007/978-3-662-46646-9_13

13.2   Nützliche Internetadressen

13.2.1   Satellitenexperimente zur Messung der kosmischen Hintergrundstrahlung

WMAP: map.gsfc.nasa.gov
Planck: www.esa.int/Our_Activities/Space_Science/Planck

13.2.2   Experimente zum Nachweis von Gravitationswellen

Geo 600:   geo600.aei.mpg.de
Ligo: www.ligo-wa.caltech.edu
                          www.ligo-la.caltech.edu
Tama: tamago.mtk.nao.ac.jp
Virgo: www.virgo.infn.it

13.2.3   Teilchenbeschleuniger

CERN (LEP, LHC):   www.cern.ch
Fermilab (Tevatron):   www.fnal.gov

13.2.4   Übersicht über die Eigenschaften bekannter Elementarteilchen

Particle Data Group: pdg.lbl.gov

14.1 Kapitel 1

1.1 Wir suchen nach einem Maximum der Funktion $E_{\text{Bindung}}(A, Z)$ (nach der Vernachlässigung von $\delta(N, Z)$, und der Ersetzung $N = A - Z$). Das Verschwinden der Ableitung von $E_{\text{Bindung}}(A, Z)$ nach Z ergibt die gesuchte Formel für $Z(A)$:

$$Z(A) = \frac{A}{2 + \frac{a_c}{2\,a_a} A^{2/3}} . \tag{A.1}$$

Für $A = 238$ erhält man, mit $a_c/a_a \simeq 0{,}030$, $Z(238) \simeq 92{,}4 \simeq 92$, was dem chemischen Element Uran entspricht.

14.2 Kapitel 2

2.1 Zunächst ist es hilfreich, (2.6), (2.7) wie (2.8) in Gleichungen für die Funktion $H(t) = \dot{a}(t)/a(t)$ umzuschreiben: Aus (2.6) wird

$$3H^2(t) = \kappa c^2 \varrho(t) , \tag{A.2}$$

und aus (2.7) wird

$$2\dot{H}(t) + 3H^2(t) = -\kappa p(t) = -\kappa c^2 w \varrho(t) \tag{A.3}$$

wegen der angenommenen Beziehung zwischen $p(t)$ und $\varrho(t)$. Nach der Ersetzung von $\varrho(t)$ aus (A.2) in (A.3) wird aus (A.3)

$$\dot{H}(t) = -\frac{3}{2}(1 + w)H^2(t) . \tag{A.4}$$

Nun müssen wir zwischen $w \neq -1$ und $w = -1$ unterscheiden:

© Springer-Verlag Berlin Heidelberg 2015
U. Ellwanger, *Vom Universum zu den Elementarteilchen*,
DOI 10.1007/978-3-662-46646-9_14

a) $w \neq -1$:

Der Ansatz $H(t) = k/t$ (wobei k eine zu bestimmende Konstante ist) führt zu $k = \frac{2}{3(1+w)}$. Aus $\dot{a}(t) = H(t)\,a(t)$ erhalten wir

$$a(t) = a_0\,t^{2/(3(1+w))}\,, \tag{A.5}$$

und für $\varrho(t) = \frac{3}{\kappa c^2}H^2(t)$ (aus (A.2))

$$\varrho(t) = \frac{4}{3\kappa c^2(1+w)^2 t^2}\,, \tag{A.6}$$

sowie

$$\mathrm{p}(t) = w c^2 \varrho(t) = \frac{4w}{3\kappa(1+w)^2 t^2}\,. \tag{A.7}$$

b) $w = -1$:

(A.4) vereinfacht sich zu $\dot{H}(t) = 0$ mit der allgemeinen Lösung $H(t) = k$. Aus $\dot{a}(t) = H(t)\,a(t)$ erhalten wir $a(t) = a_0 e^{kt}$, und für $\varrho(t)$ finden wir $\varrho(t) = \frac{3}{\kappa c^2}k^2$, sowie $\mathrm{p}(t) = -\frac{3}{\kappa}k^2$. Nun sind $\varrho(t)$ und $\mathrm{p}(t)$ konstant! Es genügt, die Konstante k in $k = \sqrt{\frac{\kappa\Lambda}{3}}$ umzubenennen, dann wird $\varrho(t) = \Lambda/c^2$ und $\mathrm{p}(t) = -\Lambda$. Dies entspricht den ursprünglichen Gl. 2.6 und 2.7 mit $\varrho(t) = \mathrm{p}(t) = 0$, $\Lambda \neq 0$, und die Lösung für $a(t)$ entspricht derjenigen in (2.20).

2.2 Nehmen wir an, wir haben $7n$ Protonen und n Neutronen zu unserer Verfügung (n ist eine beliebige ganze Zahl). Laut Annahme werden sämtliche Neutronen in Heliumkernen verbraucht, die 2 Neutronen enthalten; daher entstehen $\frac{n}{2}$ Heliumkerne. Diese enthalten aber auch jeweils 2 Protonen; daher verschwinden n Protonen in Heliumkernen, und $6n$ Protonen (= Wasserstoffkerne) bleiben übrig. Daher lautet das Zahlenverhältnis von Wasserstoff- zu Heliumkernen $Z_{\mathrm{H}} : Z_{\mathrm{He}} = 6n : \frac{n}{2} = 12 : 1$. Gefragt ist aber nach dem Verhältnis der Dichten; ein Heliumkern ist etwa 4-mal so schwer wie ein Wasserstoffkern, daher lautet das Verhältnis der Dichten $\varrho_{\mathrm{H}} : \varrho_{\mathrm{He}} \simeq 3 : 1$ (bzw. 75 % H, 25 % He).

14.3 Kapitel 3

3.1 Wir ersetzen für $\Delta t'$ und $\Delta x'$ in (3.8) die Ausdrücke aus (3.7) und erhalten

$$\begin{aligned}
\left(\Delta\tau'\right)^2 &= \left(\Delta t'\right)^2 - \frac{1}{c^2}\left(\Delta x'\right)^2 \\
&= \gamma^2\left(\Delta t^2 - 2\frac{v_{\mathrm{x}}}{c^2}\Delta t\,\Delta x + \frac{v_{\mathrm{x}}^2}{c^2}\Delta x^2\right) \\
&\quad - \frac{\gamma^2}{c^2}\left(\Delta x^2 - 2v_{\mathrm{x}}\Delta t\,\Delta x + v_{\mathrm{x}}^2\Delta t^2\right)
\end{aligned}$$

$$= \Delta t^2 \gamma^2 \left(1 - \frac{v_x^2}{c^2}\right) - \frac{\Delta x^2}{c^2} \gamma^2 \left(1 - \frac{v_x^2}{c^2}\right)$$

$$= \Delta t^2 - \frac{1}{c^2} \Delta x^2 = (\Delta \tau)^2 \qquad (A.8)$$

unter der Verwendung der Definition in (3.7) von γ .

3.2 Aus der Formel (3.44) erhalten wir

$$r_S \simeq 1{,}5 \cdot 10^{-27}\, m \sim 10^{-17} r_{\text{Atom}} \sim 10^{-12} r_{\text{Kern}}\ ! \qquad (A.9)$$

14.4 Kapitel 4

4.1 Anstatt (4.4) erhält man jetzt

$$\left(-\omega^2 + c^2 k^2 + \frac{m^2 c^4}{\hbar^2}\right) \Phi(x,t) = 0, \qquad (A.10)$$

was für alle x und t nur für $\omega^2 = c^2 k^2 + m^2 c^4 / \hbar^2$ erfüllt ist.

4.2 Zunächst berechnen wir

$$\frac{\partial}{\partial x} \Phi(r) = \frac{\partial r}{\partial x} \frac{\partial}{\partial r} \Phi(r) = \left(-\frac{x}{r^3} - \frac{\lambda x}{r^2}\right) \Phi_0 e^{-\lambda r}, \qquad (A.11)$$

dann

$$\frac{\partial^2}{\partial x^2} \Phi(r) = \left(-\frac{\lambda}{r^2} + \frac{\lambda^2 x^2 - 1}{r^3} + \frac{3\lambda x^2}{r^4} + \frac{3x^2}{r^5}\right) \Phi_0 e^{-\lambda r}. \qquad (A.12)$$

Daraus folgt, nach ähnlicher Rechnung mit $x \to y$ und $x \to z$,

$$\left(\frac{\partial^2}{\partial x^2} + \frac{\partial^2}{\partial y^2} + \frac{\partial^2}{\partial z^2}\right) \Phi(r) = \frac{\lambda^2}{r} \Phi_0 e^{-\lambda r} = \lambda^2 \Phi(r). \qquad (A.13)$$

Die Gleichung 4.11 wird demnach für $\lambda = \frac{mc}{\hbar}$ erfüllt.

14.5 Kapitel 5

5.1 Die Erhaltung des Gesamtimpulses während der Elektron–Elektron-Streuung impliziert

$$\vec{p}_1^{\,a} + \vec{p}_2^{\,a} = \vec{p}_1^{\,b} + \vec{p}_2^{\,b}, \qquad (A.14)$$

und die Erhaltung der Gesamtenergie

$$E_1^{\mathrm{a}} + E_2^{\mathrm{a}} = E_1^{\mathrm{b}} + E_2^{\mathrm{b}}\,. \tag{A.15}$$

Mit $\vec{p}_2^{\,\mathrm{a}} = -\vec{p}_1^{\,\mathrm{a}}$ folgt aus (A.14) $\vec{p}_2^{\,\mathrm{b}} = -\vec{p}_1^{\,\mathrm{b}}$. Unter der Verwendung von $E = \sqrt{m_{\mathrm{e}}^2 \mathrm{c}^4 + \vec{p}^{\,2}\mathrm{c}^2}$ und der Ersetzung von $\vec{p}_2^{\,\mathrm{a,b}} = -\vec{p}_1^{\,\mathrm{a,b}}$ folgt aus (A.15)

$$2\sqrt{m_{\mathrm{e}}^2 \mathrm{c}^4 + \vec{p}_1^{\,\mathrm{a}2}\mathrm{c}^2} = 2\sqrt{m_{\mathrm{e}}^2 \mathrm{c}^4 + \vec{p}_1^{\,\mathrm{b}2}\mathrm{c}^2}\,, \tag{A.16}$$

also $\left|\vec{p}_1^{\,\mathrm{b}}\right| = \left|\vec{p}_1^{\,\mathrm{a}}\right|$ und damit auch $\left|\vec{p}_2^{\,\mathrm{b}}\right| = \left|\vec{p}_1^{\,\mathrm{a}}\right|$, $E_1^{\mathrm{b}} = E_1^{\mathrm{a}}$ und $E_2^{\mathrm{b}} = E_1^{\mathrm{a}} = E_2^{\mathrm{a}}$.

5.2 Aus (5.41) folgt $E_{\mathrm{tot}}(n = 2) = -\frac{1}{4}E_{\mathrm{R}}$, $E_{\mathrm{tot}}(n = 1) = -E_{\mathrm{R}}$, die Energie des abgestrahlten Photons ist also

$$E_{\mathrm{Phot}} = E_{\mathrm{tot}}(n = 2) - E_{\mathrm{tot}}(n = 1) = \frac{3}{4}\,E_{\mathrm{R}}\,. \tag{A.17}$$

Zur Berechnung der Rydbergenergie drücken wir diese zunächst durch die Feinstrukturkonstante α (siehe (5.31)) aus: $E_{\mathrm{R}} = \frac{m_{\mathrm{e}}}{2}\alpha^2 \mathrm{c}^2$. Demnach gilt

$$E_{\mathrm{Phot}} = \frac{3}{8}\alpha^2 m_{\mathrm{e}}\mathrm{c}^2 \simeq 10{,}2\,\mathrm{eV} = 16{,}3 \cdot 10^{-19}\,\mathrm{J}\,. \tag{A.18}$$

Die Wellenlänge des Photons folgt aus (4.7) und (4.8):

$$\lambda = \frac{\mathrm{c}}{\nu} = \frac{\mathrm{hc}}{E} \sim 1{,}22 \cdot 10^{-7}\,\mathrm{m} = 122\,\mathrm{nm}\,, \tag{A.19}$$

was einer UV-Strahlung entspricht.

14.6   Kapitel 6

6.1 Wir kennen bereits den Quarkinhalt des Neutrons und des Protons, und verwenden die u-, d- und s-Quarkmassen und Ladungen aus der Tab. 6.1, nach der das s-Quark um etwa $0{,}2\,\mathrm{GeV/c}^2$ schwerer ist als die u- und d-Quarks. Die Baryonen Λ^0, Σ^+, Σ^0 und Σ^- sind $0{,}18$–$0{,}26\,\mathrm{GeV/c}^2$ schwerer als ein Neutron bzw. ein Proton, und enthalten demnach ein s-Quark. Die Natur der beiden weiteren Quarks folgt aus der elektrischen Ladung mit dem Resultat: Λ^0 und $\Sigma^0 \sim$ (uds), $\Sigma^+ \sim$ (uus), $\Sigma^- \sim$ (dds).

Die Baryonen Ξ^0 und Ξ^- sind ca. $0.38\,\mathrm{GeV/c}^2$ schwerer als ein Neutron bzw. Proton, und enthalten demnach 2 s-Quarks: $\Xi^0 \sim$ (uss), $\Xi^- \sim$ (dss).

14.7 Kapitel 7

7.1 Ein $\bar{s}$-Quark mit Ladung $+\frac{1}{3}e$ kann durch die Emission eines virtuellen W^+-Bosons in ein $\bar{u}$-Quark übergehen. Das virtuelle W^+-Boson kann in folgende Quarks oder Leptonen (mit Massen kleiner als die $\bar{s}$-Masse) zerfallen: $(u\bar{d})$, $(e^+\nu_e)$, $(\mu^+\nu_\mu)$. Also erhalten wir die 3 Möglichkeiten $\bar{s} \to \bar{u} + u + \bar{d}$, $\bar{s} \to \bar{u} + e^+ + \nu_e$, $\bar{s} \to \bar{u} + \mu^+ + \nu_\mu$. (Auch wenn die Summe der Quarkmassen $\bar{u}$, u und $\bar{d}$ größer als die $\bar{s}$-Masse ist, können diese Quarks anschließend relativ leichte Pionen bilden.)

7.2 Die 3 Zerfallsmöglichkeiten des $\bar{s}$-Quarks ergeben zunächst die folgenden 3 Zerfallsmöglichkeiten eines K^+-Mesons, das aus einem $u\bar{s}$-Paar besteht:

$$K^+ \to u + \bar{u} + u + \bar{d} \to \pi^0 + \pi^+ \,, \tag{A.20}$$

$$K^+ \to u + \bar{u} + e^+ + \nu_e \to \pi^0 + e^+ + \nu_e \,, \tag{A.21}$$

$$K^+ \to u + \bar{u} + \mu^+ + \nu_\mu \to \pi^0 + \mu^+ + \nu_\mu \,.$$

Zusätzlich kann ein Quark ein Gluon (oder gar zwei Gluonen) abstrahlen, die wiederum in ein $u\bar{u}$- oder ein $d\bar{d}$-Paar zerfallen können, woraus weitere Pionen entstehen. (Nach (6.10) sind Pionen relativ leicht.) Die 7 zusätzlichen Zerfallsmöglichkeiten sind

$$K^+ \to \pi^0 + \pi^0 + \pi^+, \ \pi^+ + \pi^+ + \pi^- \,, \tag{A.22}$$
$$\pi^0 + \pi^0 + e^+ + \nu_e, \ \pi^+ + \pi^- + e^+ + \nu_e \,,$$
$$\pi^0 + \pi^0 + \mu^+ + \nu_\mu, \ \pi^+ + \pi^- + \mu^+ + \nu_\mu \,,$$
$$\pi^0 + \pi^0 + \pi^0 + e^+ + \nu_e \,,$$
$$\pi^0 + \pi^+ + \pi^- + e^+ + \nu_e \,. \tag{A.23}$$

(Die beiden letzten dieser Zerfälle, für die man eine sehr kleine Wahrscheinlichkeit erwartet, sind bis heute noch nicht nachgewiesen.)

Schließlich kann sich das $u\bar{s}$-Paar in ein virtuelles W^+-Boson vernichten, das entweder in ein $u\bar{d}$-Paar zerfallen kann (die, nach Emission von Gluonen, die bereits aufgeführten $\pi^0\pi^+$-, $\pi^0\pi^0\pi^+$- und $\pi^+\pi^+\pi^-$-Endzustände bilden können), oder in rein leptonische $e^+\nu_e$- oder $\mu^+\nu_\mu$-Paare. Die letzteren führen zu den zusätzlich möglichen K^+-Zerfällen

$$K^+ \to e^+ + \nu_e \,, \ K^+ \to \mu^+ + \nu_\mu \,. \tag{A.24}$$

Die Zerfälle (A.20) und (A.22) nennt man *hadronische Zerfälle*, diejenigen in (A.24) *leptonische Zerfälle*, und diejenigen in (A.21) und (A.23) *semi-leptonisch*.

14.8 Kapitel 8

8.1

a) Für den Vorfaktor $c\,e^2/(6\pi\,\varepsilon_0 R^2)$ in (8.6) erhalten wir mit $R = 27\,\text{km}/2\pi \simeq$ 4300 m

$$\frac{c\,e^2}{6\pi\,\varepsilon_0 R^2} \simeq 2{,}5 \cdot 10^{-27}\,\text{kg}\,\text{m}^2\,\text{s}^{-3} = 2{,}5 \cdot 10^{-27}\,\text{Watt}\,. \tag{A.25}$$

Für ein Elektron mit Masse $m_{\text{e}} \simeq 5{,}11 \cdot 10^{-4}\,\text{GeV/c}^2$ und einer Energie $E = 104\,\text{GeV}$ erhalten wir $E/(m_{\text{e}}\,c^2) \simeq 2{,}035 \cdot 10^5$. Damit ergibt die Formel (8.6) $P \simeq 4{,}3 \cdot 10^{-6}\,\text{Watt} \simeq 2{,}7 \cdot 10^{13}\,\text{eV/s}$. Pro Sekunde strahlt ein Elektron demnach $2{,}7 \cdot 10^{13}\,\text{eV} = 27.000\,\text{GeV}$ an Energie ab, das ca. 260-fache seiner Gesamtenergie – dieser Energieverlust muss durch Energiezufuhr durch entsprechende elektrische Felder kompensiert werden.

b) Für ein Proton mit Masse $m_{\text{p}} \simeq 0{,}938\,\text{GeV/c}^2$ und einer Energie $E = 7 \cdot 10^3\,\text{GeV}$ erhalten wir $E/(m_{\text{p}}\,c^2) \simeq 7{,}46 \cdot 10^3$. Der Faktor $c\,e^2/(6\pi\,\varepsilon_0 R^2)$ ist derselbe wie in (A.25), danach ergibt die Formel (8.6) $P \simeq 7{,}7 \cdot 10^{-12}\,\text{Watt} \simeq 4{,}8 \cdot 10^7\,\text{eV/s}$. Pro Sekunde strahlt ein Proton demnach $4{,}8 \cdot 10^7\,\text{eV} = 0{,}048\,\text{GeV}$ an Energie ab, nur einen kleinen Bruchteil seiner Gesamtenergie.

14.9 Kapitel 9

9.1

a) Herleitung der Hermitizität von A_{ij} aus der Unitarität von U_{ij}: In der Entwicklung $\text{U}_{\text{ij}} = \delta_{\text{ij}} + \mathrm{i}A_{\text{ij}} + \ldots$ haben wir Terme der Ordnung A_{ij}^2 weggelassen, und wir können Terme dieser Ordnung in der Unitaritätsbedingung ebenfalls vernachlässigen:

$$\delta_{\text{ij}} = \sum_{j=1}^{N} \text{U}_{\text{ij}}\text{U}_{\text{kj}}^* \simeq \sum_{j=1}^{N} \left(\delta_{\text{ij}} + \mathrm{i}A_{\text{ij}}\right)\left(\delta_{\text{jk}} - \mathrm{i}A_{\text{jk}}^*\right)$$
$$\simeq \delta_{\text{ik}} + \mathrm{i}A_{\text{ik}} - \mathrm{i}A_{\text{ki}}^* + \mathcal{O}\left(A^2\right)\,, \tag{A.26}$$

daraus folgt $A_{\text{ki}}^* = A_{\text{ik}}$.

b) Herleitung der Spurfreiheit von A_{ij} aus $\det(\text{U}) = 1$: Am bequemsten ist es, die allgemeingültige Formel $\log(\det(\text{U})) = \text{Tr}(\log(\text{U}))$ zusammen mit der Reihenentwicklung $\log(1 + \varepsilon) \simeq \varepsilon$ zu verwenden:

$$1 = \det(\text{U}) = e^{\log(\det(\text{U}))} = e^{\text{Tr}(\log(\text{U}))}$$
$$\simeq e^{\text{Tr}(\log(\delta_{\text{ij}}+\mathrm{i}A_{\text{ij}}))} \simeq e^{\text{Tr}(\mathrm{i}A_{\text{ij}})}\,, \tag{A.27}$$

was nur für $\text{Tr}\left(A_{\text{ij}}\right) = \sum_{i=1}^{N} A_{\text{ii}} = 0$ erfüllt ist.

9.2 Zunächst enthalten komplexe $N \times N$-Matrizen $2N^2$ reelle Parameter (2 für jedes komplexe Matrixelement). Die N^2 Bedingungen $A_{\mathrm{ij}} = A_{\mathrm{ji}}^*$ reduzieren die Zahl der freien Parameter auf N^2, und die Bedingung der Spurfreiheit um einen weiteren. Daher bleiben $N^2 - 1$ freie reelle Parameter übrig, die $N^2 - 1$ linear unabhängigen Matrizen entsprechen. Für $N = 2$ ist diese Zahl gleich 3, und für $N = 3$ finden wir 8 unabhängige Matrizen (dementsprechend gibt es 8 verschiedene Gluonen).

14.10   Kapitel 11

11.1 Die Beziehung

$$\alpha_{\mathrm{s\ Messg}}(E) = \frac{\alpha_{\mathrm{s}}}{1 + b_{\mathrm{s}}\alpha_{\mathrm{s}}\ln\left(\Lambda^2/E^2\right)} = \frac{1}{b_{\mathrm{s}}\ln(\Lambda_{\mathrm{QCD}}^2/E^2)} \tag{A.28}$$

kann als

$$\frac{1}{\alpha_{\mathrm{s}}} + b_{\mathrm{s}}\ln\left(\Lambda^2/E^2\right) = b_{\mathrm{s}}\ln\left(\Lambda_{\mathrm{QCD}}^2/E^2\right) \tag{A.29}$$

geschrieben werden, was aufgelöst nach Λ_{QCD}^2

$$\Lambda_{\mathrm{QCD}}^2 = \Lambda^2 \mathrm{e}^{1/(\alpha_{\mathrm{s}}b_{\mathrm{s}})} \tag{A.30}$$

ergibt, und aus (A.28) erhalten wir

$$\Lambda_{\mathrm{QCD}}^2 = E^2 \mathrm{e}^{1/\left(\alpha_{\mathrm{s\ Messg}}(E)b_{\mathrm{s}}\right)} . \tag{A.31}$$

Diese Formel ist für alle E gültig. Wenn wir (A.28) für $E = E_1$ verwenden, und darin (A.31) für Λ_{QCD}^2 mit $E = E_2$ einsetzen, erhalten wir nach etwas Rechnung

$$\alpha_{\mathrm{s\ Messg}}(E_1) = \frac{\alpha_{\mathrm{s\ Messg}}(E_2)}{1 + b_{\mathrm{s}}\,\alpha_{\mathrm{s\ Messg}}(E_2)\ln\left(E_2^2/E_1^2\right)} . \tag{A.32}$$

Für $E_1 = 22\,\mathrm{GeV}$, $E_2 = 91\,\mathrm{GeV}$ und $\alpha_{\mathrm{s\ Messg}}(91\,\mathrm{GeV}) \simeq 0{,}12$ können wir daraus mit $b_{\mathrm{s}} = -23/12\pi$

$$\alpha_{\mathrm{s\ Messg}}(22\,\mathrm{GeV}) \simeq 0{,}15 \tag{A.33}$$

berechnen, was innerhalb der Fehlerbalken mit Abb. 11.5 übereinstimmt.

14.11   Kapitel 12

12.1 Die gesuchte Masse M erfüllt

$$\frac{\mathrm{e}^2}{4\pi\,\varepsilon_0} = GM^2 , \tag{A.34}$$

woraus

$$M \simeq 2 \cdot 10^{-9}\,\mathrm{kg} \simeq 1{,}1 \cdot 10^{18}\mathrm{GeV}/\mathrm{c}^2 \simeq \frac{1}{2} M_{\mathrm{Planck}} \qquad (\mathrm{A.35})$$

folgt.

Kommentar: Für Elementarteilchen mit einer Masse gleich der Planckmasse wäre der Betrag der Schwerkraft von derselben Größenordnung wie der Betrag der aus den Wechselwirkungen des Standardmodells herrührenden Kräfte; sämtliche 4 Wechselwirkungen wären in diesem Sinne „vereinheitlicht".

Literatur

1. Einstein, A.: Über die spezielle und die allgemeine Relativitätstheorie, 23. Aufl. Springer, Berlin (2001)

2. Friedmann, A.: Die Welt als Raum und Zeit, 3. Aufl. (2006) Deutsch (Harri), Frankfurt a. M.

3. Boggess, N.W., et al.: Astrophys. J. **397**, 420 (1992)

4. Fixsen, D.J., et al.: Astrophys. J. **420**, 445 (1994)

5. Riess, A., et al.: Astron. J. **516**, 1009 (1998)

6. Riess, A., et al.: Astron. J. **560**, 49 (2001)

7. Perlmutter, S., et al.: Int. J. Mod. Phys. A **15 S1**, 715 (2000)

8. Peebles, P.J.E., Ratra, B.: Rev. Mod. Phys. **75**, 559 (2003)

9. Guth, A.: Die Geburt des Kosmos aus dem Nichts. Droemer, München (2002)

10. Linde, A.: Elementarteilchenphysik und inflationäre Kosmologie. Spektrum Akad. Verlag, Heidelberg (2000)

11. Gell-Mann, M.: Phys. Lett. **8**, 214 (1964)

12. Higgs, P.W.: Phys. Rev. Lett. **12**, 132 (1964)

13. Higgs, P.W.: Phys. Rev. Lett. **13**, 508 (1964)

14. Higgs, P.W.: Phys. Rev. **145**, 1156 (1966)

15. Englert F., Brout, F.: Phys. Rev. Lett. **13**, 321 (1964)

16. Guralnik G.S., Hagen, C.R., Kibble, T.W.B.: Phys. Rev. Lett. **13**, 585 (1964)

17. Kibble, T.W.B.: Phys. Rev. **155**, 1554 (1967)

18. t'Hooft, G.: Nucl. Phys. B **33**, 173 (1971)

19. t'Hooft, G.: Nucl. Phys. B **35**, 167 (1971)

20. t'Hooft, G., Veltmann, M.T.: Nucl. Phys. B **50**, 318 (1972)

21. BES Collaboration: Phys. Rev. Lett. **88**, 101802 (2002)

22. Crystal Ball Collaboration: SLAC-PUB-5160 (1989)

23. LENA Collaboration: Z. Phys. C **15**, 299 (1982)

24. MD-1/VEPP-4 Collaboration: Z. Phys. C **70**, 31 (1996)

25. Tasso Collaboration: Z. Phys. C **22**, 307 (1984)

26. Tasso Collaboration: Phys. Lett. B **138**, 441 (1984)

© Springer-Verlag Berlin Heidelberg 2015

197

U. Ellwanger, *Vom Universum zu den Elementarteilchen*, DOI 10.1007/978-3-662-46646-9

27. Jade Collaboration: Phys. Rep. **148**, 67 (1987)

28. Pluto Collaboration: Phys. Rep. **83**, 151 (1982)

29. Mark J Collaboration: Phys. Rev. D **34**, 681 (1986)

30. Cello Collaboration: Phys. Lett. B **183**, 400 (1987)

31. ATLAS Collaboration: Phys. Lett. B **716** 1 (2012)

32. CMS Collaboration: Eur. Phys. J. C **74** 3076 (2014)

33. Yang, C.N., Mills, R.L.: Phys. Rev. **96**, 191 (1954)

34. Fritsch H., Gell-Mann, M., Leutwyler, H.: Phys. Lett. B **74**, 365 (1973)

35. Weinberg, S.: Phys. Rev. **28**, 4482 (1973)

36. Glashow, S.L.: Nucl. Phys. B **22**, 579 (1961)

37. Ward, J.C., Salam, A.: Phys. Lett. **19**, 168 (1964)

38. Salam, A.: Elementary Particle Theory, Hrsg. N. Svartholm (Almquist und Wiskell, Stockholm 1968)

39. Weinberg, S.: Phys. Rev. Lett. **19**, 1264 (1967)

40. Symanzik, K.: Comm. Math. Phys. **18**, 227 (1970)

41. Callan, C.G.: Phys. Rev. D **2**, 1541 (1970)

42. Gross, D.J., Wilczek, F.: Phys. Rev. Lett. **30**, 1343 (1973)

43. Politzer, H.D.: Phys. Rev. Lett. **30**, 1346 (1973)

44. Jade Collaboration: Eur. Phys. J. C**1**, 461 (1998)

45. Jade Collaboration: Phys. Lett. B **459**, 326 (1999)

46. Topaz Collaboration: Phys. Lett. B **313**, 475 (1993)

47. DELPHI Collaboration: Z. Phys. C **73**, 229 (1997)

48. ALEPH Collaboration: Z. Phys. C **73**, 409 (1997)

49. DELPHI Collaboration: Eur. Phys. J. C **14**, 557 (2000)

50. L3 Collaboration: Phys. Lett. B **489**, 65 (2000)

51. OPAL Collaboration: Phys. Lett. B **371**, 137 (1996)

52. OPAL Collaboration: Z. Phys. C **75**, 193 (1997)

53. LEP QCD Annihilations Working Group, https://lepqcd.web.cern.ch/LEPQCD/annihilations/

54. Georgi H., Glashow, S.L.: Phys. Rev. Lett. **32**, 438 (1974)

55. Wess, J., Zumino, B.: Phys. Lett. B **49**, 52 (1974)

56. Nilles, H. P.: Supersymmetry, Supergravity And Particle Physics, Phys. Rept. **110**, 1 (1984)

57. Okada, Y., Yamaguchi, M., Yanagida, T.: Prog. Theor. Phys. **85**, 1 (1991)

58. Ellis, J. R., Ridolfi, G., Zwirner, F.: Phys. Lett. B **257**, 83 (1991)

59. Kaluza, T.: Sitzungsber. Preuss. Akad. Wiss. Berlin (Math. Phys.), 966 (1921)

60. Klein, O.: Z. Phys. **37**, 895 (1926)

61. Polchinski, J.: Phys. Rev. Lett. **75**, 4724 (1995)

62. Carter, B.: Large Number Coincidences and the Anthropic Principle in Cosmology. In: IAU Symposium 63: Confrontation of Cosmological Theories with Observational Data, Dordrecht: Reidel (1974), S. 291-298

63. Weinberg, S.: Phys. Rev. Lett. **59**, 2607 (1987)

64. Susskind, L.: The Anthropic landscape of string theory. In: Universe or multiverse?, Hrsg. B. Carr (2003), S. 247–266, arXiv:hep-th/0302219

Sachverzeichnis